河南省"十四五"普通高等教育规划教材

高等院校计算机应用系列教材

数据库系统原理

主　编　史霄波　窦　智

副主编　孙　滨　张新玲

　　　　李　旸　阮家帅

清华大学出版社

北　京

内 容 简 介

本书共 9 章，全面介绍了数据库系统基本原理以及应用技术，内容采用自顶向下的设计，先整体介绍数据库设计的方法和步骤，之后介绍相关的理论和技术。本书主要内容包括什么是数据库系统、设计数据库系统、概念结构设计、逻辑结构设计、数据库实现、数据库查询与修改、提高数据库的性能、数据库的安全性和完整性等。

本书内容循序渐进、深入浅出、概念清晰、结构合理，将数据库基本原理与应用实践相结合并配有适量的例题和习题，帮助读者从不同角度理解和掌握所学的知识，构建完整的知识体系。

本书主要是为了满足高等院校培养应用技术型人才的需求而编写的，具有较强的实用性。本书可作为高等院校计算机类及电子类等相关专业数据库课程的教材，也可作为广大计算机爱好者的自学用书。

图书在版编目(CIP)数据

数据库系统原理 / 史霄波，窦智主编. —北京：清华大学出版社，2024.7
高等院校计算机应用系列教材
ISBN 978-7-302-65157-4

I. ①数⋯　II. ①史⋯ ②窦⋯　III. ①数据库系统－高等学校－教材　IV. ①TP311.13

中国国家版本馆 CIP 数据核字(2024)第 003189 号

责任编辑：王　定
封面设计：周晓亮
版式设计：思创景点
责任校对：马遥遥
责任印制：刘海龙

出版发行：清华大学出版社
　　　　网　　　址：https://www.tup.com.cn，https://www.wqxuetang.com
　　　　地　　　址：北京清华大学学研大厦 A 座　　　　　邮　　编：100084
　　　　社 总 机：010-83470000　　　　　　　　　　　邮　　购：010-62786544
　　　　投稿与读者服务：010-62776969，c-service@tup.tsinghua.edu.cn
　　　　质 量 反 馈：010-62772015，zhiliang@tup.tsinghua.edu.cn
印 装 者：涿州汇美亿浓印刷有限公司
经　　销：全国新华书店
开　　本：185mm×260mm　　　印　　张：14.25　　　字　　数：352 千字
版　　次：2024 年 8 月第 1 版　　　印　　次：2024 年 8 月第 1 次印刷
定　　价：59.80 元

产品编号：092647-01

前　言

党的十八大以来，以习近平同志为核心的党中央把科技创新摆在国家发展全局的核心位置，我国科技实力正在从量的积累迈向质的飞跃，一些关键核心技术实现突破。同时，我国原始创新能力还不强，创新体系整体效能还不高，一些关键核心技术仍受制于人。党的二十大报告对加快实施创新驱动发展战略作出重要部署，强调"坚持面向世界科技前沿、面向经济主战场、面向国家重大需求、面向人民生命健康，加快实现高水平科技自立自强"。2020 年习近平在科学家座谈会上指出："我国面临的很多'卡脖子'技术问题，根子是基础理论研究跟不上，源头和底层的东西没有搞清楚。"2021 年 5 月习近平在中国科学院第二十次院士大会、中国工程院第十五次院士大会、中国科协第十次全国代表大会上强调，要"弄通'卡脖子'技术的基础理论和技术原理"。我国高等院校要在计算机专业的数据库课程教学中以学生掌握数据库系统理论与技术为目标，为数据库系统的设计和研究培养人才。实现高水平科技自立自强，需要尽快破解"卡脖子"难题。

数字经济的发展离不开底层技术的支持，数据库作为信息化建设的核心基础设施之一，在构建数字中国、实现经济高质量发展中扮演着重要角色。数据库是现代化数据管理中非常重要、广泛、先进的技术，是计算机科学的重要分支，对促进信息化建设、推动数字经济发展起到不可或缺的作用。本书为计算机及相关的众多学科提供了利用计算机技术进行数据管理的基本理论与技术知识。本书对应的课程是计算机科学与技术、软件工程及其相关专业学科的专业主干课和核心课。

我们要坚持教育优先发展、科技自立自强，加快建设教育强国、科技强国、人才强国，坚持为党育人、为国育才，全面提高人才自主培养质量。如今，随着教育改革的不断深入，产教融合已经成为高等教育改革的重要方向。因此，在编写本书的过程中，我们秉持满足读者需求、传递知识价值的原则，力求将数据库的技术与应用内容深入浅出地呈现给读者。

本书可作为各高等院校计算机类及电子类等相关专业数据库课程的教材，也可作为广大计算机爱好者的自学用书。

本书主要介绍数据库的基本理论和数据库管理系统的基本应用技术。全书共 9 章，具体内容如下：

第 1 章"什么是数据库系统"，主要介绍数据库系统基础知识，包括认识数据库系统、数据库管理技术的发展、数据库系统的结构、关系数据库系统、国产数据库管理系统的发展现状等内容。

第2章"设计数据库系统"，主要介绍现实世界、信息世界与机器世界，需求分析与数据字典，数据库设计和数据库运行等内容。

第3章"概念结构设计"，主要介绍概念模型、分E-R图设计、E-R图集成、购物网站概念模型设计等内容。

第4章"逻辑结构设计"，主要介绍逻辑结构设计概述、E-R图转换为关系模型、逻辑结构优化、购物网站逻辑结构设计等内容。

第5章"数据库实现"，主要介绍物理结构设计与实现、数据库更新、数据库实施、数据库运行与维护、购物网站数据库实现等内容。

第6章"数据库查询与修改"，主要介绍SQL、数据查询、数据更新、视图、购物网站数据查询与视图设计等内容。

第7章"数据库优化性能"，主要介绍查询优化、代数优化、物理优化、数据库优化实例等内容。

第8章"数据的安全性"，主要介绍数据的安全性、数据库安全控制、视图与安全性、其他安全性保护方法、购物网站安全性分析等内容。

第9章"数据的完整性"，主要介绍实体完整性、参照完整性、用户自定义完整性、触发器、购物网站数据完整性分析等内容。

本书在编写过程中借鉴并参考了国内外大量的数据库系统理论和数据库系统设计方面的文献资料以及专家学者的理论与观点，书中引用的案例与材料部分来自网络、期刊或书籍，在此向这些作者表示衷心的感谢。

参与本书编写的人员有史霄波、窦智、孙滨、张新玲、李旸、阮家帅、王翠、李永波等。由于时间仓促，加之编者水平有限，本书中不当之处在所难免，恳请读者批评指正。

本书配套有教学课件、教学大纲、模拟试卷和习题参考答案，以及作者主讲的河南省一流本科课程"数据库系统原理"教学视频，读者可扫下列二维码学习。

教学课件	教学大纲	模拟试卷	习题参考答案	教学视频

编 者

2024年5月

目　　录

第 1 章
什么是数据库系统

大数据经济即将进入数据资本时代，数据已经成为社会的重要资源和财富，各行各业建立能够满足需求的信息系统也成了必需。作为信息系统的核心和基础，数据库技术得到了广泛的应用。随着互联网、大数据、云计算、人工智能的快速发展，数据库技术已广泛应用于社会各个领域。各个领域都尝试采用数据库技术来存储和处理信息资源，数据库技术已经成为现代社会不可或缺的一部分，如网站数据检索、在线购物、商场的进销存管理、网上银行业务、火车和飞机订票等。从小型事务处理到大型信息系统，从联机事务处理到联机分析处理，从一般企业管理到计算机辅助设计与制造等，都离不开数据库技术的支持。

数据库技术是数据管理的一种技术，研究并解决在计算机信息处理过程中，如何高效地组织和存储大量数据的问题。此外，数据库技术还致力于减少数据冗余，实现数据共享，确保数据安全，以及提高数据检索和处理效率。

2020 年习近平总书记在科学家座谈会上强调："我国面临的很多'卡脖子'技术问题，根子是基础理论研究跟不上，源头和底层的东西没有搞清楚。"2021 年 5 月习近平在中国科学院第二十次院士大会、中国工程院第十五次院士大会、中国科协第十次全国代表大会上强调，要"弄通'卡脖子'技术的基础理论和技术原理"。

本章我们首先学习数据库技术的基本概念和基础理论，为后续学习数据库技术打好基础。本章将介绍数据库系统的概念、数据管理技术的发展阶段、数据库系统结构、关系数据库系统及国产数据库管理系统的发展现状等内容。虽然开始接触时一些概念可能会比较抽象，但随着学习进度的推进，在后续章节中，这些抽象的概念会逐渐变得清晰和具体。

【学习目标】

1. 掌握数据库的基本概念。
2. 了解数据管理技术的三个发展阶段及各阶段的主要特点。
3. 了解数据库系统的组成及各组成部分的主要功能。
4. 重点掌握三级模式与二级映像的内涵。

【知识图谱】

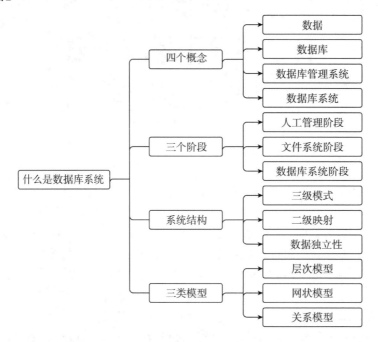

1.1 认识数据库系统

在认识数据库系统之前，我们先来了解一下数据库中常见的一些术语和基本概念。这些概念在现实应用中很容易混淆，是学习数据库技术必须首先了解和区分的对象。

1.1.1 数据

数据(data)是数据库中存储的基本对象，用于描述现实世界中的各种实体和关系。数据库系统通过数据库来存储、管理和检索数据信息，以满足用户的需求。说到数据，通常大家都会想到数字。例如，今天空气污染质量指数 20，某班级的人数是 50，北京到上海高铁二等座票价为 553 元，……实质上，数据的概念不仅指狭义的数值数据，还指存储在某一媒体上能够被识别的物理符号。数字仅仅是数据表现形式的一种，除此之外，数据的表现形式还可以是文字、图形、图像、声音等。例如，班级共 50 人，其中男生 20 人、女生 30 人，可以用文字描述(图 1-1)，也可以用图表描述(图 1-2)。

在记录数据时，单纯的符号不能表达数据的完整意义，数据还需要经过解释。数据的解释是指对数据语义的说明。完整的数据表达应由数据和语义共同组成。例如，50，20，30 这一组数据，在图 1-1 和图 1-2 中我们都能得到数据的完整含义，两种表现形式都包含了数据的语义，50 对应的是总人数，30 对应女生人数，20 对应男生人数。因此，数据和数据的解释是不可分开的，数据的解释是对数据演绎的说明，数据的含义称为数据的语义。

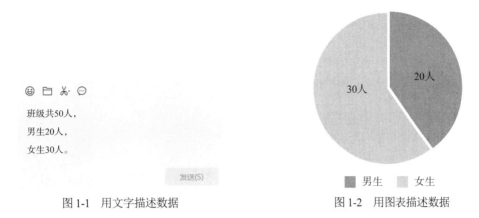

图 1-1　用文字描述数据　　　　　　　　图 1-2　用图表描述数据

1.1.2　数据库

数据库(database，DB)是一种长期存储在计算机内，有组织、可共享的数据集合，用于存储、管理和检索大量相关数据。数据库是存储数据的"仓库"，不同于书库、粮库等简单存储物品的地方，它在计算机存储设备上按照一定的格式存放数据。

人们在商业、科研、国防、生产、生活和社交等应用中收集和抽取大量数据后，将其保存起来，以获取有价值的信息。过去人们把数据存放在文件里，随着计算机应用的普及，数据量急剧增加，传统纸张存储方式已无法满足数据管理需求。如今，通过数据库技术，海量复杂的数据得以安全、完整地保存，并高效发挥其价值。例如，一个单位可以将全部员工的情况存入数据库进行管理，一个图书馆可以将馆藏图书和图书借阅情况保存在数据库中，以便对图书信息进行管理。

数据库中的数据具有长期存储、有组织和可共享三大特性。

(1) 长期存储。数据库中的数据可以长期存储。例如，学生的基本信息(如姓名、学号、专业、年龄、性别、身份证号、联系电话等)以及他们的专业、所属院系等信息会长期存储在数据库中。这些数据可以在需要时被快速检索和更新。

(2) 有组织。数据在数据库中必须按照一定的组织结构存储。常见的数据组织结构有关系结构、层次结构和网状结构。例如，我们可以将学生信息按照院系进行分类，形成一个层次结构。院系信息作为根结点，下层是学生基本信息。这样的组织形式便于管理和查询。

(3) 可共享。数据库中的数据独立于应用程序，可供用户、应用程序共享访问。利用数据库，学工部门可以查询学生的学籍信息，教学部门可以查询学生的成绩信息，教辅部门可以查询学生的联系方式等。

长期存储保证了数据的安全性和持久性，有组织使得数据易于管理和查找，可共享则提高了数据的使用效率。同时，数据库具有较小的数据冗余、较强的数据独立性和易扩展性，有利于系统的维护和升级。

1.1.3　数据库管理系统

数据库管理系统(database management system，DBMS)是基于某种数据模型用于管理数据库中的数据，提供访问数据库接口的系统软件。人们通过数据库管理系统可以科学地组织和存储数据，高效地获取和维护数据。

数据库管理系统是位于用户与操作系统之间的一种管理软件，如图 1-3 所示。它是用户和数据库之间的接口，为用户提供访问数据库的方法，主要功能包括数据定义、数据操纵、数据库运行管理、数据库建立和维护以及数据组织与存取等。

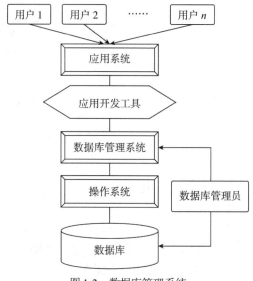

图 1-3　数据库管理系统

(1) 数据定义。数据定义是指定义数据库中的对象，如表、视图、存储过程等。数据库管理系统提供数据定义语言(date definition language，DDL)，用来定义数据库的三级模式结构，包括外模式、模式和内模式及它们相互之间的映像；定义数据的完整性、安全性控制等约束。各级模式通过 DDL 编译成相应的目标模式，并被保存在数据字典中，以便在进行数据操纵和控制时使用。这些定义是数据库管理系统存储和管理数据的依据。数据库管理系统根据这些定义，从物理记录中导出全局逻辑记录，又从全局逻辑记录中导出用户所检索的记录。

(2) 数据操纵。数据库管理系统提供数据操纵语言(date manipulation language，DML)，用户可以使用 DML 操纵数据，实现对数据库的基本操作，如查询、插入、修改和删除数据等。DML 有两类：一类可以独立交互使用，不依赖于任何程序设计语言，称为自主型或自含型语言；另一类必须嵌到宿主语言中使用，称为宿主型 DML。在使用高级语言编写的应用程序中，需要使用宿主型 DML 访问数据库中的数据。因此，数据库管理系统必须包含编译或解释程序。

(3) 数据库运行管理。数据库管理系统必须确保数据的安全性、完整性和并发控制，从而有效管理数据库。

(4) 数据库建立和维护。数据库管理系统提供工具和技术，用于创建、管理和维护数据库，包括创建数据库及对数据库空间的维护、数据安全控制、完整性保障、数据库备份、数据库重组以及性能监控等。

(5) 数据组织与存取。数据库管理系统规定了数据在外围存储设备上的物理组织和存取方法。为提高数据的存取效率，数据库管理系统需要对数据进行分类存储和管理。数据库中的数据包括数据字典、用户数据和存取路径等。数据库管理系统要确定这些数据的存储结构、存取方式、存储位置以及如何实现数据之间的关联。确定数据的存储结构和存取方式主要目的是提高存储空间利用率和存取效率。一般的数据库管理系统都会根据数据的具体组织形式和存储方式提供多种数据存取方法，如索引查找、Hash 查找、顺序查找等。

这些功能确保了数据库的安全性、完整性和高效运行，为用户和应用程序提供便捷的数据操作方式。

1.1.4　数据库系统

数据库系统(database system，DBS)是由数据库、数据库管理系统、应用程序、用户和数据库管理员(database administrator，DBA)等构成的人—机系统。其中，数据库和数据库管理系统的概念在上文已作介绍，在此不再赘述。应用程序是用于访问和处理数据库中数据的应用软件。用户则是使用数据库系统的人员，包括终端用户、应用程序员、系统分析员和数据库管理员等，其中数据库管理员负责创建、监控和维护整个数据库，使数据能被任何有权使用的人有效使用。

引入数据库技术的计算机系统称为数据库系统，它是由计算机软件、硬件和数据资源组成的系统，用于有组织、动态地存储大量关联数据，并方便多用户访问。图 1-4 展示了引入数据库技术后计算机系统的层次结构。一般情况下，人们经常把数据库系统简称为数据库。

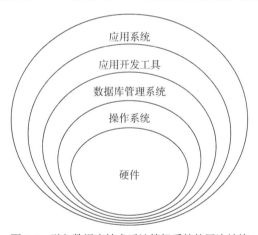

图 1-4　引入数据库技术后计算机系统的层次结构

1.2　数据管理技术的发展

数据库系统可以对数据进行科学、高效的管理。数据管理包括分类、组织、编码、存储、检索和维护。数据库技术是随着数据管理技术发展而来的。数据管理技术经历了人工管理、文件系统和数据库管理三个阶段。人工管理阶段主要依靠人工进行数据分类、组织、编码、存储、检索和维护，效率低下且容易出错。文件系统阶段引入了计算机技术对数据进行文件形式的管理，提高了数据处理的效率，但依然存在扩展性和共享性不足的问题。数据库管理阶段则通过数据库系统实现了对数据的高效管理，解决了数据共享性、扩展性和一致性等问题。

1.2.1 人工管理阶段

20 世纪 50 年代中期以前，计算机主要用于科学计算，外部存储设备仅限于磁带、纸带和卡片等，没有磁盘等直接存储设备，存储容量非常小；此时期没有操作系统，没有高级语言，仅限于汇编语言；数据管理方面尚无专用软件，数据处理方式以批处理为主，即机器一次处理一批数据，直到处理完才能进行另外一批数据的处理，中间不能被打断，原因是此时的外部存储设备只能顺序输入。在人工管理阶段，数据不保存在机器中，没有专用的管理软件，数据与程序混合在一起，应用程序与数据之间的对应关系如图 1-5 所示。

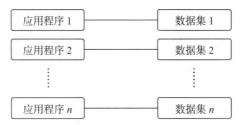

图 1-5 人工管理阶段应用程序与数据之间的对应关系

人工管理数据具有以下特点。

(1) 数据不保存。此阶段的计算机主要用于科学计算，不对数据进行其他操作。在计算某一个特定数据时，仅将数据批量输入，计算完成后不保存原始程序和数据。运行过程中一旦断电，计算结果也将随之消失。

(2) 应用程序管理数据。数据需要由应用程序自行管理，没有专门负责管理数据的软件系统。程序员需负责设计数据的逻辑和物理结构，包括存储、存取和输入输出方式。一旦数据发生改变，就必须修改程序，这就给程序开发人员增加了很大的负担。

(3) 数据不共享。数据面向应用程序，一组数据只能对应一个程序。不同应用程序的数据之间是相互独立、彼此无关联的。各应用程序的数据各自组织，无法互相利用和参照，即使涉及相同的数据，也必须各自定义，从而导致应用程序与应用程序之间存在大量冗余数据。

(4) 数据不具有独立性。数据是输入应用程序的组成部分，即应用程序和数据是一个不可分割的整体，数据和应用程序同时提供给计算机使用。数据的逻辑结构和物理结构不具有独立性，当逻辑结构或物理结构发生变化时，需要对应用程序进行相应的修改，导致程序员在设计和维护过程中面临较大的工作量。

1.2.2 文件系统阶段

20 世纪 50 年代后期至 60 年代中期，计算机应用于科学计算和信息管理领域。计算机技术的发展体现在硬件和软件两个方面。在硬件方面，出现了磁盘、磁鼓等直接存取的存储设备，文件组织呈现多样化，如索引文件、链接文件和散列文件等。在软件方面，操作系统中已经有了专门的数据管理软件，一般称为文件系统。这一阶段，文件间相互独立，但缺乏联系，数据不再属于某个特定程序，可供多个应用程序重复使用。

文件系统阶段应用程序与数据之间的对应关系如图1-6所示。

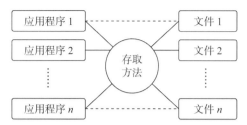

图1-6 文件系统阶段应用程序与数据之间的对应关系

1. 文件系统阶段数据管理的优点

文件系统阶段数据管理具有如下优点。

(1) 数据可以长期保存。应用程序与数据分开存储，数据以文件形式长期保存在外存储器上，用户可对文件进行多次查询、修改、插入和删除等操作。

(2) 文件系统管理数据。有专门的软件即文件系统进行数据管理，文件系统将数据组织成独立的数据文件，采用"按文件名访问，按记录存取"的管理技术对文件中的数据进行修改、插入和删除等操作，实现记录的结构化。应用程序通过文件系统提供的存取方法与数据进行交互，提高了独立性。同时，数据在存储上的改变不一定直接反映在应用程序上，从而降低了应用程序的维护成本。

2. 文件系统阶段数据管理的缺点

对比人工管理阶段，尽管文件系统阶段数据管理有上述优点，但仔细分析就会发现，它仍存在一些缺点，主要表现在以下几个方面。

(1) 编写应用程序不方便。应用程序开发者必须了解所用文件的逻辑结构及物理结构，如文件中包含多少个字段，每个字段的数据类型，采用何种逻辑结构和物理存储结构。操作系统只提供了打开、关闭、读、写等几个底层的文件操作命令，而对文件的查询、修改等操作都必须通过应用程序编程实现，这样就容易造成各应用程序在功能上的重复。

(2) 数据的共享性差，冗余度高。在文件系统中，数据的建立、存取都依赖于应用程序，基本是一个(组)数据文件对应一个应用程序，即数据仍然是面向应用的。当不同的应用程序具有部分相同的数据时，也必须建立各自的文件，而不能共享相同的数据，因此，数据的冗余度大，浪费存储空间。同时，相同数据的重复存储和各自管理容易造成数据的不一致，给数据的修改和维护带来困难。

(3) 数据的独立性不足。文件系统中的数据虽然有了一定的独立性，但是由于数据文件只存储数据，由应用程序来确定数据的逻辑结构，设计数据的物理结构，一旦数据的逻辑结构或物理结构需要改变，则必须修改应用程序；或者语言环境改变需要修改应用程序时，也将引起文件数据结构的改变。因此，数据与应用程序之间的逻辑独立性不强。另外，要想对现有的数据再增加一些新的应用会很困难，系统不容易扩充。

(4) 数据的安全控制功能较弱，不便于并发访问。数据泄露风险较高，权限管理不严格，无法有效防止未经授权的访问和篡改。比如，只允许某个人查询和修改数据，但不能删除数据，或者对文件中的某个或者某些字段不能修改等。而在实际应用中，数据的安全性是非常重要且不可忽视的。比如，在考试管理中，不允许学生修改其考试成绩，但允许他们查询自己的考试成绩；在银行系统中更是不允许一般用户修改其存款数额。

在实际的使用场景中，常常会出现并发访问。并发访问时出现数据冲突和死锁的概率较大，导致系统稳定性降低。此外，由于缺乏实时监控和审计功能，文件系统对于异常行为和潜在威胁的识别和处理能力不足，进一步增加了数据安全风险。

因此，文件系统是一个不具有弹性的、无结构的数据集合，即文件之间是独立的，不能反映现实世界事物之间的内在联系。随着人们迫切需求对数据进行有效、科学、正确、方便的管理，针对文件管理方式的这些缺陷，人们逐步开发了以统一管理和共享数据为主要特征的数据库管理系统。

1.2.3　数据库系统阶段

自 20 世纪 60 年代后期以来，计算机管理数据的规模越来越大，应用范围越来越广，数据量也急剧增加，多种应用同时共享数据集合的需求也越来越强烈。

随着磁盘技术取得了重要进展，市场上陆续出现了具有数百兆容量和快速存取能力的磁盘，为数据库技术的诞生提供了良好的物质基础。

1. 标志性事件

数据管理技术进入数据库系统阶段的标志是 20 世纪 60 年代末发生的三大事件。

(1) 1968 年，美国 IBM 公司推出了层次模型的信息管理系统(information management system，IMS)系统。

(2) 1969 年 10 月，美国数据系统语言协会(Conference on Data Systems Languages，CODASYL)的数据库任务组(database task group，DBTG)发表了关于网状模型报告(1971 年正式通过)，标志着网状数据库技术的出现。层次数据库技术和网状数据库技术一般被合称为第一代数据库技术。

(3) 1970 年，E.F. Codd 连续发表论文，提出了关系模型，为关系数据库的理论奠定了基础。关系数据库技术也被称为第二代数据库技术。

自 20 世纪 70 年代以来，数据库技术迅速发展，不断有新产品投入运行。数据库系统克服了文件系统的缺陷，使数据管理变得更加高效和安全。

数据库系统阶段应用程序和数据的联系如图 1-7 所示。

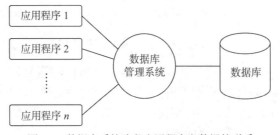

图 1-7　数据库系统阶段应用程序和数据的联系

文件系统和数据库系统的差异主要体现在数据组织方式、数据共享、数据独立性和数据冗余等方面，下面用一个简单的例子来说明这些差异。

假设有一个学校管理系统，需要存储学生信息(包括姓名、学号、性别、专业、年龄、成绩等)，文件系统会将学生信息存储为单独的文件，如学生姓名存储在一个文件中，成绩存储在另一个文件中，应用程序需要分别访问这些文件进行数据读取和写入。文件系统中的数据共享性较差，不同文件之间的数据关联性强，想要修改一处数据就需要修改多个文件。数据的关联性强导致数据独立性差，应用程序需要清楚了解文件结构，以便进行数据操作。

数据库系统将学生信息存储在一个统一的数据库中，包括多个表[如学生基本信息表(包括姓名、学号等)，学生成绩表(包括学号、课程名和成绩等)]，提供统一的访问接口，应用程序只需访问数据库即可获取所需数据。数据共享性好，不同表之间的数据关联性较强，修改一处数据可通过数据库进行统一修改。同时，数据独立性较好，通过数据库管理系统可以实现数据的安全性、完整性和并发控制等。

总之，文件系统侧重于存储和管理单个文件，数据组织方式较为分散，数据共享性差，数据独立性差。而数据库系统则侧重于整体数据的组织和管理，提供统一的数据访问接口，数据共享性较好，数据独立性较好。在实际应用中，根据不同需求可以选择合适的系统进行数据管理。

2. 数据管理方式的特点

与文件系统阶段相比，数据库系统阶段的数据管理方式具有以下特点。

(1) 数据结构化。数据结构化是数据库系统与文件系统的本质区别，也是数据库系统的主要特征之一。传统文件的最简单形式是等长、同格式的记录集合。在文件系统中，相互独立的文件的记录内部是有结构的，类似于属性之间的联系，而记录之间是没有结构的、孤立的。例如，有3个文件——学生(学号、姓名、年龄、性别、出生日期、专业、住址)、课程(课程号、课程名称、授课教师)、成绩(学号、课程号、成绩)，要想查找某人选修的全部课程的名称和对应成绩，则必须编写一段复杂的程序来实现。数据库系统阶段采用复杂的数据模型来表示数据结构，不仅表示数据本身的联系，而且表示数据之间的联系。只要定义好数据模型，便可以非常容易地联机查询。

(2) 数据共享性高，冗余度低，易扩充。数据库系统从整体角度看待和描述数据，数据不再面向某个应用，而是面向整个系统，因此，数据可以被多个用户、多个应用程序共享使用。数据共享不仅能够大大减少数据冗余，节约存储空间，还能够避免数据之间的不相容性与不一致性。所谓数据的不一致性，是指同一数据不同拷贝的值不同。采用人工管理数据或文件系统管理数据时，由于数据被重复存储，当不同的应用程序使用和修改不同的拷贝时，就很容易造成数据的不一致。在数据库中，数据共享减少了数据冗余造成的不一致问题。数据面向整个系统，是有结构的数据，不仅可以被多个应用共享使用，而且容易增加新的应用程序。这就使得数据库系统弹性大，易于扩充，可以满足多种用户需求。可以取整体数据的各种子集用于不同的应用程序，当应用程序需求发生改变或增加时，只需重新选取不同的子集便可满足新的需求。

(3) 数据独立性高。数据独立性是数据库领域的一个常用术语，包括数据的物理独立性和逻辑独立性。数据的物理独立性是指用户的应用程序与存储在磁盘上的数据库中的数据是相互独立的。也就是说，数据在磁盘上的数据库中如何存储是由数据库管理系统管理的，应用程序不需要了解，应用程序要处理的只是数据的逻辑结构。这样，即使数据的物理结构改变了，应用程序也不用改变。逻辑独立性是指用户的应用程序与数据库的逻辑结构是相互独立的。也就是说，即使数据的逻辑结构改变了，应用程序也可以不变。(数据独立性是由数据库管理系统的二级映射功能来保证的，将在后面讨论。)数据与应用程序的独立把数据的定义从程序中分离出去，加上数据的存取又由数据库管理系统负责，从而简化了应用程序的编写，大大减少了应用程序的维护和修改。

(4) 数据由数据库管理系统统一管理和控制。数据库系统的共享是并发共享，即多个用户可以同时存取数据库中的数据，这个阶段的程序和数据的联系由数据库管理系统统一管理和控制。数据库管理系统提供了以下几方面的数据控制功能：

① 数据的安全性保护。数据的安全性保护是指保护数据以防止不合法地使用造成数据的泄密和破坏，使每个用户只能按规定对某些数据以某些方式进行使用和处理。

② 数据的完整性检查。数据的完整性是指数据的正确性、有效性和相容性。数据的完整性检查将数据控制在有效的范围内或保证数据之间满足一定的关系。

③ 并发控制。当多个用户的并发进程同时存取、修改数据库时，可能会发生相互干扰而得到错误的结果，或使得数据库的完整性遭到破坏，因此，必须对多用户的并发操作加以控制和协调。

④ 数据库恢复。计算机系统的硬件故障、软件故障、操作员的失误以及故意的破坏都会影响数据库中数据的正确性，甚至造成数据库中部分或全部数据的丢失。数据库管理系统必须具有将数据库从错误状态恢复到某一已知的正确状态(又称完整状态或一致状态)的功能，这就是数据库的恢复功能。

1.3　数据库系统的结构

数据库系统的结构可以从不同角度进行划分。从数据库管理系统角度看，数据库系统通常采用三级模式结构，这是其内部体系结构；从数据库最终用户角度看，数据库系统结构可分为集中式(如单用户结构、主从式结构)、分布式(如客户机结构、服务器结构)和多层结构，这是其外部体系结构。

1.3.1　数据库系统的三级模式结构

数据库系统的三级模式结构分为内模式、模式、外模式，如图 1-8 所示。

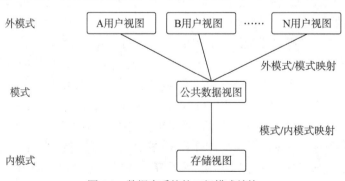

图 1-8　数据库系统的三级模式结构

1. 内模式

内模式，也称存储模式或物理模式，是数据库的物理存储结构和存储方式的描述，用于表示数据在数据库内部的形态。一个数据库仅有一个内模式。内模式规定了数据项、记录、键、索引和存取路径等所有数据的物理组织，同时包含优化性能、响应时间和存储空间需求等信息。内模式还确定了记录的位置、块的大小和溢出区等。例如，内模式确定了记录的存储方式(顺序存储、B+树结构存储或哈希方法存储)、索引的组织方式、数据的压缩存储和加密情况以及数据的存储记录结构规定等。

内模式本质上描述的是如何在辅助存储设备(如磁盘、磁带等)上存储和管理数据，它与操作系统的访问方法相互协作，共同实现数据存储、索引创建和数据检索等功能。

内模式关心下列活动。

(1) 为数据和存储器分配存储空间。内模式负责将数据存储在合适的存储空间，确保数据的安全性和正确性。

(2) 记录描述数据项的存储大小。内模式记录每个数据项的存储大小，以便更好地管理存储资源。

(3) 记录组织。内模式负责将数据按照一定的规则组织起来，便于查询和处理。

(4) 数据压缩和数据加密技术。内模式提供数据压缩和加密技术，减少存储空间需求，提高数据安全性。

2. 模式

模式，又称概念模式或逻辑模式，是数据库中全体数据的逻辑结构和特征的描述，是全体用户的公共数据视图。它是数据库系统三级模式结构的中间层，不涉及数据的物理存储细节和硬件环境，也与具体的应用程序、所使用的应用开发工具以及高级程序设计语言无关。

模式由许多概念记录类型的值构成。例如，模式可以包含学生记录值的集合、课程记录值的集合、选课记录值的集合等。概念记录既不等同于外部记录，也不等同于存储记录，它是数据的一种逻辑表达。

模式实际上是数据库数据在逻辑上的视图。一个数据库只有一个模式，数据库模式以某一种数据模型为基础，综合考虑所有用户的需求，并将这些需求有机地结合成一个逻辑整体。定义模式时不仅要定义数据的逻辑结构，如数据记录由哪些数据项构成以及数据项的名字、类型、取值范围等，还要定义数据之间的联系，定义与数据有关的安全性、完整性的要求等。

模式关心下列活动。

(1) 所有实体以及它们的属性和联系。这意味着它能够识别并捕捉到数据之间的关系，从而帮助用户更好地理解和组织数据。

(2) 数据的约束。这包括数据类型、范围和相互依赖关系等。确保这些约束得到满足，从而可以确保数据的准确性和完整性。

(3) 数据的语义信息。这有助于用户理解数据的含义和用途。用户通过捕捉和利用这些信息，可以更好地分析和应用数据。

(4) 检查并保持数据的一致性和完整性。这是通过监控数据变更、实施访问控制和审计策略来实现，以确保数据在整个处理过程中保持一致和完整。

(5) 安全信息。安全信息包括用户身份验证、访问控制和数据加密等。这些安全措施的实施可以保护数据免受未经授权的访问和篡改。

综上所述，模式在数据库设计和管理中发挥着重要作用，能确保数据的完整性、一致性和安全性。

3. 外模式

外模式，也称子模式或用户模式，它描述了与某一具体应用程序相关的数据的逻辑结构和特征，是数据库用户(包括应用程序员和最终用户)所看到的数据视图。

一个数据库可以有多个外模式，不同用户的外模式描述会因应用需求、查看数据的方式、数据保密要求等不同而有所不同。即使是模式中的同一数据，其在外模式中的结构、类型、长度、保密级别等也可以不同。同一外模式也可以为某一用户的多个应用程序所使用，但一个应用程序只能使用一个外模式。

外模式是保证数据库安全的重要手段，它使每个用户只能看见和访问所对应的外模式中的数据，其他数据则不可见。外模式由外部视图中的逻辑记录定义和联系组成，它还包括从概念视图派生出外部视图中对象(如实体、属性和联系)的方法。

三级模式结构的主要目的是将每个数据库的用户视图与数据库物理存储或描述的方法进行隔离。三级模式结构的优点如下。

(1) 每个用户能访问相同数据，但有他们自己所需要的、经过定制的不同数据视图。每个用户可以改变自己查看数据的方式并且这种改变不会影响相同数据库的其他用户。

(2) 用户不用关心数据物理存储细节。用户与数据库之间的交互独立于数据物理存储组织。

(3) 物理存储组织的改变(如转到新的存储设备)不影响数据库的内部结构。

(4) 数据库管理员能改变数据库的存储结构而不会影响用户视图。

(5) 数据库管理员能够改变数据库的概念结构而不会影响所有用户。

总之，三级模式结构进一步提高了数据访问的灵活性和独立性。

1.3.2 数据库系统的二级映射

在三级模式结构的数据库系统中，每个用户组仅涉及其自身的外模式。因此，外模式层的用户请求需转换为模式层的请求，再转换为内部模式层的请求，最后根据每个用户的请求处理数据库中的数据。处理结果需重新格式化，以满足用户外部视图需求。三层模式结构之间转换请求和结果的过程称为映射。数据库管理系统负责内模式、模式和外模式之间的映射。

1. 模式/内模式映射

通过模式/内模式映射，模式和内模式之间建立联系。模式/内模式映射定义了概念模式和存储数据库之间的对应关系，表明概念记录和字段在内部层是如何描述的。它使数据库管理系统能够找到物理存储中的实际记录或合并的记录，从而构建模式中的逻辑记录，与约束一起来限制逻辑记录的操作。它同时解决了实体名、属性名、属性顺序、数据类型等不同的问题。如果数据库管理员改变了存储数据库的结构，模式/内模式映射也会进行相应的改变，因此，模式可以保持不变。这样，数据库存储结构的改变所产生的影响在概念层以下被隔离，以保证物理数据的独立性。

2. 外模式/模式映射

通过外模式/模式映射，每个外模式和模式之间建立联系。外模式/模式映射定义了特定的外部视图和概念视图之间的对应关系。它给出了视图与概念模式的记录和联系之间的对应关系，使数据库管理系统能够将用户视图中的名字映射到概念模式相关部分。多个视图可以同时存在，多个用户可以共享所给定的视图，不同的视图可以重叠。

外模式是通过外模式/模式映射建立在概念模式之上的，外模式/模式映射的引入使得用户可以使用不同于概念模式中的属性名称来定义外模式，也可以使用一些属性运算从概念模式中得到外模式的属性。但外模式/模式映射最重要的价值在于它可以实现数据库的逻辑数据独立性，即概念模式发生改变时，可保持外模式不变，只要修改外模式/模式映射即可，从而保持用户应用程序不变，保证了数据库数据与应用程序的逻辑独立性。

数据库的外模式面向具体的用户，它定义在模式之上，但独立于内模式和存储设备。当应用程序需求发生变化，相应的外模式不能满足用户的需求时，就需要对外模式做出相应的修改，以适应这些变化。所以，设计外模式时要充分考虑应用程序的扩充性。特定的应用程序是在外模式描述的数据结构上编制的，对应于特定的外模式，与数据库的模式和存储结构相独立。不同应用程序可以共用同一个外模式。数据库的两级映射保证了数据库外模式的稳定性，从而从底层保证了应用程序的稳定性；除非应用程序需求本身发生变化，否则应用程序一般不需要修改。

1.3.3　数据独立性

数据独立性是数据库系统的重要目标之一，它确保数据独立于应用程序。这意味着在改变某一层的模式时，无须更改更高层的模式，表明应用程序不依赖于特定的物理存储或访问技术。

通过三层模式结构，数据库管理系统实现了数据独立性，使得数据组织和存储结构的修改不会影响应用程序。数据独立性分为物理数据独立性和逻辑数据独立性两种。

1. 物理数据独立性

物理数据独立性是指模式或外模式不会随着内模式的改变而改变，即物理数据独立性指的是应用程序不依赖于具体的物理存储和访问技术，即使这些技术发生变化，应用程序也能保持不变。在物理数据独立性中，模式使得用户与物理数据的存储变化相隔离。改变内模式，如采用不同的文件组织或存储结构，用不同的存储设备，修改索引或散列算法，不会改变模式或外模式。物理数据独立性表明物理存储结构或用来存储数据的设备发生改变时，概念视图或外部视图没有必要随之改变。物理数据独立性通过模式/内模式映射来实现。

例如，学生信息存储文件"student"存储了 1500 名学生的信息，拆分成两个文件（"student1"和"student2"）分别存储 1000 名和 500 名学生的信息，只需要修改模式/内模式映射就能保证最终用户访问 student 文件时能转换为对"student1"和"student2"的访问。这就使用户的应用程序不会因为数据的物理存储发生变化而被修改。

2. 逻辑数据独立性

逻辑数据独立性是指外模式或应用程序不随模式的改变而改变，即在改变数据组织和管理方式时，不需要修改上层应用程序。在逻辑数据独立性保护下，当数据模式发生改变、逻辑结构发生改变或存储关系的选择发生改变时，用户不会受到影响，也就是说，逻辑结构发生变化时应用程序可以不变。当模式(逻辑结构)发生变化(通常包括增加和删除实体，如学生课程数据库系统中增加了教师实体；增加和删除属性，如学生数据文件中增加了家庭住址属性；增加和删除联系，如学生和教师数据之间的联系)时，不需要改变现有的外模式或重写应用程序，只需要修改视图的定义和映射来支持逻辑数据独立性。这样的修改可以保证外模式不变，不需要修改用户的应用程序。由于逻辑独立性，对于用户来说，当模式经过逻辑重构之后，根据外模式构建的应用程序还是和从前一样工作。

例如，学生数据文件"student"中增加了家庭住址和家庭联系电话，用户只需要对"student"文件建立视图，不包括新增加的家庭住址和家庭联系电话属性，应用程序访问视图就保证了程序不需要修改。

模式和内模式之间只有一个映射，而外模式和模式之间存在多个映射。模式/内模式映射是物理数据独立性的关键，而外模式/模式映射是逻辑数据独立性的关键。

不同模式层之间的映射对应的信息存放在数据库管理系统的系统目录中，通过参照系统目录中的映射信息，数据库管理系统使用额外的软件来完成映射。当某层的模式发生改变时，只有两层之间的映射进行相应的变化，位于更高层的模式依然保持不变，数据独立性才能得以实现。

1.4 关系数据库系统

使用数据库系统管理现实世界的数据，需要用到数据模型。计算机中使用的数据模型是直接面向数据库逻辑结构的模型，这类模型涉及计算机系统和数据库管理系统，有严格的形式化定义，便于在计算机系统中实现。常见的逻辑结构数据模型有层次模型、网状模型和关系模型三种。其中，层次模型和网状模型统称为格式化模型。

1.4.1 层次模型

层次模型(hierarchical model)用树结构表示数据库系统的数据结构，是较早出现的数据库管理系统数据模型。早在 1968 年，IBM 公司就推出了 IMS 的最初版本，之后，层次数据库管理系统得到了迅速发展。

1. 层次模型的概念

构成层次模型的树由结点和连线组成。结点表示记录类型，结点中的项表示记录的属性值，连线表示相连的两个记录间的联系(这种联系是一对多的)。通常把表示"一"的记录放在上方，称为父结点；把表示"多"的记录放在下方，称为子结点。将不包含任何子结点的结点称为叶结点。树结构的每个结点是记录类型，有且只有 1 个根结点。除根结点外，每个结点有且只有 1 个父结点。在树结构中，上层结点和下层结点之间的联系是 $1:N$，1 个父结点可以有多个子结点。

图 1-9 给出了一个层次模型的简单示例。

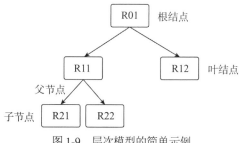

图 1-9 层次模型的简单示例

层次模型的一个基本特点是：任何一个给定记录值只有从层次模型的根部开始按路径查看时才能明确其含义，任何子结点都不能脱离父结点而存在。

图 1-10 所示为某学院的层次模型有 4 个结点。图 1-11 所示为某学院层次模型的一些具体数值。

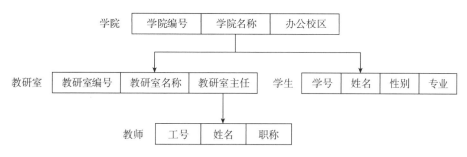

图 1-10 某学院的层次模型(有 4 个结点)

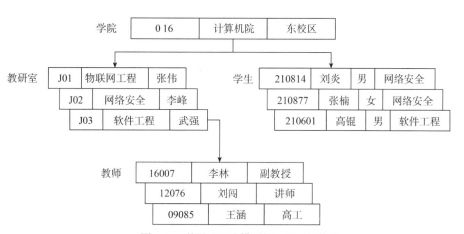

图 1-11 某学院层次模型的一些具体数值

"学院"是根结点，由"学院编号""学院名称"和"办公校区"三项组成。"学院"结点下有两个子结点，分别为"教研室"和"学生"。其中，"教研室"结点由"教研室编号""教研室名称"和"教研室主任"三项组成。"学生"结点由"学号""姓名""性别"和"专业"四项组成。

"教研室"结点下又有一个子结点"教师"。"教师"结点由"工号""姓名"和"职称"三项组成。因此，"教研室"是"教师"的父结点，而"教师"是"教研室"的子结点。

注意：本书中提及的人名、专业、学校等信息皆为虚构，切勿对号入座。

2. 层次模型的优缺点

(1) 优点。

① 结构简单。层次模型的数据结构简单、清晰。

② 数据完整性。访问子结点要经过其父结点才能获取完整的信息，保证了数据的完整性。

③ 高效率。当数据库包含大量一对多联系的数据，并且用户在大量事务中使用的数据联系固定时，层次模型效率较高。

(2) 缺点。

① 实现复杂。层次模型的任何变化都能引起所有访问数据库的应用程序改变，因此，数据库设计的实现非常复杂。

② 数据独立性差。必须经过父结点才能查询子结点，没有任何一个子结点的记录值能脱离父结点的记录值而独立存在。

③ 多对多联系实现困难。现实世界中多对多联系在层次模型中难以实现，如学生可以选修多门课程，并且每门课程可由多个学生选修。

1.4.2 网状模型

网状模型(network model)用有向图表示数据库系统的数据结构。网状模型的典型代表是DBTG 系统(也称 CODASYL 系统)，这是 CODASYL 下属的 DBTG 在 20 世纪 70 年代提出的一个系统方案。DBTG 系统虽然不是实际的数据库系统软件，但是它的基本概念、方法和技术具有普遍意义，对于网状模型的研制和发展产生重大的影响。网状模型有 3 个基本概念，即记录型、数据项(或字段)以及联系。

1. 网状模型的概念

网状模型与层次模型类似，只是一个记录可以有多个父结点，可以有多个根结点，结点之间可以存在多种联系。图 1-12 所示为几种网状模型示例。

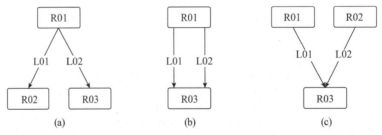

图 1-12　几种网状模型示例

从图 1-12 可以看出，网状模型父结点与子结点之间的联系可以不唯一，因此，就需要为每个联系命名。在图 1-12(a)中，结点 R01 有两个子结点 R02 和 R03，可将 R01 与 R02 之间的联系命名为 L01，将 R01 与 R03 之间的联系命名为 L02。图 1-12 (b)、图 1-12(c)与此类似。

网状模型没有层次模型的两点限制，因此可以直接表示多对多联系。但网状模型和层次模型在本质上是一样的。从逻辑角度看，它们都用连线表示实体之间的联系，用结点表示实体。

从物理角度看，层次模型和网状模型都用指针来实现文件以及记录之间的联系，其差别仅在于网状模型中的连线或指针更复杂、更纵横交错，从而使数据结构更复杂。

DBTG 系统是CODASYL组织的标准建议的具体实现。层次模型按层次组织数据，而 DBTG 系统按组织数据。所谓系可以理解为命名了的联系，它由一个父记录型和一个或若干个子记录型组成。图 1-13 为网状数据模型示例，其包含四个系：S-G 系、C-G 系、S-G 系、C-C 系和 T-C 系。其中，由学生和选课记录构成，C-G 系由课程和选课记录构成，C-C 系由课程和授课记录构成，T-C 系由教师和授课记录构成。

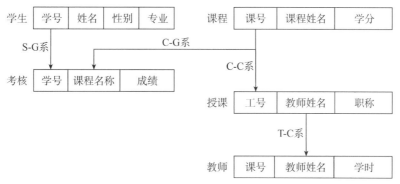

图 1-13　网状数据模型示例

2. 网状模型的优缺点

(1) 优点。

① 更容易的联系类型。一个结点可以有多个父结点，结点之间可以有多种联系，这有助于模拟现实世界的情形。

② 良好的数据访问。在网状模型中，数据访问的灵活性比较优异，存取效率较高。

③ 数据独立性。网状模型提供了足够的数据独立性，至少部分地将程序与复杂的物理存储细节隔离开。因此，数据特性的改变不要求应用程序也修改。

(2) 缺点。

① 系统复杂。网状模型同层次模型一样，也提供导航式的数据访问机制，一次访问一条记录中的数据，这种机制使得系统实现非常复杂，不利于用户的掌握和使用。

② 缺乏结构独立性。网状模型实现了数据独立性，但它不提供结构独立性。如果变更了数据库的结构，在应用程序访问数据库之前所有的子模式定义也必须重新确认。

1.4.3　关系模型

关系模型(relational model)是目前非常重要的一种数据模型。关系模型用二维表描述数据结构，是关系数据库系统组织数据的方式。1970 年，IBM 研究室的 E.F.Codd 第一次提出关系模型，用关系模型实现了关系数据库管理系统(relational database management system，RDBMS)，开创了数据库关系方法和关系数据理论的研究，为数据库技术的发展奠定了理论基础。作为数据库技术的奠基人之一，E.F.Codd 于 1981 年获得了图灵奖。

更重要的是，关系数据库管理系统提供了结构化查询语言(structured query language，SQL)，是关系数据库中定义和操纵数据的标准语言。SQL 大大增强了数据库的查询功能，是关系数据库管理系统普遍应用的直接原因。

　　1970 年，关系模型一经问世就受到了学术界和产业界的高度重视和广泛响应。自 20 世纪 80 年代以来，计算机厂商新推出的数据库管理系统几乎都支持关系模型。目前，关系模型也是当前数据库领域主要采用的数据模型。

1. 关系模型的概念

　　关系模型用简单的表代替复杂的树结构和网状结构来简化数据库的用户视图，是表(也称关系)的集合。关系模型是以关系代数理论为基础的。

　　假设有如下数据记录：2108524001，张山，男，物联网工程，1993-12-21，共青团员，432，江苏；2108525062，李一，男，软件工程，1993-01-15，共青团员，623，河南；等等。这些数据之间是平行的，从层次关系角度看也是无联系的，但如果我们知道它们所表示的是学生基本信息，就可以把它们建成一个关系(一张二维表)，如表 1-1 所示。

表 1-1　学生基本信息表

学号	姓名	性别	专业	出生日期	政治面貌	入学成绩	籍贯
2108524001	张山	男	物联网工程	1993-12-21	共青团员	432	江苏
2108524002	王华	男	物联网工程	1993-03-17	共青团员	623	河南
2108525062	李一	男	软件工程	1993-01-15	中共党员	398	江苏
2108525067	赵云	男	软件工程	1994-01-06	共青团员	530	广东
2108526005	高锟	男	人工智能	1994-02-08	中共党员	560	陕西
2108526006	徐嫣	女	人工智能	1993-11-07	共青团员	462	浙江
2108526013	张军	男	人工智能	1993-09-09	中共党员	508	广东
2108526025	李晨	女	人工智能	1993-09-11	共青团员	392	新疆

　　表 1-2 对比了关系模型中一些基本术语与现实生活中的表格所使用的术语。

表 1-2　术语对比

关系术语	表格术语
关系名	表名
关系模式	表头
关系	二维表
元组	记录或行
属性	列
属性名	列名
属性值	列值
分量	一条记录中的一个列值
非规范关系	表中有表

(1) 元组(tuple)。二维表中的每一行称为一个元组，是一组属性的集合。元组的数目称为关系的基数(cardinality)。关系数据模型中的元组代表了现实世界中可唯一区分的实体，知道这一点有助于理解关系模型的基本性质。元组本质上就是数据，是值的集合。确切地说，元组就是一系列属性值的集合。

(2) 属性(attribute)。二维表中的每一列称为一个属性，如表 1-1 所示，学号、姓名、性别等皆为属性。

(3) 关系(relation)。在关系模型中，关系就是元组的集合。一个关系对应一张二维表。

(4) 值域(domain)。值域是一组具有相同数据类型的值的集合，简称域。属性值的取值范围称为值域。

(5) 分量。元组中的一个属性值。

(6) 关系模型。在二维表中的行定义，即对关系的描述，一般表示为

关系名(属性 1，属性 2，……，属性 n)

例如，上面的关系可以描述为

学生(学号，姓名，性别，专业，出生日期，政治面貌，入学成绩，籍贯)

2. 关系模型的优缺点

(1) 优点。

① 简单。关系模型易于理解和操作。

② 结构独立性。数据库结构变化不影响数据访问。

③ 灵活强大的查询能力。SQL 使得复杂查询变得简单。

(2) 缺点。

① 硬件成本高。关系模型需要更高效的计算硬件和存储设备。

② 查询效率较低。存取路径隐蔽，查询效率不如格式化数据模型。

③ 易于设计带来的危害。关系模型易用性导致非专业人员盲目生成查询和报表，不良设计导致系统性能下降和数据不可靠。

1.5　国产数据库管理系统的发展现状

世界百年未有之大变局加速演进，新一轮科技革命和产业变革深入发展，国际力量对比深刻调整，我国发展面临新的战略机遇。

国内自主研发关系型数据库的企业、单位基本上发源于 20 世纪 90 年代，而且都以大学、科研机构为主。2007 年以后，一些国内的数据库公司意识到数据库软件应该跟随数据管理市场的发展，数据分析被认为是未来具有发展潜力的领域。而且，数据仓库类的平台对可靠性、时效性要求比较低，更适合国产软件率先突破。目前，具有代表性的国内数据库管理系统有武汉达梦 DM、人大金仓 Kingbase、南大通用 GBase、神州通用 OSCAR、华为 GaussDB 等。

1.5.1 武汉达梦 DM

武汉达梦数据库管理系统是武汉达梦数据库股份有限公司(简称武汉达梦)推出的具有完全自主知识产权的高性能数据库管理系统,简称 DM。目前已经发布了 8.0 的版本,简称 DM8。

武汉达梦成立于 2000 年,为国有控股的基础软件企业,专业从事数据库管理系统研发、销售和服务。其前身是华中科技大学数据库与多媒体研究所,是国内最早从事数据库管理系统研发的科研机构。

武汉达梦数据库产品已成功用于我国国防军事、公安、安全、财政金融、电力、水利、电信、审计、交通、信访、电子政务、税务、国土资源、制造业、消防、电子商务、教育等 20 多个行业及领域,装机量超过 10 万套,打破了国外数据库产品在我国一统天下的局面,取得了良好的经济效益和社会效益。

1.5.2 人大金仓 Kingbase

Kingbase 是北京人大金仓信息技术股份有限公司(简称人大金仓)自主研发的具有国际先进水平的大型通用数据库产品。人大金仓由中国人民大学一批在国内开展数据库教学、科研、开发的专家创立,是中国具有自主知识产权的国产数据管理软件与服务、大数据相关产品及解决方案提供商。

人大金仓成立于 1999 年,始终立足自主研发,专注数据管理领域,经过 20 多年的发展,成长为如今的国产数据库领军企业。人大金仓构建了覆盖数据管理全生命周期、全技术栈的产品、服务和解决方案体系,产品广泛应用于电子政务、国防军工、电力、金融等超过 20 个重点行业,完成装机部署超过 50 万套,遍布全国近 3000 个县(市、区)。

1.5.3 南大通用 GBase

天津南大通用数据技术股份有限公司(简称南大通用)是国产数据库的领军企业,2014—2015 年连续 2 年在赛迪顾问发布的中国平台软件市场研究年度报告和互联网数据中心(Internet Data Center,IDC)年度研究报告中被评为"国产数据库第一品牌"。南大通用以"让中国用上世界级国产数据库"为使命,打造了 3 款国内领先、国际同步的自主可控数据库产品,并在金融、电信、政务、国防、企事业等领域拥有上万家用户。

南大通用 GBase 系列产品国内领先、国际同步: GBase 8a 是结构化大数据分析领域的产品,与国外同类主流产品保持技术同步,市场同级。GBase 8a 以大规模并行处理、列存储,高压缩和智能索引技术为基础,具有满足各个数据密集型行业日益增大的数据分析、数据挖掘、数据备份和即席查询等需求的能力。GBase 8t 是基于 IBM informix 源代码、编译和测试体系自主研发的交易型数据库产品,通过中国信息安全认证中心的安全可靠认证,并在高可用、灾备、空间数据、时序数据等方面性能优越。

1.5.4 神州通用 OSCAR

神州通用 OSCAR 是天津神舟通用数据技术有限公司(简称神舟通用)自主研发的拥有自主知识产权的大型通用数据库产品,拥有全文检索、层次查询、结果集缓存、并行数据迁移、双机热备、水平分区、并行查询和数据库集群等增强型功能，并具有海量数据管理和大规模并发处理能力。系统功能完善、性能稳定，广泛应用于各类企事业单位、政府机关的信息化建设。

神州通用 OSCAR 应用案例较多：电力行业、神通数据库——国产数据库、数据挖掘、大数据。

1.5.5　华为 GaussDB

2023 年 6 月 7 日，在华为全球智慧金融峰会 2023 上，华为正式发布新一代分布式数据库 GaussDB，它是基于华为软硬全栈协同创新研发的分布式关系型数据库，具备高可用、高性能、高安全、高弹性、高智能、易部署、易迁移等优点，同时支持分布式事务、同城跨 AZ(available zone，可用分区)部署，数据 0 丢失，支持 1000 个以上结点的扩展，拥有 PB 级海量存储，是企业核心业务数字化转型升级的坚实数据底座。

华为 GaussDB 的核心优势在于：①全并行计算引擎，极速查询分析性能，多层级全并行计算引擎，查询分析毫秒级响应，基于鲲鹏 CPU 软硬优化，相比同代 X86 性能提升 50%；②计算、存储按需扩展，支持 10PB 级数据容量，存算分离，自由搭配，按需独立扩展，最大扩展至 2048 个结点，10PB 级数据容量；③安全可靠，全组件高可用设计，无单结点故障，支持事务 ACID[数据库事物执行的四个特性：原子性(atomicity)、一致性(consisterg)、隔离性(isolation)、持久性(durability)]，无"脏数据"，全场景数据一致性保障；④兼容标准 SQL，标准 JDBC/ODBC 接口，兼容标准 SQL 2003，具有全图形化开发工具、运维管理工具。

作为全球首款 AI-Native 数据库，GaussDB 有两大革命性突破：①首次将人工智能技术融入分布式数据库的全生命周期，实现了自运维、自管理、自调优、故障自诊断和自愈。在交易、分析和混合负载场景下，GaussDB 基于最优化理论，首创基于深度强化学习的自调优算法，调优性能比业界提升 60%以上。②通过异构计算创新框架充分发挥 X86、ARM、GPU、NPU 多种算力优势，在权威标准测试集 TPC-DS 上，性能比业界提升 50%。此外，GaussDB 支持本地部署、私有云、公有云等多种场景。在华为云上，GaussDB 为金融、互联网、物流、教育、汽车等行业客户提供全功能、高性能的云上数据仓库服务。

GaussDB 汇聚全球资源，全球 7 个区域、2000 多个数据库/数据仓库/大数据的高级内核引擎、算法、性能等专家与专业人才，持续战略投入 10 多年。在金融政企市场，GaussDB 本地部署(Huawei Cloud Stack 方案)取得国产数据库第一的市场份额；在泛互联网市场，公有云增速第一(来源：《2020 年下半年 IDC 中国关系型数据库软件市场数据跟踪报告》)；同时，全球数据库管理系统市场份额进入前十名(来源：*Gartner Market Share Analysis: Database Management Systems, Worldwide*, 2020)；与 1500 多家金融政企及泛互联网大客户取得规模商用；与 100 多个伙伴建立合作关系，共享市场机会；积极投入高校合作和开发者生态，累计赋能 15 万以上开发者。

GaussDB 已在华为内部 IT 系统和多个行业核心业务系统得到应用。未来，GaussDB 将深耕金融场景，并从金融行业走向其他对数据库有高要求的行业。

本章习题

一、选择题

1. 以下关于数据描述不正确的是(　　)。
   - A. 数据可以采用报表、图形、音频、视频等多种表现形式
   - B. 数据是用于承载信息的物理符号，通过回归拟合等不同方法可以发现数据背后的规律
   - C. 数据的表现形式能够完全表达其内容
   - D. 数据和其语义是不可分的

2. 数据库中存储的是(　　)。
   - A. 数据
   - B. 数据模型
   - C. 数据以及数据之间的联系
   - D. 信息

3. 下列选项中，不属于数据库系统的主要特点的是(　　)。
   - A. 数据结构化
   - B. 数据的冗余度小
   - C. 较高的数据独立性
   - D. 程序的标准化

4. 数据库、数据库系统和数据库管理系统之间的关系是(　　)。
   - A. 数据库系统包括数据库和数据库管理系统
   - B. 数据库管理系统包括数据库和数据库系统
   - C. 数据库包括数据库系统和数据库管理系统
   - D. 数据库系统就是数据库，也就是数据库管理系统

5. 位于用户与操作系统之间的一种数据管理软件是(　　)。
   - A. 数据库系统
   - B. 数据库管理系统
   - C. 数据库
   - D. 数据库应用系统

6. 数据库管理技术经历了人工管理、(　　)阶段。
   ① 数据库管理系统　②文件系统　③网状系统　④数据库系统　⑤关系系统
   - A. ③和⑤
   - B. ②和③
   - C. ①和④
   - D. ②和④

7. 在数据库管理技术的发展过程中，数据独立性最高的阶段是(　　)。
   - A. 数据库系统
   - B. 文件系统
   - C. 人工管理
   - D. 数据项管理

8. 数据库系统与文件系统的主要区别是(　　)。
   - A. 数据库系统复杂，而文件系统简单
   - B. 文件系统不能解决数据冗余和数据独立性问题，而数据库系统可以解决
   - C. 文件系统只能管理程序文件，而数据库系统能够管理各种类型的文件
   - D. 文件系统管理的数据量较少，而数据库系统可以管理的数据量庞大

9. 在数据管理技术发展过程中，数据库系统阶段和文件系统阶段的根本区别是数据库系统
(　　)。

    A. 有专门的软件对数据进行管理　　　　　　B. 采用一定的数据模型组织数据

    C. 数据可长期保存　　　　　　　　　　　　D. 数据可共享

10. 数据的逻辑独立性是指(　　)。

    A. 内模式改变，模式不变　　　　　　　　　B. 模式改变，内模式不变

    C. 模式改变，外模式和应用程序不变　　　　D. 内模式改变，外模式和应用程序不变

11. 在数据库的三级模式结构中，描述数据库中全体数据的全局逻辑结构和特征的是(　　)。

    A. 外模式　　　　　　B. 内模式　　　　　　C. 存储模式　　　　　　D. 模式

12. 在关系数据库中，视图是数据库三级模式中的(　　)。

    A. 模式　　　　　　B. 内模式　　　　　　C. 外模式　　　　　　D. 存储模式

13. 数据库三级模式体系结构的划分有利于保证数据库的(　　)。

    A. 数据独立性　　　　　　　　　　　　　　B. 数据的安全性

    C. 结构的规范化　　　　　　　　　　　　　D. 操作可行性

14. 在修改数据结构时，为保证数据库的数据独立性，只需要修改(　　)。

    A. 模式与外模式　　　　　　　　　　　　　B. 模式与内模式

    C. 三级模式之间的两层映射　　　　　　　　D. 三级模式

15. 在一个数据库中，模式与内模式的映像个数是(　　)。

    A. 1个　　　　　　　　　　　　　　　　　B. 与用户个数相同

    C. 由系统参数决定　　　　　　　　　　　　D. 任意多个

16. 在关系数据库管理系统中，数据存取的最小单位是(　　)。

    A. 字节　　　　　　　　　　　　　　　　　B. 数据项

    C. 记录　　　　　　　　　　　　　　　　　D. 数据表

17. (　　)定义了数据库的全局逻辑结构与存储结构之间的关系。

    A. 外模式/模式存储映射　　　　　　　　　　B. 逻辑模式/概念模式映射

    C. 外模式/模式映射　　　　　　　　　　　　D. 模式/内模式映射

二、简答题

1. 试述数据、数据库、数据库管理系统、数据库系统的概念。

2. 试述数据管理技术经历了哪三个阶段，各有什么优缺点。

3. 数据库系统由哪几部分组成？每部分在数据库系统中的作用是什么？

4. 试述数据库系统的三级模式结构，并说明其优缺点。

5. 试述数据库系统的两级映像功能。

6. 什么是数据独立性？为什么数据库系统具有数据与程序的独立性？

7. 试述层次模型的概念，并举例。

8. 试述网状模型的概念，并举例。

9. 解释以下术语：关系、属性、域、元组、码、分量、关系模式。

10. 试述关系数据库的特点。

第 2 章
设计数据库系统

从 2022 年 10 月党的二十大报告，到 2022 年 12 月召开的中央经济工作会议，再到 2023 年全国两会，发展数字经济和建设数字中国被反复提及。数据库技术是数字中国建设不可缺少的关键技术，是为适应数据处理和数据信息化管理而发展起来的一种技术。数据库设计是进行数据库系统开发的主要内容，是指对于一个给定的应用环境，构造最合适的数据库模型，建立数据库系统，使之能够有效地存储数据和满足各种应用需求。

本章将主要介绍数据库的设计过程，包括数据描述的三个范畴(现实世界、信息世界、机器世界)及其相互关系，数据库设计的基本步骤、任务和方法等内容。本章在梳理"现实世界、信息世界、机器世界"三个世界的发展脉络及其相互关系的基础上，进一步介绍数据库系统设计的基本方法，从而使读者对数据库系统如何设计、运行与维护有整体把握。

【学习目标】
1. 掌握设计数据库系统所需的基本步骤。
2. 了解需求分析的任务及方法。
3. 掌握概念结构设计的方法及步骤。
4. 掌握逻辑结构设计的任务及步骤。
5. 了解数据库的物理设计的内容及方法。
6. 理解数据库的实施、运行与维护的过程及方法。

【知识图谱】

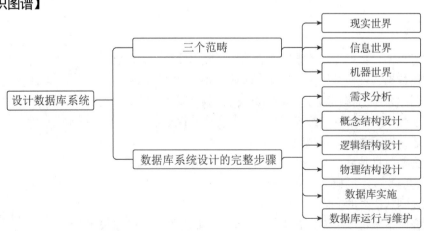

2.1 现实世界、信息世界与机器世界

从提取事物的特征到利用计算机表达数据，数据的描述要经过现实世界、信息世界、机器世界三个范畴。这就要求使用统一的数据模型来表示现实世界中各种数据类型及其相互关系。利用数据库系统来管理数据，即将现实世界的数据通过信息世界最终传输到机器世界。

2.1.1 现实世界

现实世界就是人们所能看到的、接触到的世界，是存在于人脑之外的客观世界，由客观存在的各种事物、事物之间的相互联系组成，它是原始数据的来源。这一概念在数据库中指的是对某一事物各方面特征以及是否与其他事物存在联系的描述。

现实世界存在无数事物，每一个客观存在的事物都可以看作一个个体，每个个体都有属于自己的特征，如计算机有价格、品牌、型号等特征。而不同的人只会关心其中的一部分特征，并且一定领域内的个体有着相同的特征。人们为了满足某种需要，需将现实世界中的部分需求用数据库实现。此时，它设定了需求及边界条件，这为整个转换提供了客观基础和初始启动环境，人们所见到的是客观世界中划定边界的一部分环境，它被称为现实世界。例如，某高校移动教学平台涉及的学生管理、教师管理、教师授课管理、课程管理、课堂管理、试卷管理等。学生管理包括学生基本信息的管理；教师管理包括教师基本信息的管理；教师授课管理包括教师号、教师名、课程名、授课类别等；课程管理包括课程名、学时数等；学生选修课程情况表包括学号、姓名、课程名等；课堂管理包括：教师为所教班级建立课堂，开展课堂签到、课程作业提交、考试等；试卷管理包括：对教师建立的试卷名称、考试班级、题型、分值等的管理。

某高校移动教学平台所涉及的这些信息就是现实世界的数据，是未被综合、抽象的最原始的数据。现实世界的数据是散乱无章的，散乱的数据不利于人们对其进行有效的管理和处理，特别是海量的数据。因此，必须把现实世界的数据按照一定的格式组织起来，以方便对其进行操作和使用。

2.1.2 信息世界

所谓信息世界，是指现实世界在人头脑中的映射。经过人脑的分析、归纳和抽象形成的信息，以文字、符号、图形、图像、声音等形式被记录下来，人们把这些信息进行整理、归类和格式化之后，就构成了信息世界。通俗地说，信息世界就是对现实世界的一种数据描述，与数据库的具体模型有关，如层次模型、网状模型、关系模型等。例如，在信息世界中，"课程"是客观世界的一部分，可以用一系列数据(如课程名称、课程编号、课程类别、课程性质、课程学时等)来描述一门课程。人们通过这些数据可以了解该课程的基本情况。"学生"也可以用一系列数据(如学生姓名、学号、性别、出生日期、专业、入学时间等)来描述。类似地，"教师"也可以通过一系列数据(如教师姓名、教师号、教研室、职称、学历等)来描述。所以从某种意义上讲，信息世界就是我们所说的数据世界。

1. 常用术语

在信息世界中，描述数据常用以下五个术语。

(1) 实体。客观存在、可以相互区别的事物称为实体。实体既可以是具体的人、事、物，也就是事物的本身，如学院、教师、学生等；又可以是抽象的概念或联系，如教师授课、学生选课等。

(2) 实体集。性质相同的实体集合称为实体集，如教师、学生、课程、教室等。

(3) 属性。实体所具有的某一特征或性质称为属性。实体有很多特征或性质，每个特征或性质称为一个属性。每个属性有一个数据类型。一个实体可以用若干个属性来描绘。例如，教师实体有工号、姓名、年龄、性别等属性。工号、姓名、性别的数据类型是字符串，而年龄的数据类型是整数。学生实体可以用学号、姓名、性别、出生年份、专业、入学时间等属性来描述，学生选课实体可以用学号、课程号、成绩这些属性来描述。属性具体的取值为属性值。例如(S01，宋海涛，男，2005，计算机，2023)，这些属性组合起来表征了具体的学生。

(4) 实体标识符。实体都是可以唯一区分的，因此每个实体都有唯一的标识。能唯一标识每个实体的属性或属性集的称为实体标识符，或称关键字或关键码。教师号能够唯一标识一位教师，因此可以作为教师实体集的标识符，学号可作为学生实体集的标识符。

(5) 联系。现实世界中事物内部以及事物之间的联系在信息世界中反映为实体内部的联系和实体之间的联系。在实体的内部，通常实体的各属性之间存在着某种联系。例如，一个学生实体，其年级与学号都是学生实体的属性，两属性之间有着一定的联系。实体之间的联系，从概念的角度来看就是不同实体集之间存在的关系，如学生实体集与课程实体集之间有选课联系。在数据库技术中，一般研究实体集之间的联系，简称实体之间的联系。

2. 两个实体之间的联系

两个实体集之间的联系有以下三种类型。

(1) 一对一联系。如果实体集 A 中每个实体至多和实体集 B 中的一个实体有联系，反过来，实体集 B 中的每个实体至多和实体集 A 中的一个实体有联系，那么实体集 A 与 B 之间的联系称为"一对一联系"，记为 $1:1$，如图 2-1 所示。

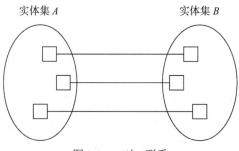

图 2-1　一对一联系

例如班级和班长之间的关系，一个班级只有一个班长，而一个班长只能在一个班级担任班长；课堂和教室之间的关系，一堂课只能在一个教室上，而一个教室在同一时间只能上一堂课。这种一对一的联系在许多不同的领域和情境中都存在，以帮助人们更好地理解和描述实体之间的关系。

　　如果 1∶1 联系中实体集 A 与 B 是同一个实体集，一对一联系就是单个实体集内部的联系。例如，人员集合包括教师和学生，一名教师辅导一名学生，一名学生只有一名辅导教师，那么人员实体集内的实体之间存在 1∶1 联系。

　　(2) 一对多联系。如果实体集 A 中每个实体与实体集 B 中的零个或多个实体有联系，而实体集 B 中每个实体至多和 A 中的一个实体有联系，那么称实体集 A 和 B 的联系是一对多联系，记为 1∶n 或 1∶m，如图 2-2 所示。

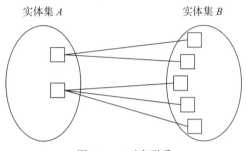

图 2-2　一对多联系

　　例如学校与教师之间的关系，一所学校有多位教师，而每位教师只属于一所学校；学校与学生的关系，一所学校可以有多名学生，而一名学生只能在一所学校就读；教学楼与教室的关系，一座教学楼可以有多间教室，而一间教室只能在一座教学楼内；等等。

　　如果 1∶n 联系中实体集 A 与 B 是同一个实体集，那么 1∶n 联系就是单个实体集内部的联系。例如，一个班级有一个班长，学生集合中一名学生因为只在一个班级，对应的班长为一个，一个班级有多名学生，学生实体集内的实体之间存在 1∶n 的联系。

　　(3) 多对多联系。如果实体集 A 中每个实体与实体集 B 中的零个或多个实体有联系，反过来，实体集 B 中的每个实体与实体集 A 中的零个或多个实体有联系，那么称实体集 A 与 B 的联系是多对多联系，记为 $m∶n$，如图 2-3 所示。

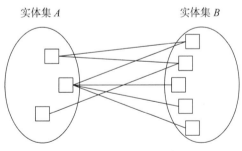

图 2-3　多对多的联系

　　例如学生与课程之间的关系，一名学生要选修多门课程，一门课程有多名学生选修；教师和班级的关系，一位教师可以在多个班级授课，一个班级也可以有多位教师授课；等等。

　　如果 $m∶n$ 联系实体集 A 与 B 在同一个实体集中，那么 $m∶n$ 联系就是单个实体集内部的联系。

　　两个实体集之间的联系可以是一对一、一对多或多对多，这取决于它们之间的关系和相互作用。多个实体集，即两个以上实体集之间的联系也是如此。

3. 多个实体集之间的联系

两个以上实体集之间也存在一对一、一对多、多对多联系，如图2-4所示。

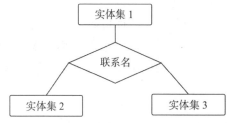

图2-4　多个实体集之间的联系

例如，一个厨师可以烹饪多种菜肴，一种菜肴可以由多个厨师制作，一种菜肴可以使用多种不同的食材和调料；一位音乐家可以演奏多种乐器，一种乐器可以由多位音乐家共同演奏，一种乐器可以使用多种不同的乐谱和演奏技巧；一名程序员可以编写多种软件，一种软件可以由多名程序员共同编写，一个软件可以使用多种不同的编程语言和算法；等等。

生活中还有很多这样的例子，值得大家细心发现。另外，多个实体之间的联系都可以用两两之间的联系表示。

2.1.3　机器世界

计算机只能处理数据化的信息，所以必须对信息世界中的信息进行数据化。数据化后的信息成为计算机能够处理的数据，就进入了机器世界。现实世界的要求只有在机器世界中才得到真正的物理实现，而这种实现是通过逐步转化得到的。机器世界是一种基于计算机和网络技术的虚拟环境，通过数字化的方式模拟和重现现实世界的各种实体和现象。在机器世界中，信息以数字形式被加工、传输、存储和展示，实现了对现实世界的真实物理表现。在机器世界中，常用的术语有以下四个。

(1) 字段。标记实体属性的命名单位称为字段或数据项，是可以命名的最小信息单位。例如，一个学生记录中有学号、姓名、年龄、性别等字段。

(2) 记录。字段的有序集合称为记录。一般用一个记录描述一个实体，所以记录又可以定义为能完整地描述一个实体的字段集。例如，一个学生记录由有序的字段集组成: (学号，姓名，年龄，性别)。

(3) 基本表。基本表是指描述一个实体集的所有记录的集合。在有的数据库管理系统中，一个基本表就对应一个数据文件。

(4) 主码。能唯一标识基本表中每个记录的字段或字段集合称为主码。

信息世界与机器世界相互联系，二者的术语有着对应关系，如表2-1所示。

表2-1　信息世界与机器世界术语对应关系

信息世界	机器世界
实体	记录
属性	字段

(续表)

信息世界	机器世界
实体集	基本表(文件)
实体标识符	主码

2.1.4　从现实世界到机器世界

现实世界是客观存在的，信息世界与机器世界则是通过人们加工、转化而得到的，这种加工、转化的过程是一种逐步求精、有层次的过程。要想针对某种应用程序进行数据管理，需要选择数据库系统来实施。通常，人们首先将现实世界中的客观对象抽象为某种信息结构。这种信息结构可以不依赖具体的计算机系统，也不与具体的数据库管理系统相关，因为它不是具体的数据模型，而是概念级模型，一般简称概念模型。然后将概念模型转换为计算机上具体的数据库管理系统支持的模型，即数据模型。

数据库管理系统基于某种数据模型，对应的数据库应用系统需要以对应的数据模型为基础来开发建设。因此，为了与数据库管理系统相适应，需要将现实世界中的具体事物抽象和组织为相应的数据模型。这一过程涉及现实世界转换为机器世界，这种转换是基于科学依据的，旨在实现两个世界之间的对应关系。

实际操作中，现实世界向机器世界的转换并非直接进行，因此现实世界中的事物想要成为机器中进行加工处理的数据，需要通过一个中间过程——信息世界来实现。在信息世界中，通过采集、传输和转换等操作，将现实世界的事物转化为机器可以理解和处理的形式，以便更好地应用于机器学习、人工智能等领域。信息世界作为现实世界与机器世界联系的桥梁，实现了数据的传递和交流，为人们带来了许多科学技术的进展和创新。现实世界、信息世界、机器世界之间的转换如图 2-5 所示。

图 2-5　现实世界、信息世界、机器世界之间的转换

在现实世界、信息世界、机器世界三者之间的两个转换过程就是数据库设计中的三个重要阶段。第一个阶段，从现实世界抽象到信息世界的过程是概念结构设计阶段。第二个阶段，从信息世界转换到机器世界的过程是数据库的逻辑结构设计阶段，其任务就是把概念结构设计阶段设计出的概念模型转换为与选用的数据库管理系统所支持的数据模型相匹配的逻辑结构。第三个重要的设计阶段，即物理结构设计阶段。为一个给定的逻辑数据模型选取一个满足应用要求的物理结构的过程是数据库的物理设计。数据库系统设计的完整步骤包括需求分析、概念结构设计、逻辑结构设计、物理结构设计、数据库实施、数据库运行与维护，如图 2-6 所示。

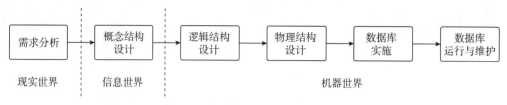

图 2-6　数据库系统设计的完整步骤

2.2　需求分析与数据字典

需求分析是设计数据库系统的首要关键环节，数据字典是进行详细的数据收集和数据分析所获得的主要成果，二者均至关重要。

2.2.1　需求分析

需求分析是设计数据库系统的首要关键环节，其主要目的是通过对用户需求的细致分析，确定系统应该具备哪些功能和特性。在实际的数据库设计中，需求分析通常和软件工程的需求分析过程合并进行。因此，软件开发过程中形成的需求分析和规格说明书都可以作为数据库需求分析的参考。

作为数据库设计的起点，需求分析是整个设计过程的基础，是最困难、最耗费时间的一个环节，其结果的准确性不仅直接影响后续阶段的工作，而且决定了设计成果的合理性和实用性。需求分析并非仅仅确定系统如何执行任务，还包括准确描述用户实际需求，确立系统必须实现的功能。作为地基，需求分析做得充分与准确与否决定了在其基础上构建数据库的速度与质量。如果需求分析做得不好，就会导致整个数据库设计返工重做。

总之，在数据库系统的构建过程中，需求分析是一个关键环节，它为后续的数据库设计和开发提供了基础，保证了系统的有效性和用户满意度。需求分析的主要工作如下。

(1) 分析用户活动，生成业务流程图。

(2) 分析用户活动涉及的数据，产生数据流图。

(3) 分析系统数据，产生数据字典。

1. 需求分析的任务

在详细调查现实世界处理的对象(如组织、部门、企业等)，充分了解原系统(手工系统或计算机系统)的工作概况，明确用户的各种需求的基础上，确定新系统的功能是需求分析的任务。新系统的开发和维护都要遵循"动态规划"原则，并将其贯穿整个系统，使之具有良好的可扩展性和适应性。此外，它还需要满足不断变化的环境条件以及相应的安全标准。这是一个长期而艰巨的过程。

调查的重点是"数据"和"处理"，通过调查、收集与分析，获得用户对数据库的如下要求。

(1) 信息要求。信息要求指用户需要从数据库中获得信息的内容与性质。由用户的信息要求可以导出数据要求，即在数据库中需要存储哪些数据。

(2) 处理要求。处理要求指用户要求完成什么处理功能，对处理的响应时间有什么要求，处理方式是批处理还是联机处理。

(3) 系统要求。系统要求主要从三个方面考虑：①安全性要求，即系统有几类用户使用，每一类用户的使用权限如何；②使用方式要求，即用户的使用环境是什么，平均有多少用户同时使用，最高峰时有多少用户同时使用，有无查询相应的时间要求等；③可扩展性要求，即对未来功能、性能和应用访问的可扩展性的要求。

2. 需求分析的方法

在详细调查用户的实际需求的基础上，与用户达成共识，并进一步分析与表达这些需求是需求分析的首要工作。

调查用户需求的四个具体步骤如下。

(1) 全面调查了解组织机构的具体情况。了解该组织的部门组成情况、各部门的职责等，这一步不但可以更好地把握组织内部的工作流程和信息流传递的路径，而且可以更好地评估组织的运营情况，为分析信息流程做好充分的准备。

(2) 详细调查各部门的业务活动情况。重点了解各个部门输入和使用什么数据，怎样加工处理这些数据，输出什么信息，输出到什么部门，输出结果的格式是什么，等等。

(3) 在熟悉业务之后，协助用户明晰并确认对新系统的各种要求，如处理要求、安全性与完整性要求、信息要求等，仍是调查的重点内容。

(4) 对新系统边界进行界定。初步分析前一阶段的调查结果，并确定哪些职能是计算机实现的或者今后打算让计算机实现，哪些任务是手工实现的。通过计算机来实现的功能是新系统所应具备的功能。

在进行调查时，可以根据不同的问题和条件选择合适的调查方法。常见的调查方法包括以下六种。

(1) 跟班作业。通过亲身参加业务工作来了解业务活动的具体情况。这种方法虽然可以更加准确地了解用户的需求，但是比较耗费人力、时间。

(2) 开调查会。为了了解业务活动的具体情况以及用户需求，可以与用户进行座谈。在座谈过程中，参与者和用户之间可以相互启发和交流。

(3) 请专人介绍。请专门人员进行介绍可以扩大了解范围，扩展了解深度。

(4) 询问。找专人询问，可以较好地解决调查中的某些问题。

(5) 问卷调查。请用户填写设计合理的调查表不但有效，而且很容易被用户接受。

(6) 查阅记录。查阅与原系统有关的数据记录，发掘原系统的优势与不足所在，为新系统的确定提供方便。

这六种调查方法往往不单独采用，经常综合使用多种方法。在确保重要方面均顾及的前提下，对用户对象的专业知识和业务过程了解得越详细，为数据库设计所做的准备就越充分。另外，考虑到将来系统功能大概率有拓展和改变的需求，要求设计人员尽量把系统设计得易于修改。

了解用户需求后，设计人员还需要进一步分析和表达用户需求，对用户需求进行分析与表达后，需求分析报告必须提交给用户，征得用户认可。图2-7描述了需求分析的过程。

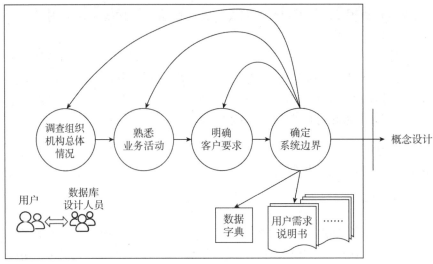

图 2-7　需求分析的过程

在众多的分析方法中，结构化分析(structured analysis，SA)方法是一种简单实用的方法。结构化分析方法采用自顶向下、逐层分解的方法分析系统，如图 2-8 所示。结构化分析方法把每个系统都抽象成最高层(抽象的系统概貌)，反映更详细的内容，将处理功能分解为若干个子系统，还可以继续分解每个子系统，直到把系统工作过程表示清楚为止。这是一种从最上层的系统组织入手的方法。伴随着处理功能逐步分解，其中所用的数据也需逐级分解，形成有若干层次的数据流图(data-flow diagram，DFD)。

数据流图是从数据和处理两个方面表达数据处理的一种图形化的表示方法，其特点是直观且易于被用户理解。数据流图有四个基本成分：数据流(用箭头表示)、加工或处理(用圆圈表示)、文件(用双横线表示)和外部实体(数据流的源点和终点，用方框表示)。图 2-9 给出了数据流图所使用的符号及其意义。

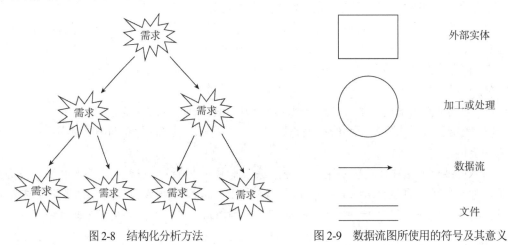

图 2-8　结构化分析方法　　　　　图 2-9　数据流图所使用的符号及其意义

绘制数据流图时，应先找出系统的数据源点与终点及对应的输出数据流与输入数据流，然后从输入数据流(系统的源点)出发，按照系统的逻辑逐步画出系列逻辑加工直到所需的输出数据流(系统的终点),形成数据流的封闭。

数据流图有层次之分。越高层次的数据流图所表现的业务逻辑越抽象,越低层次的数据流图所表现的业务逻辑越具体。对于较复杂的实际问题,仅用一个数据流图很难表达数据处理过程和数据加工情况,需要将问题层次结构逐步分解,并以分层的数据流图反映这种结构关系。

(1) 确定顶层数据流图,把整个数据处理过程暂且看成一个加工,它的输入数据和输出数据实际上是系统与外界环境的接口。

(2) 在顶层数据流图的基础上进一步细化,形成第一层数据流图。

(3) 继续分解,可得到第二层数据流图;……如此细化直到清晰地表达整个数据加工系统的真实情况。

图 2-10 给出了某校移动教学平台学生选课管理子系统的数据流图。该子系统要处理的是:学生根据开设课程提出选课请求(选课单)送教务员审批,教务员对已批准的选课单进行上课安排。数据流图清晰地表达了数据和处理过程的关系。

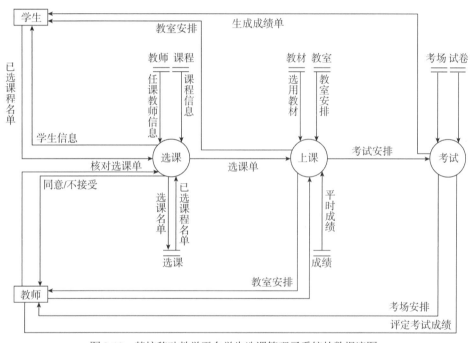

图 2-10 某校移动教学平台学生选课管理子系统的数据流图

2.2.2 数据字典

在结构化分析方法中,处理过程的处理逻辑常常借助判定表和判定树来描述;而系统中的数据则借助数据字典(data dictionary,DD)来描述。数据字典是各类数据描述的集合,是关于数据库中数据的描述,即元数据,而不是数据本身。

在数据库系统中,我们了解到,数据流图通过展示数据与处理之间的关系,为系统分析人员提供了重要的参考依据。作为数据流图的注释和重要补充,数据字典以特定格式记录了数据流图中各个基本要素(如数据流、文件和加工等)的具体内容和特征,从而全面地确定用户的要求,并为未来的系统设计提供完整的对应和说明。

利用数据字典，系统分析人员能够更好地理解数据流图中的每个组成部分，并将其与用户需求相对应。通过明确记录数据流、文件和加工的属性，数据字典为系统设计过程中的决策提供参考依据。系统分析人员可以根据数据字典中的信息，确定合适的数据结构和数据处理方法，以满足用户需求并提高系统的性能。

对数据库设计来说，数据字典是进行详细的数据收集和数据分析所获得的主要成果。数据字典包括数据项、数据结构、数据流、数据存储和处理过程五部分内容。

1. 数据项

数据项是不可再分的数据单位，即数据项是数据的最小组成单位，多个数据项可以组成一个数据结构。。

数据项描述={数据项名，数据项含义说明，别名，数据类型，长度，取值范围，取值含义，与其他数据项的逻辑关系，数据项之间的联系}。其中，取值范围与其他数据项的逻辑关系定义了数据的完整性约束条件。在学生选课管理子系统中，有一个数据流选课单，每张选课单有一个数据项为课程号，在数据字典中可以对此数据项进行描述。课程号数据项如图 2-11所示。

```
数据名称：课程号
说明：唯一标识每门课程
类型：CHAR (8)
长度：10
别名：课程代码
说明：B000000000~B999999999
```

图 2-11　课程号数据项

2. 数据结构

数据结构反映了数据之间的组合关系。一个数据结构可以由若干个数据项组成，也可以由若干个数据结构组成(嵌套数据结构)，或由若干个数据项和数据结构混合组成。

数据结构描述={数据结构名，含义说明，组成{数据项或数据结构}}

数据字典通过对数据项和数据结构的定义来描述数据流和数据存储的逻辑内容。

3. 数据流

数据流是数据结构在系统内传输的路径。

数据流描述={数据流名，说明，数据流来源，数据流去向，组成{数据结构}，平均流量，高峰期流量}

(1) 数据流来源，说明该数据流来自哪个过程。

(2) 数据流去向，说明该数据流将流向哪个过程。

(3) 平均流量是指在单位时间(每天、每周、每月等)内的传输次数。

(4) 高峰期流量是指高峰期的数据流量。

4. 数据存储

数据存储是数据结构停留或保存的地方，也是数据流的来源和去向之一。

数据存储描述={数据存储名，说明，编号，流入的数据流，流出的数据流，组成{数据结构}，数据量，存取方式}

(1) 流入的数据流，指出数据来源。

(2) 流出的数据流，指出数据去向。

(3) 数据量指出每次存取多少数据、每天(每小时、每周等)存取几次等信息。

(4) 存取方式指出存取方式是批处理/联机处理、检索/更新还是顺序检索/随机检索。

5. 处理过程

处理过程的具体处理逻辑一般用判定表或判定树来描述。数据字典中只描述处理过程的说明性信息。

处理过程描述={处理过程名，说明，输入{数据流}，输出{数据流}，处理{简要说明}}

其中，"简要说明"主要是说明该处理过程的功能及处理要求。

(1) 功能：说明该处理过程用来做什么。

(2) 处理要求：说明处理频度要求(如单位时间内处理多少事务、多少数据量)、响应时间要求等。它是后面物理设计的输入及性能评价的标准。

综上所述，数据字典是数据库系统中至关重要的元数据描述工具，而元数据并不是数据本身。数据字典并非一成不变，它是一个动态的工具，需要不断地修改、充实和完善。随着业务需求的变化和数据库的演化，数据字典需要及时反映这些变化，以保持与数据库的同步。在数据库系统中，数据字典的更新和维护是一项重要的任务，它需要数据库管理员和开发人员密切合作，确保数据字典的准确性和实用性。

2.3　数据库设计

数据库设计是指对于一个给定的应用环境，构造最优的数据库模型，建立数据库及其应用系统，使之能够有效地存储数据，满足用户的各种应用需求(信息要求和处理要求)。数据库设计包含三个重要的设计阶段，分别是概念结构设计、逻辑结构设计及物理结构设计，这里仅进行理论介绍，在第 3 章 "概念结构设计"、第 4 章 "逻辑结构设计"中将进行更全面的介绍及举例。

2.3.1　概念结构设计

概念结构设计是整个数据库设计的关键阶段，它是一个将需求分析阶段得到的用户需求抽象为信息结构即概念模型的过程。为了更好、更准确地将现实世界中的用户需求转化为机器世界中的数据模型，数据库设计人员必须将需求分析阶段得到的系统应用需求抽象为信息世界的结构，并且用适当的数据库管理系统来满足这些需求。

概念模型的主要特点如下。

(1) 能真实、充分地反映现实世界，包括事物和事物之间的联系；能满足用户对数据的处理要求，是现实世界的一个真实模型。

(2) 概念模型应易于理解。根据概念模型表达自然、直观、容易理解的特点，可以通过概念模型和不熟悉计算机的用户交换意见，用户的积极参与是数据库设计成功的关键。

(3) 易于更改。在应用环境和应用要求改变时，容易对概念模型进行修改和扩充以反映这种变化。

(4) 易于向关系、网状、层次等其他类型的数据模型转换。易于从概念模型导出与数据库管理系统有关的逻辑模型。

在数据库系统中，概念模型被视为各种数据模型的共同基础。它不仅比数据模型更加独立于具体的机器实现，而且更为抽象。正因如此，概念模型能够提供一种更加稳定的方式来描述和组织数据：它通过提供一个概念化的模型，将现实世界的实体、关系和属性转化为可被计算机系统理解和处理的形式。这种抽象的描述方式不受具体技术的限制，使得设计人员能够更好地理解和沟通数据结构的本质。

与数据模型相比，概念模型更强调对数据的逻辑结构和语义含义的建模。它通过使用实体—联系图、层次结构图或其他图形化的表示方式，帮助设计人员捕捉实体之间的关系和属性的特性。在众多的概念模型中，非常有名、简单实用的就是实体—联系模型(entity-relationship model，E-R 模型)，它将现实世界的信息结构统一用属性、实体以及实体间的联系来描述。这种高度抽象的描述方式使得概念模型具有更好的可维护性和扩展性，使得数据库系统能够更好地适应不同数据需求的变化。

1. 概念结构设计的方法

以下是四种概念结构设计的常用方法。

(1) 自顶向下。首先定义全局概念结构的框架，然后逐步细化。

(2) 自底向上。首先定义各局部应用的概念结构，然后将它们集成起来，得到全局概念结构。

(3) 逐步扩张。首先定义最重要的核心概念结构，然后向外扩充，以滚雪球的方式逐步生成其他概念结构，直至完成总体概念结构。

(4) 混合策略。将自顶向下和自底向上的方法相结合，用自顶向下策略设计一个全局概念结构的框架，集成自底向上策略中设计的各局部概念结构。

在数据库系统的概念结构设计中，常用的方法是混合策略。这一策略首先从自顶向下的角度进行需求分析，然后从自底向上的角度进行概念结构的设计，如图 2-12 所示。这种混合策略可以确保设计的概念结构既满足用户的需求，又具备良好的数据组织和关联特性。

在自顶向下的需求分析阶段，系统设计人员会与用户密切合作，深入了解用户的业务需求和数据处理要求。通过这种方式，设计人员能够把握系统的整体架构，明确功能模块之间的关系以及数据之间的联系和约束。这样的需求分析过程有助于确保系统满足用户的实际需求，并且准确地反映业务逻辑和数据流程。

在自底向上的概念结构设计阶段，设计人员会针对需求分析阶段得出的结果，逐步构建起数据库系统的概念结构。设计人员首先定义实体、属性和关系，并确定它们之间的联系和约束。通过这种自底向上的设计过程，设计人员能够确保概念结构的完整性和一致性，同时能够优化数据的存储，提高查询效率。

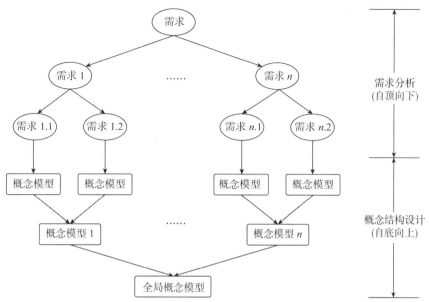

图 2-12 自顶向下需求分析与自底向上策略设计概念模型

总之, 采用混合策略能够提高数据库系统的可靠性、可维护性和性能, 从而为用户提供更好的数据处理和管理体验。

2. 概念结构设计步骤

概念结构设计步骤(图 2-13)如下。

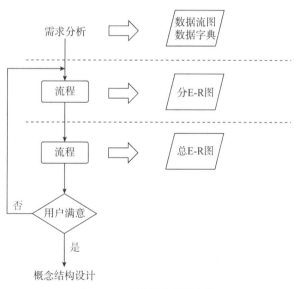

图 2-13 概念结构设计步骤

(1) 设计局部概念模式, 即从局部用户需求出发, 为每个用户建立一个相应的局部概念结构。在此过程中, 需要对需求分析的结果进行细化、补充和修改, 如数据定义的修改、数据项的拆分等。

聚集和概括是概念结构设计时常用的数据抽象方法。聚集是指将多个对象及它们之间的联系组合成一个新的对象，概括是指将一组具有某些共同特性的对象合并成具有更高层意义上的对象。

(2) 综合局部概念结构成全局概念结构。简单来说，这一步骤就是综合各局部概念结构，从而得到反映所有用户需求的全局概念结构。这一过程主要处理各局部模式对各种对象定义的不一致等各种冲突问题。另外，关键是需要对信息需求进行再调整、分析与重定义，解决各局部结构合并过程中可能产生的冗余问题，这也是不容忽略的一个步骤。

(3) 评审。将全局结构提交评审是最后一步。评审主要由用户评审和开发人员评审两部分组成。用户评审的重点是确认全局概念结构是否准确、完整地反映了用户的信息需求，是否符合现实世界事物属性之间的固有联系；开发人员评审则侧重确认：全局结构是否完整，各种文档是否齐全，是否存在不一致性，以及各种成分划分是否合理，等等。

在整个数据库开发过程中，要想实现从现实需求到应用程序的转换，需以数据为驱动。驱动方法如下：①定义需求，收集业务对象及相关对象需要包含的数据；②设计数据库以支持业务；接着设计初始过程；③实现需求。在设计出包含与业务相关的所有数据的数据库之后，可以轻易地添加进一步的过程，为后期新的、附加的处理要求做好准备。所以，相对于传统的过程驱动方法，这种数据驱动的方法更具灵活性。

2.3.2 逻辑结构设计

数据库逻辑结构设计的任务是把概念结构设计阶段设计好的概念模型转换为具体的数据库管理系统支持的数据模型，并建立数据库模式结构，同时需对建立的数据库模式进行优化，最终产生一个优化的数据库逻辑结构。

1. 逻辑结构设计的任务和步骤

从理论上讲，逻辑结构设计主要包括将概念模型转换为关系模型和关系模型的优化两个步骤。

在概念结构设计阶段所获得的概念模型是一种与某一特定数据库系统无关的用户模型。要建立符合用户要求的数据库，必须先将概念模型转化成特定数据库管理系统所支持的数据模型。数据库逻辑结构设计的过程相当于把概念结构转化为数据库管理系统所支持的数据模型的过程。紧接着就是实现设计的阶段，具体的数据库管理系统的性能、具体的数据模型的特性等都要考虑进去。

概念模型可以转换成任何一种具体的数据库管理系统所支持的数据模型，如网状模型、层次模型和关系模型。关系模型以记录或数据表的形式组织数据，以便于利用各种物理实体与属性之间的关系进行存储和变换，不分层也无指针，是建立空间数据和属性数据之间关系的一种非常有效的数据组织方法。本书主要讨论关系模型。

2. 关系模型的优化

数据库逻辑结构设计的结果不具有唯一性。所谓数据模型的优化，是指根据应用需要适当地修改、调整数据模型的结构，从而进一步提高数据库应用系统的性能。规范化理论是数据库逻辑结构设计的指南和工具。用规范化理论对上述产生的逻辑模型进行初步优化，是关系规范化理论的具体应用。关系模型的优化过程中主要考虑以下几点。

(1) 在数据分析阶段，用数据依赖的概念分析和表示各数据项之间的联系。

(2) 在设计概念结构阶段，用关系规范化去消除 E-R 模型中的冗余联系。

(3) 在 E-R 模型向数据模型转换的过程中，用模式分解的概念和方法指导设计，充分运用规范化理论的成果优化关系数据库的设计模式。

关系数据模型的优化通常以规范化理论为指导，具体方法有以下几种。

(1) 确定数据依赖。按照需求分析阶段所得到的语义，分别写出不同关系模式属性之间的数据依赖以及每个关系模式内部各属性之间的数据依赖。

(2) 对各个关系模式之间的数据进行极小化处理，消除冗余的联系。

(3) 按照数据依赖的理论对关系模式进行逐一分析，考察是否存在部分函数依赖、传递函数依赖、多值依赖等，确定各关系模式分别属于第几范式。

(4) 按照需求分析阶段得到的处理需求，分析这些模式对于这样的应用环境是否合适，确定是否要对某些模式进行合并或分解。并非规范化程度越高关系就越好。当查询经常涉及两个或多个关系模式的属性时，系统经常进行连接运算。连接运算的代价是相当高的，可以说，关系模型低效的主要原因就是连接运算。这时，可以考虑将这几个关系合并为一个关系。在这种情况下，低级别的第二范式甚至第一范式也许是合适的。例如，非巴斯范式(Boyce Codd Normal Form，BCNF)的关系模式虽然从理论上分析会存在不同程度的更新异常或冗余，但如果在实际应用中对此关系模式只是查询，并不执行更新操作，那就不会产生实际影响。所以，对于一个具体的应用程序来说，到底规范化到什么程度，需要权衡响应时间和潜在问题两者的利弊来决定。

(5) 对关系模式进行必要的分解，提高存储空间的利用率和数据操作的效率。

例如，设有教师关系模式 T(编号，姓名，性别，年龄，职务，职称，工资，工龄，住址，电话)，若经常进行人事查询操作，应怎样进行优化？因为人事查询只考虑职工的“编号，姓名，性别，年龄，职务，工资”，所以将关系模式 T 垂直分解为 T1、T2 两个关系模式：

T1(编号，姓名，性别，年龄，职务，工资)

T2(编号，职称，工龄，住址，电话)

这样做既减少了每次查询所传递的数据量，又提高了查询的速度。

在同一个关系模式中，总存在经常查询的属性和非经常查询的属性时，可采用垂直分解的方法得到优化的关系模式。

再如，某学校的学籍记录登记着学生的情况，其中包括本科生和研究生两类学生。假设每次查询只涉及其中的一类学生，应当怎样对学籍关系进行优化？如果每次查询只涉及其中一类学生，就应把整个学籍关系水平分割为本科生和研究生两个关系：

本科生(学号，姓名，……)

研究生(学号，姓名，……)

3. 设计用户子模式

生成了整个应用系统的模式后，也就是完成了从概念模型到逻辑模型的转换后，还应该根据局部应用需求，结合具体数据库管理系统的特点，设计用户子模式(也称为外模式或用户模式)。它是用户的数据视图，即用户所见到的模式的一个部分，由模式推导得出。模式给出了系统全局的数据描述，而用户子模式则给出每个用户的局部描述。一个模式可以有若干个用户子模式，每个用户只关心与它有关的外模式，这样可以屏蔽大量无关信息且有利于数据保护，因此对用户极为有利。一般的数据库管理系统都提供有相关的用户子模式描述语言(外模式 DDL)。

关系数据库管理系统一般都提供"视图"的概念，可以利用这一功能设计更能满足局部用户需要的用户子模式。定义数据库模式主要是从系统的时间效率、空间效率、易维护等角度出发。

2.3.3 物理结构设计

以逻辑结构设计的结果为输入内容，结合具体的数据库管理系统的特点与存储设备的特性进行设计，对于给定的逻辑数据模型，选取一个最适合应用环境的物理结构就是数据库的物理设计。

数据库的物理设计由两个阶段组成：第一个阶段是确定数据库的物理结构，在关系数据库中主要是指数据的存取方法和存储结构；第二个阶段是对所设计的物理结构进行评价，系统的时空效率是评价的重点内容。在评价结果满足原设计要求后，可以进入物理实施阶段，否则需要重新设计或修改物理结构。更甚者要返回逻辑结构设计阶段，进行数据模型的修改。

1. 确定数据库的物理结构

在确定数据库的物理结构之前，设计人员必须详细了解以下几方面：给定的数据库管理系统的功能和特点，特别是该数据库管理系统所提供的物理环境和功能；外存设备的各种特性，如分块原则、块因子大小的规定、I/O 特性等；熟悉应用环境，了解所设计的应用系统中各部分的重要程度、处理频率、对响应时间的要求，并把它们作为物理结构设计过程中平衡时间和空间效率的依据。在对上述问题进行全面了解之后，就可以进行物理结构的设计了。

因为不同的数据库产品所提供的物理环境、存储方法和存储结构各不相同，供设计人员使用的设计变量、参数范围也各不相同，所以数据库的物理结构设计没有通用的设计方法可遵循，仅有一般的设计内容和设计原则供数据库设计人员参考。

数据库设计人员都希望自己设计的数据库物理结构能满足事务在数据库上运行时响应时间短、存储空间利用率高和事务吞吐率大的要求。为此，设计人员应对要运行的事务进行详细分析，获得数据库物理结构设计所需要的参数。对于数据库查询事务，需要得到如下信息：查询的关系、查询条件所涉及的属性、连接条件所涉及的属性、查询的投影属性。对于数据更新事务，需要得到如下信息：被更新的关系、每个关系上的更新操作条件所涉及的属性、修改操作要改变的属性值、每个事务在各关系上运行的频率和性能要求。

关系数据库物理结构设计的内容主要包括：为关系模式选择存取方法，建立存取路径，以及设计关系、索引等数据库文件的物理存储结构。

2. 存储记录结构的设计

存储记录是物理结构中数据存取的基本单位。得到逻辑记录结构以后，就可以设计存储记录结构了，一个存储记录可以和一个或多个逻辑记录相对应。存储记录结构由记录的组成、数据项的类型和长度以及逻辑记录到存储记录的映射组成。另外，只有控制好存取时间、存储空间和维护代价之间的平衡，才能更好地设计数据的存储结构。

3. 存取方法的设计

存取方法是快速存取数据库中数据的一种技术。数据库管理系统通常提供不同的存取方式，这里重点介绍聚簇和索引两种方法。

(1) 聚簇。聚簇方法就是把在一个或一组属性中具有相同值的元组集中地存放在一个物理块中。如果存放不下，则可以存放在相邻的物理块中。这个或这组属性称为聚簇码。使用聚簇后，聚簇码相同的元组集中在一起，因而聚簇值不必在每个元组中重复存储，只要在一组中存储一次即可，从而节省存储空间。此功能可以提高按照聚簇码进行查询的效率。

以查询计算机系的所有学生名单为例。假设计算机系有 200 名学生，在极端情况下，这 200 名学生所对应的数据元组分布在 200 个不同的物理块上。尽管对学生关系已按所在系建立了索引，由索引能很快找到计算机系学生的元组标识，避免了全表扫描，但是由元组标识去访问数据块时就要存取 200 个物理块，执行 200 次 I/O 操作。如果将同一系学生的元组集中存放，则每读一个物理块就可得到多个满足查询条件的元组，从而显著地减少访问磁盘的次数。

聚簇方法不但适用于单个关系，而且适用于经常进行连接操作的多个关系，即把多个连接关系的元组按连接属性值聚簇存放(聚簇中的连接属性称为聚簇码)。这就相当于把多个关系按"预连接"的形式存放，从而大大提高连续操作的效率。

聚簇设计的原则如下。

① 如果关系的主要应用是通过聚簇码进行访问或连接，而其他属性访问关系的操作很少，则可以使用聚簇，尤其当语句中包含和聚簇码有关的 ORDER BY，GROUP BY，UNION，DISTINCT 等语法成分时，聚簇格外有利，可以省去对结果的排序。

② 如果一个关系的一个或一组属性的值重复率很高，则此单个关系可建立聚簇，即对应每个聚簇码值的平均元组数不能过少，也不能过多。聚簇过少效率不明显，甚至浪费块的空间；聚簇过多就要采用多个链接块，同样对提高性能不利。

③ 如果一个关系的一组属性经常出现在比较条件中，则该单个关系可建立聚簇。

④ 从聚簇中删除经常进行全表扫描的关系，删除更新操作远多于连接操作的关系。

⑤ 一个聚簇可能包含多个关系，一个关系只能出现在某一个聚簇中。

建立聚簇虽然提高了数据查询速度，但是如果使用不当也会存在如下弊端。

① 聚簇虽然提高了某些应用程序的性能，但是建立与维护聚簇的成本相当高。

② 对已有的关系建立聚簇，将导致关系中的元组移动其物理存储位置时使关系中原有的索引无效，要想使用原索引就必须重建原索引。

③ 当一个元组的聚簇码值改变时，该元组的存储位置也要做相应的移动，所以聚簇码值应当相对稳定，以降低修改聚簇码值所产生的维护成本。

如果在设计数据库物理结构时设置了必要的聚簇，运行后发现收效不大，甚至有害，或由于应用要求改变，这种聚簇就没有必要了，可撤销。

(2) 索引。所谓索引存取方法，实际上就是根据应用要求确定对关系的哪些属性建立索引，对哪些属性建立组合索引，对哪些索引要设计为唯一索引，等等。该方法在加快检索速度的同时，还可以防止关联中的主码被多次输入，从而保证数据的完整性。

建立索引的一般原则如下。

① 如果一个或一组属性经常作为查询条件，则考虑对这个或这组属性建立索引或组合索引。

② 如果一个或一组属性经常作为聚集函数的参数，则考虑对这个或这组属性建立索引。

③ 如果一个或一组属性经常作为表的连接条件，则考虑对这个或这组属性建立索引。

④ 如果某个属性经常作为分组的依据，则考虑对这个属性建立索引。

⑤ 一个表可以建立多个非聚簇索引，但只能建立一个聚簇索引。

索引一般可以提高数据查询性能，但会降低数据修改性能。因为在进行数据修改时，系统要同时对索引进行维护，使索引与数据保持一致。维护索引要占用较多的时间，存放索引也要占用空间。因此，在决定是否建立索引时，要权衡数据库的操作，如果查询多且对查询性能要求较高，可以考虑多建立一些索引；如果数据更改多且对更改的效率要求比较高，可以考虑少建立索引。

虽然建立多个索引文件可以缩短存取时间，提高查询性能，但是会增加存放索引文件所占用的存储空间，增加建立索引与维护索引的成本。同时，在修改数据时，为了使索引与数据保持一致，系统要同时对索引进行维护，这个过程导致数据修改性能降低。

综上所述，在决定是否建立索引以及建立多少索引时，要权衡数据库的操作，要根据实际情况综合考虑。

4. 数据存储位置的设计

根据应用情况将数据的易变部分、稳定部分、经常存取部分和存取频率较低的部分分开存放，可以提高系统性能。对于有多个磁盘的计算机，可以采用以下磁盘分配方案。

(1) 将表和索引分别存放在不同的磁盘上，查询时，两个磁盘驱动器能并行工作，可以提高物理读写的速度。

(2) 将比较大的表分别放在两个磁盘上，以加快存取速度，在多用户环境下效果更佳。

(3) 将备份文件、日志文件与数据库对象(如表、索引等)备份等放在不同的磁盘上。

鉴于各个系统所能提供的对数据进行物理安排的手段、方法差异较大，设计人员应详细了解给定的关系数据库管理系统提供的方法和参数，针对应用环境的要求对数据进行合理的物理安排。

5. 系统配置的设计

设计人员和数据库管理员对数据库进行物理优化，离不开数据库管理系统产品所提供的系统配置变量、存储分配参数。即使系统为这些变量设定了初始值，这些值也未必适合各种应用环境，所以为了满足新的要求，在物理结构设计阶段，要根据实际情况重新给这些变量赋值，改善系统环境。

同时，使用数据库的用户数、同时打开的数据库对象数、存储分配参数、缓冲区分配参数、内存分配参数、数据库的大小、锁的数目、时间片的大小等都需系统配置变量和参数，这些参数值将影响存取时间和地址空间分配。为了提高系统性能，在物理结构设计阶段要根据应用环境确定这些参数值，避免这些参数值过多而影响分配存取时间和存储空间。

在进行物理结构设计时对系统配置变量的调整只是初步的，在系统运行时还要根据实际运行情况做进一步的参数调整，以提高系统性能。

6. 评价物理结构

时空效率、维护代价和用户的要求等均是物理结构设计过程中需要考虑的因素。权衡这些因素后所产生的物理结构设计方案会有许多种。在众多物理结构设计方案中，为了选出较优的物理结构，评价物理结构至关重要。如果评价结果满足设计要求，则可以进行数据库实施。如果该结构不符合用户要求，则需要修改设计。然而从实际情况来看，优化物理结构设计往往需要经过反复测试，很难一次就能满足用户需求。

评价物理结构设计完全依赖于具体的数据库管理系统，系统的时间和空间效率是评价的重点，具体可以分为如下五类。

(1) 查询和响应时间。响应时间是从查询开始到开始显示查询结果所经历的时间。一个好的应用程序设计可以减少 CPU 时间和 I/O 时间。

(2) 更新事务的成本。更新事物的成本主要是修改索引、重写物理块或文件以及写校验等方面的成本。

(3) 生成报告的成本。生成报告的成本主要包括索引、重组、排序和显示结果的成本。

(4) 主存储空间的成本。主存储空间的成本主要包括程序和数据所占用的空间。对数据库设计者来说，可以对缓冲区做适当的控制，包括控制缓冲区的个数和大小。

(5) 辅助存储空间的成本。辅助存储空间分为数据块和索引块两部分，设计人员可以控制索引块的大小、索引块的充满度等。

2.4　数据库运行

要想使数据库长久、稳定地运行，前期需要确保数据库的顺利实施，包括完整地载入数据和顺利地试运行；后期需要经常性地维护与优化，包括数据库的监控和故障处理，以及性能调优和数据备份、恢复等工作。这些步骤和措施能够保证数据库系统的稳定性与可靠性，满足用户的需求，提供高效、可靠的数据服务。

2.4.1　数据库实施

在数据库物理结构设计结束后，设计人员就可以用关系数据库管理系统提供的 DDL 和其他实用程序将数据库逻辑结构设计和物理结构设计的结果严格地描述出来，成为数据库管理系统可以接受的代码；然后通过调试生成目标模式；最后进行数据入库，即数据库实施。

1. 数据载入

数据载入与应用程序的编码与调试是数据库实施阶段的两项重要工作。在一般数据库系统中，数据量都很大，而且数据来源于各个不同的单位，数据的组织方式、结构和格式都与新设计的数据库系统有一定的差别。有些差别可能比较大，不仅向计算机输入数据时会发生错误，而且在转换过程中有可能出错。因此，在源数据入库之前要采用多种方法对它们进行检查，以防止不正确的数据入库，这部分工作在整个数据输入子系统时是非常重要的。组织数据录入就是将各类源数据从各个局部应用中抽取出来，输入计算机，再分类转换，最后综合成新设计的数据库结构的形式，输入数据库。这样的数据转换、组织入库的工作是相当费力、费时的。

对于数据量不是很大的小型系统，可以用人工方式完成数据的入库，但对于中大型系统，由于数据量非常大，组织数据入库的工作是非常繁重的，用人工方式组织数据入库将会耗费大量的人力、物力,而且很难保证数据的正确性。数据库管理系统产品也不提供通用的转换工具,并且由于各个不同的应用环境差很大,不可能有通用的转换器。为了提高数据输入工作的效率和质量,应该针对具体的应用环境设计一个数据录入子系统,由计算机来完成数据入库的工作。这个系统的主要功能是对原始数据进行输入、校验、分类,并最终转换成符合数据库结构的形式,然后将数据存入数据库。

为保证存入数据库的数据正确无误,数据的校验非常重要。数据输入系统的设计应考虑设计多种数据校验方法,在数据转换过程中要进行多次校验,并且每次使用不同的方法,确定输入的数据正确无误后才允许入库。

综上所述,数据库应用程序的设计应该与数据库设计同时进行,在组织数据入库的同时还要调试应用程序。

2. 数据库试运行

在部分数据输入数据库后,对数据库系统进行联合调试,称为数据库试运行。这一阶段要实际运行数据库应用程序,执行对数据库的各种操作,测试应用程序的功能是否满足设计要求。如果不满足,则需要对应用程序部分进行修改、调整,直到达到设计要求为止。

在数据库试运行阶段,要测试系统的性能指标,分析其是否达到设计目标。在数据库物理结构设计阶段,初步确定系统的物理参数值只是近似估计,与实际系统运行存在一定的差距。因此,必须在数据库试运行阶段实际测量和评价系统性能指标。结合事实来看,有些参数的最优值通常是经过运行调试后才找到的。所以,如果测试的结果与设计的目标不符,首先考虑返回物理结构设计阶段,重新调整物理结构,修改系统参数。确定物理结构无误后,如果问题仍然存在,再考虑返回修改逻辑结构。

这里有两点值得注意:第一,数据库试运行后可能还要修改物理结构甚至逻辑结构,为避免增加数据入库的时间、人力、物力、财力等成本,数据重新入库工作应分期分批进行。先输入小批量数据供调试使用,在试运行基本合格后,再大批量输入数据,逐步增加数据量,并完成运行评价。第二,因为数据库试运行阶段系统处于不稳定的状态,软、硬件故障随时都可能发生,同时系统的操作人员还不能熟练地掌握新系统,误操作风险仍然存在。所以,必须先调试运行数据库管理系统的恢复功能,做好数据库的转储和恢复工作。这样一旦发生故障,能尽快恢复数据库,尽可能减少对数据库的破坏和各方面的损失。

2.4.2 数据库运行与维护

理想状态下,数据库试运行合格意味着数据库开发工作基本完成,可以正式投入运行了。但是,应用环境、数据库运行过程中的物理存储均会不断变化,所以对数据库设计进行评价、调整、修改等是一项长期的工作。后期维护与优化是保证数据库长期稳定运行的重要环节。在数据库运行阶段,对数据库经常性的维护工作主要是由数据库管理员完成的,包括以下四个方面。

1. 数据库的转储和恢复

数据库的转储和恢复是系统正式运行后重要的维护工作之一。数据库管理员应针对不同的应用要求制订不同的转储计划,以保证一旦发生故障能够尽快将数据库恢复到某种一致的状态,并尽可能减少对数据库的破坏。

2. 数据库的安全性、完整性控制

在数据库运行过程中，由于应用环境的变化，对安全性的要求也会发生变化。例如，有的原有数据处于机密状态，但现在可以公开查询了，而新加入的数据又可能处于机密状态；系统中用户的级别需要改变。这些都需要数据库管理员根据实际情况修改。同样，数据库的完整性约束条件也会变化，也需要数据库管理员不断地修改，以满足用户的要求。

3. 数据库性能的监督、分析和改进

在数据库运行过程中，数据库管理员还要监督系统运行、分析监测数据、判断当前系统的运行状况是否最佳，找出提高系统性能的方法，做出相应的调整与改善。

4. 数据库的重组织与重构造

数据库运行一段时间后，不断地增加、删除、修改记录，使数据库的物理存储情况变坏，降低数据的存取效率，数据库性能下降。数据库管理员需要对数据库进行重组织，或对部分频繁增、删的表进行重组织。

数据库管理系统一般都提供数据重组织的应用程序。在重组织的过程中，按原设计要求重新安排存储位置、回收垃圾、减少指针链等，以提高数据库管理系统的性能。数据库的重组织并不修改原设计的逻辑结构和物理结构，而数据库的重构造是指部分修改数据库的模式和内模式。

当数据库应用环境发生变化(如增加了新的应用或新的实体，取消了某些应用，部分实体及实体间的联系发生改变，原有的数据库设计不能满足新的需求)时，需要进行数据库的重构造。数据库重构造是指根据新环境调整数据库的模式和内模式，部分修改数据库的模式和内模式。例如，在表中增加或删除某些数据项，改变数据项的类型，增加或删除某个表，改变数据库的容量，增加或删除某些索引。

重构造数据库的程度是有限的。若应用变化太大，已无法通过重构造数据库来满足新的需求，或重构造数据库的代价太大，则表明现有数据库应用系统的生命周期已经结束，应该设计新的数据库应用系统。

本章习题

一、选择题

1. 概念结构设计是整个数据库设计的关键环节，它通过对用户需求进行综合、归纳与抽象，形成一个独立于数据库管理系统的(　　)。

　　A. 数据模型　　　　　B. 概念模型　　　　　C. 层次模型　　　　　D. 关系模型

2. 数据库设计中，确定数据库存储结构，即确定关系、索引、聚簇、日志、备份等数据的存储安排和存储结构，是数据库设计的(　　)。

　　A. 需求分析阶段　　　B. 概念设计阶段　　　C. 逻辑设计阶段　　　D. 物理设计阶段

3. 在关系数据库设计中，设计关系模式是(　　)的任务。

　　A. 需求分析阶段　　　B. 概念设计阶段　　　C. 逻辑设计阶段　　　D. 物理设计阶段

4. 数据库物理结构设计完成后，进入数据库实施阶段，下列各项中不属于实施阶段的工作的是(　　)。

    A. 建立库结构　　　　B. 扩充功能　　　　C. 加载数据　　　　D. 系统调试

5. 在数据库的概念设计中，最常用的数据模型是(　　)。

    A. 形象模型　　　　B. 物理模型　　　　C. 逻辑模型　　　　D. 实体联系模型

6. 数据库逻辑设计的主要任务是(　　)。

    A. 绘制 E-R 图和编制说明书　　　　　　B. 创建数据库模式

    C. 建立数据流图　　　　　　　　　　　D. 把数据送入数据库

7. 数据流图适用于描述结构化方法中(　　)阶段的工具。

    A. 可行性分析　　　　B. 详细设计　　　　C. 需求分析　　　　D. 程序编码

8. 在关系数据库设计中，对关系进行规范化处理，使关系达到一定的范式，这是(　　)的任务。

    A. 需求分析阶段　　　B. 概念设计阶段　　　C. 逻辑设计阶段　　　D. 物理设计阶段

9. 设计子模式属于数据库设计的(　　)。

    A. 需求分析阶段　　　B. 概念设计阶段　　　C. 逻辑设计阶段　　　D. 物理设计阶段

10. 在数据库设计中，将 E-R 图转换成关系数据模型的过程属于(　　)。

    A. 需求分析阶段　　　B. 概念设计阶段　　　C. 逻辑设计阶段　　　D. 物理设计阶段

二、简答题

1. 解释下列名词：数据字典、数据流图、聚集。

2. 简述数据字典的内容。

3. 简述数据库设计的基本步骤及每个步骤的主要任务。

4. 简述需求分析阶段的设计目标、调查的内容。

5. 简述数据库概念结构设计的方法和步骤。

6. 简述数据库逻辑结构设计的方法和步骤。

7. 简述数据库物理结构设计的工作。

8. 简述数据库运行与维护阶段的主要工作。

第 3 章
概念结构设计

概念结构设计是将需求分析阶段得到的用户需求抽象为信息世界的模型——概念模型以更好、更准确地转化为机器世界中的数据模型，并用适当的数据库管理系统来实现这些需求的过程，是对现实世界中的事物和现象进行抽象、分类、组织和表达的过程。它是整个数据库设计的起始环节。进行概念结构设计，可以更好地理解和描述现实世界中的信息关系。所谓抽象就是对实际的人、物、事和概念进行人为的处理，只抽取人们共同关心的特性，忽略非本质的细节，并对这些概念进行精确的描述。概念结构设计是各种数据模型设计的共同基础，它比数据模型更独立，不受具体数据库管理系统的影响。

如何才能高效合理地完成从现实世界到信息世界的抽象，即如何出色地完成概念结构设计？本章在第 2 章的基础上，首先将重点介绍 E-R 模型相关理论知识，接着从分 E-R 图设计、E-R 图集成两个方面系统学习 E-R 图的建构拓展，最后通过概念模型的设计案例进一步强化巩固。

【学习目标】

1. 理解 E-R 模型的概念。
2. 掌握建构 E-R 图的方法、步骤。
3. 能够熟练地绘制 E-R 图。

【知识图谱】

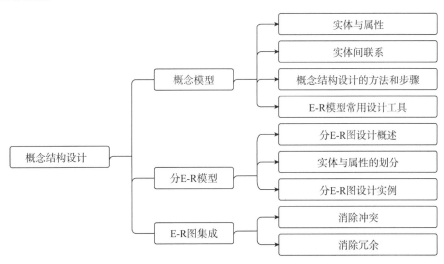

3.1 概念模型

概念模型建立的方法有很多，主要有以下几种：E-R 模型法、扩展的实体—联系模型(extended entity relationship model，EER 模型)法、统一建模语言(unified model language，UML)类图法、对象定义语言(object definition language，ODL)法等。其中使用非常广泛的是 1976 年 P.P.S.Chen 提出的 E-R 模型。

3.1.1 E-R 模型实例

本书中以某高校移动教学平台数据库系统部分应用为例进行数据库设计，其概念结构设计阶段设计出的 E-R 模型如图 3-1 所示。为了更直观地表示实体之间的联系，此处省略了相关实体和联系的属性信息。

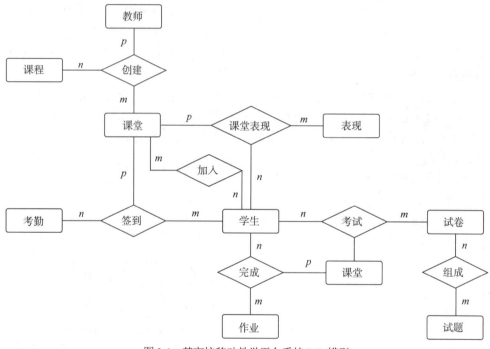

图 3-1　某高校移动教学平台系统 E-R 模型

3.1.2 E-R 模型

1. E-R 模型概述

E-R 模型通常用图形表示，称为实体—联系图(E-R 图)。E-R 图由实体、属性和联系三要素构成。它提供了一种描述现实世界中数据组织和关联的图形化方法，用于表示实体、属性和实体之间的联系，在表达数据的意义、进行数据库设计等方面均发挥着重大作用。

E-R 图使用四种符号，如表 3-1 所示。实体在 E-R 模型中表示为矩形框，联系表示为菱形框，属性表示为椭圆形框。菱形框两端通过无向边与表示实体的矩形框相连，两端分别标注联系类型。表示属性的椭圆形框与实体或联系之间也通过无向边相连。如果某个属性是实体的码，则在属性名下方画线。

表 3-1　表示 E-R 图的基本符号

图形	名称	作用
▭	矩形框	表示实体类型，实体名称写在矩形框内
◇	菱形框	表示实体间的联系，联系名写在菱形框内
◯	椭圆形框	表示实体类型和联系类型的属性，属性名写在椭圆形框内
—	无向边	用无向边将关联的实体类型连接起来，同时在无向边的旁边标上联系的类型($1:1$，$1:m$ 或 $m:n$)

E-R 模型是概念结构设计常用的方法，主要有以下几个原因。

(1) 数据建模。E-R 模型提供了一种直观且易于理解的方法来建模现实世界中的数据。将实体、属性和关系抽象成图形化符号，可以更好地捕捉和表示数据之间的联系和结构。

(2) 数据可视化。E-R 模型允许将数据的组织和联系可视化。图形表示可以清晰地展示实体之间的联系、属性的特征以及它们之间的连接方式。

(3) 数据完整性。E-R 模型有助于确保数据的完整性。通过定义实体之间的联系和约束条件，可以确保数据在插入、更新和删除时保持一致性和正确性。

(4) 查询优化。E-R 模型可以帮助优化数据库查询。通过了解实体之间的联系，可以设计出更有效的查询和连接方式，提高查询性能，缩短响应时间。此外，E-R 模型还可以指导索引的创建，以支持常见的查询操作。

总的来说，E-R 模型提供了一种直观且规范的方法来描述和设计数据库。它有助于提高数据库设计的质量、数据的完整性和查询的性能，从而提升整个数据库系统的效率和可靠性。

2. E-R 模型的特点

(1) 易于理解和表达。E-R 模型通过实体、联系和属性三个基本概念，简洁地描述了现实世界中的问题。这使得设计人员和用户能够更直观地理解和沟通系统需求。

(2) 灵活性。E-R 模型支持不同粒度的概念结构设计，可以根据需求灵活地调整实体、属性和联系的定义。这使得设计人员能够根据实际需求进行调整，提高系统的适应性。

(3) 可扩展性。E-R 模型具有良好的可扩展性，可以方便地添加或删除实体、属性和联系。这为系统的迭代和更新提供了便利。

(4) 易于转换为其他数据模型。E-R 模型可以方便地转换为关系模型等其他数据模型，为后续的系统实现奠定了基础。

(5) 有助于发现和解决数据不一致性问题。通过 E-R 模型，设计人员可以更容易地发现和解决数据不一致性问题，确保数据的正确性和完整性。

(6) 有助于优化数据库性能。E-R 模型有助于设计人员对数据库进行优化，如合理分配实体和联系的数量、降低数据冗余等。这有助于提高数据库的性能。

3. 其他概念结构设计模型

除了 E-R 模型，概念结构设计的方法还有以下几种。

(1) 实体—属性—联系(E-A-R)模型。这是一种扩展的 E-R 模型，它将实体进一步细分为属性(attribute)和联系(relationship)。

(2) 对象—联系(O-R)模型。这种模型将现实世界中的对象和它们之间的联系进行建模，主要用于面向对象数据库的设计。

(3) 语义网络(semantic network)模型。这种模型通过将概念和它们之间的联系表示为网络结构来进行知识表示和推理。

(4) 概念图(conceptual graph)模型。这是一种基于图形表示的概念模型，用于表示实体和实体之间的联系。

(5) 统一建模语言(UML)。这是一种通用的可视化建模语言，用于描述软件系统的结构和行为。

(6) 时态逻辑(temporal logic)模型。这种模型用于表示随时间变化的概念和联系。

4. 绘制 E-R 图的方法步骤

E-R 图应包括实体、联系和属性三个要素。设计 E-R 图时，设计人员需要从这三个方面进行考虑。由于属性是用来描述实体或者联系的，在设计过程中，设计人员可以将属性的确定与实体和联系的设计结合在一起。

绘制 E-R 图的具体步骤如下。

(1) 确定实体类型。实体要尽可能少，因为实体越多，意味着将来数据库中需要存储的对象就越多(如在关系数据库中就会有更多的基本表)，数据库就越复杂，容易使数据访问编程复杂化，也会导致最终的数据库应用系统性能下降。

应用系统中究竟存在哪些实体，确定的唯一依据就是系统的需求。不同应用环境的需求有着较大的差别，因此，不能根据主观经验进行实体设计，必须依据系统需求设计。

实体的确定需要注意以下几点。

① 实体是现实世界中可以唯一标识的对象。现实世界中某些实体很容易区分，如教学管理系统中的学生实体、课程实体等。

② 如果某个对象是属性的集合，那么一般要将其确定为实体。例如，如果一个地址是由省、市、县和街道名四个属性来描述的，那么需要将其确定为一个实体。反之，如果应用系统中地址仅仅是一个字符串，那么只需要将其设计为属性即可。

③ 实体的设计可以参考软件需求分析报告中的数据字典信息。在软件需求分析阶段一般会得到应用系统的需求规格说明，其中包含了定义系统中所有数据存储、数据项、数据流、数据结构以及处理的数据字典。在数据字典中，可以考虑将数据存储、数据流、数据结构作为实体的候选。如果这些对象是属性的集合，那么可以将它们确定为实体。

(2) 确定联系类型。确定联系类型包括两个方面的工作：一方面，要确定哪些实体之间存在联系；另一方面，是要确定联系的属性与基数。

联系的确定依据是应用的需求。两个实体在不同应用环境中的联系可能完全不同。例如，考虑顾客实体和银行账户实体之间的联系，可能在 A 银行是 $1:n$ 的联系，因为一个顾客可以拥有多个账户，但一个账户只有一个所有人；而在 B 银行可能是 $m:n$ 的联系，因为 B 银行中一个账户可以有多个所有人(如夫妻双方共同所有等)。因此，设计人员要根据应用环境的特点来设计联系的类型。

(3) 把实体类型和联系类型组合成 E-R 图。确定联系类型时容易出错的地方主要有两处：一是联系的基数，如将本来是 $1 : n$ 的联系设计成了 $m : n$ 的联系；二是联系属性的确定。注意：不能将联系的属性设计为关联实体的属性，也不能漏掉联系应该具有的属性。例如，在学生实体和课程实体之间存在选课联系，"成绩"就是选课联系的属性。注意："成绩"属性既不是描述学生实体的数据，也不是描述课程实体的数据。实体的属性都是实体自身拥有的本质特性，而"成绩"显然不是学生或者课程所拥有的本质属性。

(4) 确定实体类型的属性，并标上联系类型的种类。确定实体属性的首要工作是确定实体的码。其次是要考虑系统范围内的实体属性。例如，学生实体可以有许多属性，包括学号、姓名、年龄、身高、体重、血型等，但只需要包含应用系统需要的属性。如果应用系统的需求中不需要对学生的血型进行管理，那么"血型"就是系统需求范围之外的数据，不将其作为学生实体的属性。如果把"血型"设计成学生实体的属性会出现什么问题呢？由于系统需求并不涉及学生的血型，因此"血型"这一数据成了系统中的垃圾，将来在应用系统中既不会有输入的数据，也不会被用户使用。最后，还要确定实体每个属性的域。域需要根据现实世界中属性的取值来确定，这样可以保证将来数据库中的属性值与应用中的取值范围相符，使建立的概念数据模型可以反映现实世界的数据特征。

实体的属性还要满足两个准则：一是属性必须是不可分的，即不能包含其他属性集；二是属性不能与实体发生联系，联系必须发生在实体与实体之间。

3.1.3　概念结构设计的方法和步骤

1. 概念结构设计的方法

概念结构设计的方法有以下两种。

(1) 集中式模式设计法。集中式模式设计法是根据需求由一个权威组织或授权的数据库管理员设计一个综合的全局数据模式，再根据全局数据模式为各个用户组或应用定义外模式。这种方法简单方便，强调统一，但很难描述复杂的语义关联，无法兼顾对各用户组和应用，因此不适合大型的或复杂的系统设计，只适用于小型或不复杂的系统设计。如果一个单位规模很大并且结构复杂，综合需求说明是很困难的工作，而且在综合过程中难免要忽略某些用户的需求。

(2) 视图集成设计法。视图集成设计法是将一个系统分解成若干个子系统，首先对每一个子系统进行需求分析，分别设计各自的局部模式，建立各个局部视图，然后将这些局部视图进行集成，最终形成整个系统的全局模式。在视图集成过程中，可能会发生一些冲突，须对视图做适当的修改。

目前关系数据库设计通常采用视图集成法。

2. 概念结构设计步骤

采用 E-R 图的概念模型设计步骤如下。

(1) 数据抽象与局部视图设计。局部视图设计是分 E-R 图的设计，一般先选择某个局部应用，根据系统的具体情况，在多层数据流图中选择一个适当层次的数据流图，作为设计分 E-R

图的出发点。

高层数据流图只能反映系统的概貌，而中层数据流图能较好地反映系统中各局部应用的子系统组成。因此，设计人员往往将中层数据流图作为设计分 E-R 图的依据。

在前面选好的某一层次的数据流图中，每个局部应用都对应了一组数据流图，局部应用涉及的数据都已经收集在数据字典中。现在就是要将这些数据从数据字典中抽取出来，参照数据流图，标出局部应用中的实体、实体的属性、标识实体的码，确定实体之间的联系及其类型，对每个局部应用逐一设计分 E-R 图，又称局部 E-R 图。

(2) 视图集成。视图集成即全局 E-R 模型设计，在各子系统的分 E-R 图设计好以后，将所有的分 E-R 图综合成一个系统的全局 E-R 图。

(3) 全局 E-R 模型的优化和评审。在全局 E-R 图中，进行相关实体类型的合并，以减少实体类型的个数，消除实体中的冗余属性，消除冗余的联系类型。

3.1.4　E-R 模型常用设计工具

E-R 模型可以清楚地描述实体、实体属性以及实体之间的联系，常用的 E-R 模型设计需要选择有效的设计工具。

1. Freedgo

Freedgo 是一个强大的在线 E-R 模型生成工具，其功能如下可以针对 MySQL，Oracle，SQLServer，PostgreSQL 的 DDL 文件在线生成 E-R 模型图表；可以导入导出数据库 DDL 文件、生成数据库设计文档；支持在线编辑 E-R 模型；支持数据库建表语句，注释功能、表与表之间的各种关系图，导入 SQL 文件创建 E-R 模型，创建表，修改表，主键、外键显示等。

2. MySQL

虽然 MySQL 是一个关系型数据库管理系统，但是它在数据库概念结构设计阶段，可用于 E-R 模型设计。MySQL 的特点是开源、免费，具有良好的性能，适用于各种规模的企业和项目。

3. 手工绘制

通过手工方式绘制 E-R 图是一种简单且实用的方式。例如，设计人员使用纸和笔，或者使用在线绘图工具(如 Microsoft Visio、Lucidchart、Draw.io、亿图图示等)进行绘制。手工绘制的特点是能够锻炼人的思维能力，便于设计人员深入理解实体和联系。

这些工具在 E-R 模型设计中都具有各自的特点，设计人员可以根据实际需求和偏好选择合适的工具。

3.2　分 E-R 图设计

使用 E-R 图进行概念结构设计首先要进行数据抽象与局部视图设计，也就是分 E-R 图设计。

3.2.1　分 E-R 图设计概述

分 E-R 图设计是 E-R 模型设计过程中非常重要的一个步骤，它直接表达了底层各个子系统或模块的数据需求。

1. 分 E-R 图设计的特点

分 E-R 图设计具有如下特点。

(1) 提高可维护性。分 E-R 图有助于梳理实体之间的联系，降低数据冗余和不一致性。这有助于提高数据库的可靠性和可维护性，从而降低后期的维护成本。

(2) 便于团队协作。分 E-R 图可以让不同的团队成员在各自的专业领域进行设计，提高团队协作效率。

(3) 灵活应对变更。分 E-R 图有助于应对需求变更。在数据库设计过程中，需求往往是不断变化的。分阶段设计，可以在需求变更时只对相应阶段进行调整，而不必从头开始整个设计过程。

2. 分 E-R 图设计步骤

分 E-R 图设计步骤大体上和 3.1 节中介绍的 E-R 图绘制步骤一致，具体如下。

(1) 确定实体集。确定该系统包含的所有实体和实体集。

(2) 确定实体集之间的联系集。判断实体集之间是否存在联系，确定实体集之间联系的名称及其类型($1:1$，$1:n$，$m:n$)。

(3) 确定实体集的属性。标定实体的属性、标识实体的候选关键字。

(4) 确定联系集的属性。

(5) 画出分 E-R 图。

3.2.2　实体与属性的划分

正确划分实体与属性是设计局部 E-R 模型的关键。概念结构设计中第一步就是对需求分析阶段收集到的数据进行分类、组织，确定实体。然而，由于实体与属性之间并没有形式上可以截然划分的界限，如何确定实体和属性成了较为困难的问题。

虽然实体和属性在形式上并无明显的区分界限，但是可按照现实世界中事物的自然划分来定义实体和属性，即对现实世界中的事物进行数据抽象，得到实体和属性。数据抽象主要有两种方法：分类和聚集。

1. 分类

分类是定义某一类概念作为现实世界中一组对象的类型，并将一组具有某些共同特性和行为的对象抽象为一个实体。分类抽象了对象值和型之间的"成员"的语义。在 E-R 模型中，实体集就是这种抽象。例如，"张三"是学生，表示"张三"是学生集合中的一个成员，"张三"是"学生"实体中的实例，这些学生具有相同的特性和行为。分类示例如图 3-2 所示。

2. 聚集

聚集是定义某一类型的组成部分，并将对象类型的组成部分抽象为实体的属性。聚集抽象了对象内部类型和对象内部"组成部分"的语义。若干属性的聚集组成了实体型。组成成分是

对象类型的一部分。例如，把实体集"学生"的"学号""姓名""性别"等属性聚集为实体型
"学生"。聚集示例如图 3-3 所示。

图 3-2　分类示例　　　　　　　　　图 3-3　聚集示例

在数据字典中，数据结构、数据流和数据存储都是若干属性有意义的聚合，这就已经体现
了聚集。可以先从这些内容出发定义 E-R 图，然后进行必要的调整。在调整中遵循"简化 E-R 图
的处置"的原则，要求现实世界的事物能作为属性对待的尽量作为属性对待。凡满足以下两条
准则的事物，一般均可作为属性对待。

(1) 作为属性，不能再具有需要描述的性质，即属性必须是不可分的数据项，不能包含其
他属性。

(2) 属性不能与其他实体具有联系，即 E-R 图中所表示的联系是实体之间的联系。

例如，某学校移动教学平台系统中的考试功能存在试卷实体，该实体包含试卷编号、试卷
名称、试卷内容、总分值等属性，试题如果没有需要进一步描述的特性，则根据准则(1)将试题
作为试卷实体的属性，如图 3-4 所示；试题如果有试题编号、题型分类、类别、题目、选项、
答案、分值、难度等级等详细描述，则试题作为一个实体看待就更恰当，如图 3-5 所示。

图 3-4　试题属性不可分割时的试卷实体设计

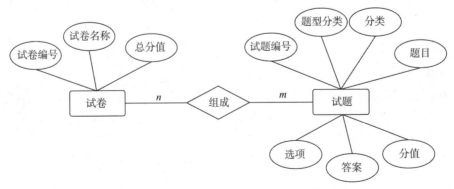

图 3-5　试题属性包含其他属性时的试卷实体设计

又如，在某学校移动教学平台系统中，如果一个学生只加入一个课堂，课堂可以作为学生

实体的一个属性,如图 3-6 所示;但通常一个学生需修读多门课程,需加入多个课堂,且课堂本身还有课堂名称等属性,课堂与教师存在管理上的联系,那么就应把课堂作为一个实体,如图 3-7 所示。

图 3-6 课堂作为属性的学生实体设计

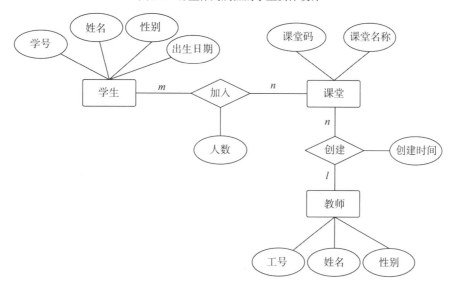

图 3-7 课堂作为实体的模型设计

3.2.3 分 E-R 图设计实例

下面以某学校移动教学平台系统的 E-R 图设计为例,详细介绍分 E-R 图设计的完整过程。

(1) 明晰该系统的功能模块。该系统由公告管理、考勤管理、作业管理、课堂表现管理、考试管理等子系统组成,并为每个子系统组建相应的开发小组。

(2) 开发小组明确子系统的主要功能。教师为自己所授课程创建课堂;学生扫描课堂码加入课堂或教师批量导入学生名单到课堂;教师在课堂上向学生发布考勤码,让学生签到;教师发布作业并要求学生在指定时间内提交;教师对学生的课堂表现打分;教师发布试题考试;最后教师汇总各项成绩。

(3) 绘制 E-R 图。通过需求分析,得出整个系统功能围绕"考勤""作业""课堂表现""考试"的处理来实现。这里以系统中的"作业"功能为例设计分 E-R 图框架,如图 3-8 所示。

作业由作业编码、标题、内容、满分值组成。作业是学生基于某个课堂的任务,所以作业功能涉及学生、课堂和作业三个实体之间的联系。学生提交作业之后,教师会批改并给出成绩。另外,某门课程不可能只布置一项作业,所以三者之间是多对多的联系。补全上述 E-R 图框架后，完整的子系统 E-R 图如图 3-9 所示。

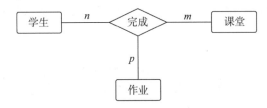

图 3-8 "作业"功能分 E-R 图框架

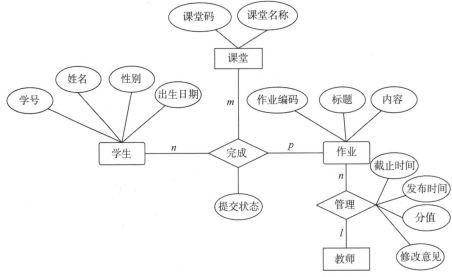

图 3-9 完整的子系统 E-R 图

下面结合移动教学平台系统中的实例来整体介绍 E-R 图的绘制过程。

【例 3-1】绘制移动教学平台系统中学生与课堂关系的 E-R 图。

(1) 确定实体类型。明确实体类型共有两个，分别是学生和课堂。

(2) 确定联系的类型。学生与课堂的联系是加入，学生与课堂的联系类型是多对多($m:n$)。

(3) 把实体类型和联系类型组合成 E-R 图。

(4) 确定实体类型的属性，标注联系类型的种类。学生的属性有学号、姓名、性别、年龄，课堂的属性有课堂码、课堂名称。这里不考虑教师实体，学生可以加入课堂，课堂可以被学生选择，学生与课堂之间的联系类型属于直接联系(实体集之间直接相连，无须其他实体集参与)。

学生与课堂联系 E-R 图如图 3-10 所示。

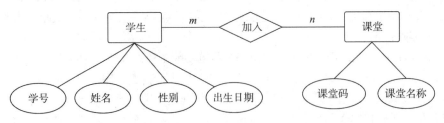

图 3-10 学生与课堂联系 E-R 图

【例 3-2】移动教学平台系统中学生课堂考勤、课堂表现功能中有如下信息：课堂(课堂码，课堂名称)、考勤(考勤码，考勤名称，考勤方式，考勤时间)、课堂表现(表现编码，提问类型，最大用户数)、学生(学号，姓名，性别，出生日期)。其中，课堂由一位任课教师创建，对应其所教某门课程的一个教学班，每个课堂有多次考勤、多次表现评分、多个学生。请根据上述信息绘制 E-R 图。

结合 E-R 图绘制步骤，参考例 3-1，具体绘制过程如下。

(1) 确定实体类型。明确实体类型共有四个，分别是课堂、学生、考勤、表现(此处忽略教师、课程实体)。

(2) 确定联系的类型。课堂与学生的联系是隶属，由"一个课堂有多个学生，一个学生可以加入多个课堂"可以分析出学生与课堂之间联系类型是多对多($m:n$)；学生与考勤的联系是"签到"，学生与表现的联系是"课堂表现"，这两个联系都是在某个课堂上发生的，因此学生、考勤与课堂，学生、表现与课堂，这两个联系类型应该同为三个实体之间的联系。一次考勤，需要所有学生签到，而全体学生在每次课堂上都要签到；一次课堂互动，可以有多个学生发言，而一个学生在课堂上可以发言多次，所以"签到"与"课堂表现"两个联系的类型都是多对多($m:n$)。

(3) 把实体类型和联系类型组合成 E-R 图。

(4) 确定实体类型的属性，并标上联系类型的种类。显而易见，课堂的属性有课堂码、课堂名称，考勤的属性有考勤码、考勤名称、考勤方式、考勤时间，课堂表现的属性有表现编码、提问类型、最大用户数；学生的属性有学号、姓名、性别、年龄。

综上，学生课堂考勤联系的 E-R 图如图 3-11 所示，学生课堂表现联系的 E-R 图如图 3-12 所示。

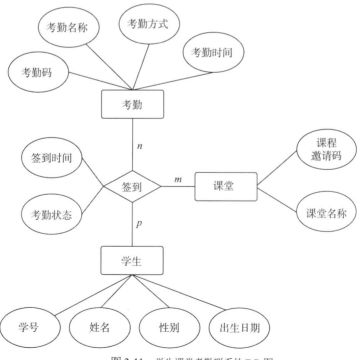

图 3-11　学生课堂考勤联系的 E-R 图

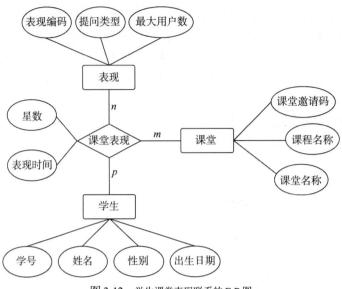

图 3-12　学生课堂表现联系的 E-R 图

3.3　E-R 图集成

各个分 E-R 图设计完成后，对分 E-R 图进行合并，合并过程中消除冲突和冗余，最终集成一个整体的概念结构，即全局 E-R 图。

分 E-R 图的集成有两种方法。

(1) 多元集成法，也称一次集成法，即一次性将多个分 E-R 图合并为一个全局 E-R 图，如图 3-13(a)所示。

(2) 二元集成法，也称逐步集成法，即先集成两个重要的分 E-R 图，然后用累加的方法逐步将一个新的 E-R 图集成进来，如图 3-13(b)所示。

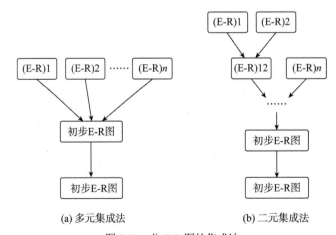

图 3-13　分 E-R 图的集成法

对于 E-R 图集成，具体方法的选择要结合实际应用中系统的复杂性。假如分 E-R 图十分简单，主次关系明显，一次集成法是最佳选择。现实中的系统均较为复杂，很难进行一次集成，则选用逐步集成法。每次只合并两个分 E-R 图，这样使得难度大大降低。尽管两种方法有所不同，但都按照 E-R 图集成中的合并、优化两大步骤进行(图 3-14)。

(1) 合并，消除各分 E-R 图之间的冲突，生成初步 E-R 图。

(2) 优化，消除不必要的冗余，生成基本 E-R 图。

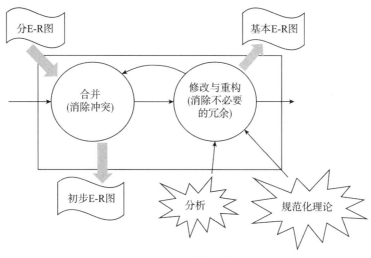

图 3-14　E-R 图集成的步骤

3.3.1　消除冲突

合并消除各分 E-R 图之间的冲突，生成初步 E-R 图，也就是将所有的分 E-R 图综合成全局概念结构。一方面全局概念结构要求支持所有的局部 E-R 模型，另一方面全局概念结构必须合理地表示一个完整、一致的数据库概念结构。在实际应用中，由于各个局部应用所面向的问题不同，不同的设计人员协同设计分 E-R 图，各分 E-R 图难免会存在不一致的地方，这种不一致的现象称为冲突。

简单地将各个分 E-R 图画到一起，并不是 E-R 图的集成，必须经历消除各个分 E-R 图中的不一致的过程。最终得到合并后的全局概念结构不但能够支持所有的局部 E-R 模型，而且能被全系统中所有用户共同理解和接受。从这个角度看来，合并分 E-R 图的关键在于合理消除各分 E-R 图中的冲突。

E-R 图中的冲突主要有三种：属性冲突、命名冲突和结构冲突。

1. 属性冲突

属性冲突又分为属性值冲突和属性的取值单位冲突。

(1) 属性值冲突，即属性值的类型、取值范围或取值集合不同。例如，学生的学号通常用数字表示，有些部门就将其定义为数值型，而有些部门则将其定义为字符型。

(2) 属性的取值单位冲突。例如学费，有的以元为单位，有的以千元为单位，有的则以万元为单位。

属性冲突属于与用户业务上的约定，必须与用户协商后再解决。

2. 命名冲突

命名冲突可能发生在实体名、属性名或联系名之间，其中属性的命名冲突最为常见，一般表现为同名异义或异名同义。

(1) 同名异义，即同一名称的对象在不同的局部应用中具有不同的意义。例如，"单位"在某些部门表示人员所在的部门，而在某些部门可能表示物品的质量、长度等属性。

(2) 异名同义，即同一意义的对象在不同的局部应用中具有不同的名称。例如 "房间"这个名称，在教务管理部门中对应为"教室"，而在后勤管理部门中对应为"学生宿舍"。

命名冲突的解决方法与属性冲突相同，需要与各部门协商、讨论后加以解决。

3. 结构冲突

(1) 同一对象在不同应用中有不同的抽象，可能为实体，也可能为属性。例如，教师的职称在某一个局部应用中被作为实体处理，而在另一个局部应用中被作为属性处理。这类冲突在解决时就是要使同一对象在不同应用中具有相同的抽象，或把实体转换为属性，或把属性转换为实体。

(2) 同一实体在不同局部应用中的属性组成不同，可能是属性的个数或属性的排列次序。解决方法：合并后的实体的属性组成为各分 E-R 图中的同名实体属性的并集，然后适当调整属性的排列次序。

(3) 实体之间的联系在不同局部应用中呈现不同的类型。例如，局部应用 X 中 E1 与 E2 可能是一对一联系，而在另一局部应用 Y 中可能是一对多联系或多对多联系，也可能是 E1，E2，E3 三者之间有联系。解决方法：根据应用语义对实体联系的类型进行综合或调整。

例如，图 3-15(a)中学生与课堂之间存在多对多的联系"加入"，图 3-15(b)中学生、课堂、试卷三者之间还存在多对多的联系"考试"，这两个联系互相不能包含，则在合并两个分 E-R 图时应把它们综合起来[图 3-15(c)]。

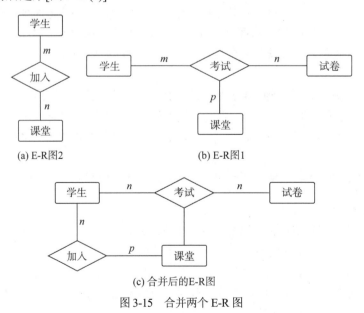

(a) E-R图2   (b) E-R图1

(c) 合并后的E-R图

图 3-15　合并两个 E-R 图

3.3.2　消除冗余

在初步的 E-R 图中，可能存在冗余的数据和冗余的联系。冗余的数据是指可由基本数据导出的数据，冗余的联系是指由其他的联系导出的联系。由于冗余的存在，数据库的完整性很容易被破坏，冗余给数据库的维护造成了一定的困难。那么是不是应该彻底消除一切冗余呢？当然，并不是所有的冗余数据和冗余联系都必须消除，有时为了提高某些应用的效率，不得不以冗余信息为代价。

设计数据库概念模型时，哪些冗余信息必须消除，哪些冗余信息允许存在，需要根据用户的整体需求来确定。把消除了冗余的初步 E-R 图称为基本 E-R 图。

通常，采用分析的方法消除冗余，即以数据字典和数据流图为依据，根据数据字典中关于数据项之间逻辑关系的说明来消除冗余。例如，图 3-16 中成绩 G 由 G1，G2，G3，G4 按照一定的比例计算得出，G3 等于 G5 各题目成绩之和，所以 G 和 G3 是冗余数据，可以消去；由于 G 被消去，学生与课堂之间的冗余联系也应消去。

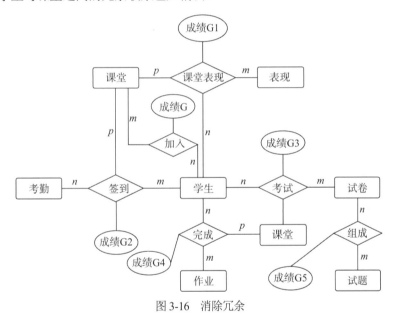

图 3-16　消除冗余

最终得到的基本 E-R 模型是系统的概念模型，它代表了用户的数据要求；是沟通要求和设计的桥梁，决定了数据库的总体逻辑结构；是成功创建数据库的关键，如果设计不好，就不能充分发挥数据库的功能，无法满足用户的处理要求。因此，用户和数据库设计人员必须对这一模型反复讨论，在用户确认这一模型能够正确无误地反映需求之后，才能进入下一阶段的设计工作。

3.4　购物网站概念模型设计

本小节为某电商系统网上购物数据库的概念模型设计案例，运用概念模型设计的方法和步骤，设计系统的概念模型并画出 E-R 图。

3.4.1　案例分析

梳理分析网上购物业务流程，可以确定网上购物过程中生成的所有业务数据，如订单、付款记录、送货信息的管理和维护，依据这些业务数据，网上购物系统可以划分的实体有注册会员信息实体、商品信息实体、商品组信息实体、管理员信息实体、购物车信息实体、订单信息实体、管理员权限信息实体、权限信息实体。

3.4.2　网上购物分 E-R 图设计

(1) 注册会员信息实体：具有会员编码、姓名、密码、电话、地址等属性。注册会员信息实体属性图如图 3-17 所示。

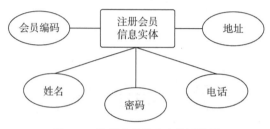

图 3-17　注册会员信息实体属性图

(2) 商品信息实体：具有商品组编号、商品编号、名称、价格、简介等属性。商品信息实体属性图如图 3-18 所示。

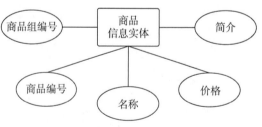

图 3-18　商品信息实体属性图

(3) 商品组信息实体：具有管理员编号、商品组名称、商品组编号、描述等属性。商品组信息实体属性图如图 3-19 所示。

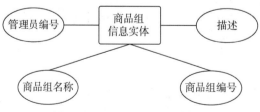

图 3-19　商品组信息实体属性图

(4) 管理员信息实体：具有管理员编号、管理员姓名、密码、电话等属性。管理员信息实体属性图如图 3-20 所示。

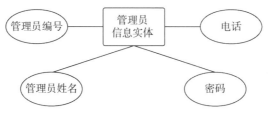

图 3-20　管理员信息实体属性图

(5) 购物车信息实体：具有购物车编号、商品编号、商品数量、会员编号等属性。购物车信息实体属性图如图 3-21 所示。

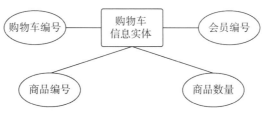

图 3-21　购物车信息实体属性图

(6) 订单信息实体：具有订单编号、商品编号、订单日期、会员编号等属性。订单信息实体属性图如图 3-22 所示。

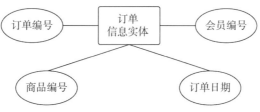

图 3-22　订单信息实体属性图

(7) 管理员权限信息实体：具有管理员编号、权限编号等属性。管理员权限信息实体属性图如图 3-23 所示。

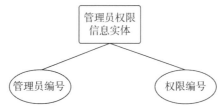

图 3-23　管理员权限信息实体属性图

(8) 权限信息实体：具有权限编号、权限名称、描述等属性。权限信息实体属性图如图 3-24 所示。

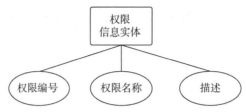

图 3-24　权限信息实体属性图

3.4.3　网上购物分 E-R 图集成

网上购物系统较为复杂，无法一次性确定主次关系，因此选用逐步集成法，每次只合并两个分 E-R 图。E-R 图集成按照合并、优化的步骤进行，根据应用实际需求，消除冲突和冗余，最终得到网上购物的 E-R 图，如图 3-25 所示。

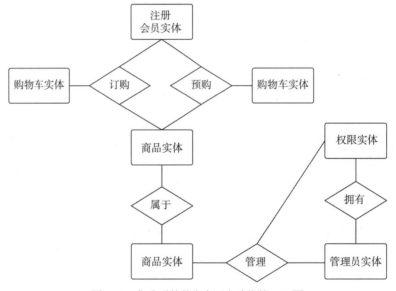

图 3-25　集成后的某电商网上购物的 E-R 图

本章习题

一、选择题

1. 数据库设计的概念设计阶段，表示概念结构的常用方法和描述工具是(　　)。
　　A. 实体联系方法和 E-R 图　　　　　　　　B. 层次分析法和层次结构图
　　C. 结构分析法和模块结构图　　　　　　　D. 数据流程分析法和数据流图

2. 一个仓库可以存放多种零件,每种零件只能存放在一个仓库中,仓库和零件之间为(　　)的联系。
　　A. 一对一　　　　　　B. 一对多　　　　　　C. 多对多　　　　　　D. 多对一

3. 当分 E-R 图合并成全局 E-R 图时可能出现冲突，不属于合并冲突的是(　　)。

    A. 属性冲突   B. 语法冲突

    C. 结构冲突   D. 命名冲突

4. E-R 图中的联系可以与(　　)实体有关。

    A. 0 个   B. 1 个

    C. 一个或多个   D. 多个

5. E-R 图是表示概念模型的有效工具之一，图 3-26 所示的分 E-R 图中的菱形框表示的是(　　)。

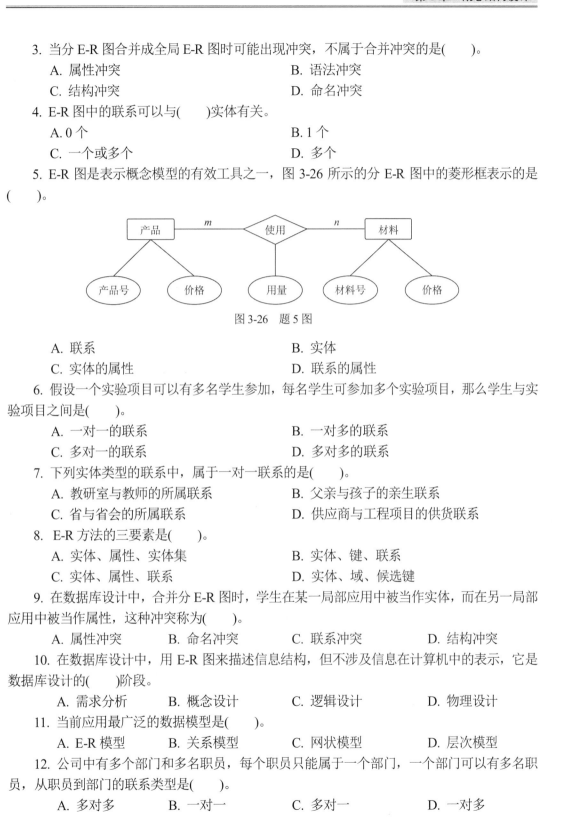

图 3-26　题 5 图

    A. 联系   B. 实体

    C. 实体的属性   D. 联系的属性

6. 假设一个实验项目可以有多名学生参加，每名学生可参加多个实验项目，那么学生与实验项目之间是(　　)。

    A. 一对一的联系   B. 一对多的联系

    C. 多对一的联系   D. 多对多的联系

7. 下列实体类型的联系中，属于一对一联系的是(　　)。

    A. 教研室与教师的所属联系   B. 父亲与孩子的亲生联系

    C. 省与省会的所属联系   D. 供应商与工程项目的供货联系

8. E-R 方法的三要素是(　　)。

    A. 实体、属性、实体集   B. 实体、键、联系

    C. 实体、属性、联系   D. 实体、域、候选键

9. 在数据库设计中，合并分 E-R 图时，学生在某一局部应用中被当作实体，而在另一局部应用中被当作属性，这种冲突称为(　　)。

    A. 属性冲突   B. 命名冲突   C. 联系冲突   D. 结构冲突

10. 在数据库设计中，用 E-R 图来描述信息结构，但不涉及信息在计算机中的表示，它是数据库设计的(　　)阶段。

    A. 需求分析   B. 概念设计   C. 逻辑设计   D. 物理设计

11. 当前应用最广泛的数据模型是(　　)。

    A. E-R 模型   B. 关系模型   C. 网状模型   D. 层次模型

12. 公司中有多个部门和多名职员，每个职员只能属于一个部门，一个部门可以有多名职员，从职员到部门的联系类型是(　　)。

    A. 多对多   B. 一对一   C. 多对一   D. 一对多

二、简答题

1. 简述绘制 E-R 图的步骤。

2. 什么是联系？联系和联系实例的区别是什么？

3. 什么是属性？属性有哪些类型？

4. 局部 E-R 图合并为全局 E-R 图时，主要存在哪些冲突？如何解决？

三、操作题

1. 某学校有若干系，每个系有若干班级和教研室，每个教研室有若干教员，其中有的教授和副教授每人各带若干研究生，每个班有若干学生，每个学生选修若干课程，每门课程可由若干学生选修。请用 E-R 图画出该学校的概念模型。

2. 某电子商务网站要求提供下述服务：可随时查询库存中现有商品的名称、数量和单价，所有商品均应由商品编号唯一标识；可随时查询顾客订货情况，包括顾客编号、顾客名、所订商品编号、订购数量、联系方式、交货地点，所有顾客编号不重复；当需要时，可通过数据库中保存的供应商名称、电话、邮编与地址信息向相应供应商订货，一个货物编号只由一个供应商供货。请根据以上语义要求，用 E-R 图画出该电子商务网站的概念模型。

3. 有一田径运动组委会需建立数据库系统进行管理，要求反映如下信息。

    裁判员数据：姓名、年龄、性别、等级。

    运动员数据：号码、姓名、年龄、性别、比赛成绩。

    运动项目数据：名称、比赛时间、比赛地点、最高纪录。

其中，每名裁判员只能裁判一个运动项目，每名运动员可以参加多个运动项目，取得不同运动项目的比赛成绩。

根据以上情况，设计该系统的 E-R 图，并在图上注明属性、主标识符、联系类型。

4. 一个学校的社团管理数据库要求反映如下信息：

    学生的属性有学号、姓名、出生年月、班号、宿舍号。

    班级的属性有班号、班长、专业名、人数。

    学院的属性有学院编号、学院名称、办公地点。

    学生社团的属性有社团名称、成立年份、地点。

其中，一个学院有若干班级，每个班级有若干学生。每个学生可以参加若干社团，每个社团有若干学生，学生参加某个社团有一个入会年份。

根据以上情况，设计该系统的 E-R 图，并在图上注明属性、主标识符、联系类型。

5. 某工厂生产若干产品，每种产品由不同的零件组成，有的零件可用在不同的产品上。这些零件由不同原材料制成，不同零件所用的材料可以相同。这些零件按所属的不同产品分别存放在仓库中，原材料按照类别分别存放在若干仓库中。请用 E-R 图画出该工厂产品、零件、材料、仓库的概念模型。

6. 在一个软件开发公司中有来自不同部门的程序员，他们共同完成软件整体开发。现要求该软件开发公司的数据库提供以下服务。

(1) 可随时查询各个部门的编号、名称、部门负责人。一个部门有多名程序员，一名程序员只能属于一个部门。

(2) 可随时查询各个办公室情况，包括办公室编号、地点、电话。一个部门可以有多个办公室，一个办公室只能属于一个部门。

(3) 可随时查询每名程序员的信息，包括程序员编号、姓名、年龄、性别、职称、入职时间。

(4) 该数据库还可提供软件项目的信息，包括项目编号、项目名称、版权等。在程序设计工作中，一名程序员可以参与多个项目，一个项目由多名程序员共同完成。对每名程序员参与某个项目的设计要记录其开始时间及结束时间。

根据以上情况，设计该系统的 E-R 图，并在图上注明属性、主标识符、联系类型。

第4章
逻辑结构设计

　　逻辑结构设计是数据库设计的核心环节，是独立于任何一种数据模型的信息结构，其对于构建高效、稳定的数据库系统具有重要的意义。逻辑结构设计是概念结构设计的进一步具体化设计。如何才能设计合理、高效的逻辑模型呢？设计的理论依据是什么？

　　本章将介绍逻辑结构设计的任务、步骤、特点，E-R图转换为关系模型的实例及通用规则，逻辑结构优化及逻辑结构设计案例等内容。

【学习目标】

　　1. 掌握逻辑结构设计的方法。

　　2. 熟练掌握概念模型向关系模型转换的通用规则及方法。

　　3. 掌握关系模型的含义和候选码、主码的含义。

　　4. 了解逻辑结构优化的方法，并能够把这些方法运用到复杂数据库工程问题的解决方案中。

　　5. 掌握关系模型中存在的函数依赖定义、分析方法。

【知识图谱】

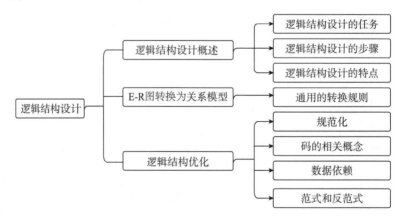

4.1　逻辑结构设计概述

逻辑结构设计的主要目的是将现实世界中的数据和组织方式转化为计算机可以理解和处理的数据结构。逻辑结构设计的过程是将概念结构转换成特定数据库管理系统支持的数据模型，并对其进行优化。考虑到数据库及其应用系统开发的全过程，整个数据库的设计可分为需求分析、概念结构设计、逻辑结构设计、数据库物理设计、数据库实施、数据库运行与维护六个阶段。从过程来看，逻辑结构设计是整个过程的中间环节，起到了关键枢纽的作用。

4.1.1　逻辑结构设计的任务

逻辑结构设计阶段的主要任务和过程如图 4-1 所示。逻辑结构设计主要包括以下几个方面的任务。

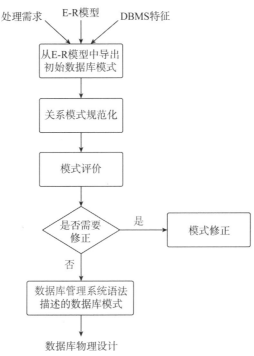

图 4-1　逻辑结构设计阶段的主要任务和过程

(1) E-R 模型转换成关系数据库模式。逻辑结构设计阶段的第一个工作是将概念模型转换为初始的关系数据库模式。这一步在整个数据库设计过程中非常关键，因为它完成了从"面向用户的设计"到"面向实现的设计"的转换和衔接。

(2) 关系数据库模式的规范化。规范化主要完成初始关系数据库模式的优化，将初始的关系数据库模式优化到高级别范式。

(3) 模式评价。对上一步规范化后的关系数据库模式进行评价的指标主要包括功能和性能。其中，性能指标是评价的重点，这是因为规范化过程本身就是模式分解的过程，模式分解后系统中的连接查询就会增多。如果这些连接查询在整个系统中非常频繁，很显然会影响平均性能。

(4) 模式修正。如果模式评价的结果是现有的关系数据库模式不能满足要求，则需要进行模式修正，最终要产生一个优化的全局关系数据库模式。模式修正包括功能修正和性能修正。

(5) 外模式设计。在完成全局关系数据库模式设计之后，就得到了整个数据库的模式。逻辑结构设计阶段还要完成外模式设计的任务，需要根据前端应用的需求进行设计。

4.1.2　逻辑结构设计的步骤

逻辑结构设计是将概念结构设计阶段完成的概念模型转换成能被选定的数据库管理系统支持的数据模型。本章只介绍如何将 E-R 模型转换为关系模式。

一般的逻辑结构设计分为初始关系模式设计、关系模式规范化、模式的评价与改进。逻辑结构设计一般分三步进行。

第一步，从 E-R 图向关系模式转化。数据库的逻辑结构设计主要是将概念模型转换成一般的关系模式，也就是将 E-R 图中的实体、实体的属性和实体之间的联系转化为关系模式。在转化过程中会遇到命名、非原子属性、联系转换等问题。其中，命名问题可以采用原名，也可以另行命名，避免重名。对于非原子属性问题可将其纵向和横行展开。联系可用关系表示。

第二步，优化数据模型。数据库逻辑结构设计的结果不是唯一的。为了进一步提高数据库应用系统的性能，还应该适当修改数据模型的结构，提高查询的速度。

第三步，设计用户视图。用户视图的设计又称外模式设计或用户模式设计，是用户可直接访问的数据模式。用户视图来自模式，但在结构和形式上可能不同于模式，所以它不是模式的简单子集。同一系统中的不同用户视图可以服务不同的用户。用户视图不但可以通过外模式对模式进行屏蔽，为应用程序提供一定的逻辑独立性，而且可以更好地满足不同用户对数据的不同需求，能够为不同用户划定不同的数据访问范围，从而更好地实现数据保密。

4.1.3　逻辑结构设计的特点

逻辑结构设计有助于创建具有如下特点的数据库，以满足业务需求并确保数据的有效管理。

(1) 高效存储。逻辑结构设计可以将数据组织为适当的数据结构，以便在数据库中高效存储和检索。这有助于减少数据冗余和降低数据存储空间需求。

(2) 易于查询和分析。逻辑结构设计使数据具有更好的可查询性和分析性，有助于创建易于理解和操作的数据库查询，从而提高数据处理和分析的效率。

(3) 数据一致性。逻辑结构设计有助于确保数据的一致性，避免数据在不同系统或时间段内的不一致，维护数据的准确性和可靠性。

(4) 良好的性能。优化逻辑结构设计，可以提高数据库的性能，包括减少查询响应时间、降低系统资源消耗等。

(5) 适应性强。逻辑结构设计使数据库更具适应性，可以随着业务需求的变化进行调整。这有助于确保数据库始终与业务需求保持一致。

4.2　E-R 图转换为关系模型

逻辑结构设计阶段将概念设计阶段得到的概念模型转换成特定数据库管理系统支持的数据模型。目前流行的数据库管理系统(如 SQL Server，MySQL，Sybase，Oracle，DB2 等)基本上都是基于关系数据模型的，因此需要将概念设计阶段得到的 E-R 图转化为关系数据模型，关系模型的逻辑结构是将一组关系模式进行整合。将 E-R 图转换为关系模式本质上就是将实体、实体属性和实体之间的联系转换为关系模式。

4.2.1　关系模型实例

下面结合 3.2.2 节中的 E-R 图实例，进一步展示如何将 E-R 模型转化为关系模型，使读者能够对关系模型的转化有一定的整体感知。

【例 4-1】将 3.2.2 节例 3-1 某高校移动教学平台系统中学生与课堂联系的 E-R 图转换为关系模型。

由图 4-2 可知，学生与课堂联系中有两个实体：一是学生实体集，属性有学号、姓名、性别、年龄；二是课堂实体集，属性有课堂码、课堂名称。学生与课堂存在"加入"联系，一名学生可以加入多个课堂，一个课堂可以由多名学生加入。所以，学生与课堂的联系类型为多对多($m:n$)。因此，将学生、课堂以及加入联系分别设计成如下的关系模式：

学生(学号，姓名，性别，年龄)
课堂(课堂码，课堂名称)
加入(学号，课堂码)

图 4-2　学生与课堂联系的 E-R 图

【例 4-2】将 3.2.2 节例 3-2 某高校移动教学平台系统中学生课堂考勤、课堂表现的 E-R 图转换为关系模型。

学生课堂考勤联系的 E-R 图如图 4-3 所示，学生课堂表现联系的 E-R 图如图 4-4 所示。两个 E-R 图反映的都是三个实体之间的多对多联系，转换后的关系模式如下。

学生课堂考勤：

学生(学号，姓名，性别，出生日期)
课堂(课堂码，课堂名称)
考勤(考勤码，考勤名称，考勤时间，考勤方式)
签到(学号，课堂码，考勤码，签到时间，考勤状态)

学生课堂表现:

学生 (学号, 姓名, 性别, 出生日期)
课堂 (课堂码, 课堂名称)
表现 (表现编号, 提问类型, 最大用户数)
课堂表现 (学号, 课堂码, 表现编号, 星数, 表现时间)

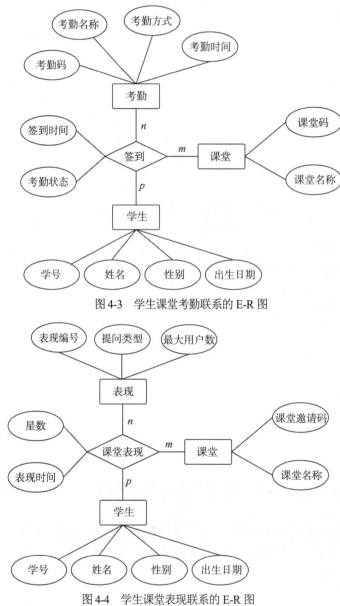

图 4-3　学生课堂考勤联系的 E-R 图

图 4-4　学生课堂表现联系的 E-R 图

4.2.2　通用的转换规则

E-R 图所表示的概念模型与具体的数据库管理系统无关, 因此可以转换成任何一种具体的数据库管理系统所支持的数据模型，如网状模型、层次模型和关系模型等。本章只讨论关系数据库的逻辑结构设计问题，所以只介绍 E-R 图如何向关系模型转换。从 4.2.1 节中 E-R 图转化为关系模型的两个实例可以寻得一些规律，可为更清晰、快速地实现关系模型转换提供途径。

1. 转换规则

从设计结果来看，概念设计阶段中得到的 E-R 图是由实体、属性和联系组成的，而关系数据库逻辑结构设计的最终结果是一组关系模式的集合。所以，将 E-R 图转换为关系模型本质上就是将实体、属性和联系转换为关系模式。在转换过程中要遵循以下规则。

(1) 实体类型的转换。将每个实体类型都转换为一个关系模式，实体的属性即关系的属性，实体的标识符即关系模式的码。

(2) 联系类型的转换。根据不同的联系类型做不同的处理。

① 若实体间的联系是 1∶1，那么可以在两个实体类型转换的两个关系模式中的任意一个中加入另一个关系模式的码和联系类型的属性。

② 若实体间的联系是 1∶n，则在 n 端实体类型转换的关系模式中加入 1 端实体类型的码和联系类型的属性。

假如有学生和班级两个实体，一个班级可以容纳多名学生，但是一名学生只能选择一个班级，因此班级和学生是 1∶n 的联系，现在要转换为关系模式，只需在学生的这端加上班级的码即可。这样做的原因是，一名学生只能有一个班级，班级相对学生是唯一的。

③ 若实体间的联系是 $m∶n$，则将联系转换为关系模式，其属性为两端实体类型的码加上联系类型的属性，而关系模式的码为两端实体码的组合。

例如，有学生和课堂两个实体，一名学生可以加入多个课堂，一个课堂可以有多名学生，它们是 $m∶n$ 的联系，此联系上有成绩属性。因此，当把该联系转换为关系模式时，把联系加入转换为实体学生—课堂，并添加学生实体的主码——学号和课堂实体的主码——课堂码，主码是学号和课堂码，学生—课堂实体的外码分别是学号和课堂码，此外它还拥有自己的一个属性——成绩。

④ 3 个或 3 个以上实体间的一个多元联系转换成一个关系模式，其属性为与该联系相连的各实体的码及联系本身的属性，其码为各实体码的组合。

⑤ 具有相同码的关系可以合并。

2. 转换案例

下面以移动教学平台的 E-R 图为例(图 4-5)，运用转换规则将其转换为关系模式。

根据转换规则，图 4-5 所示的 E-R 图将转换成以下关系模式。

学生 (学号，姓名，性别，出生日期)
教师 (工号，姓名，性别)
课程 (课程号，课程名称，学分)
课堂 (课堂码，课堂名称)
教师—课程—课堂 (工号，课程号，课堂码)
学生—课堂 (学号，课堂码)

考勤 (考勤码，考勤名称，考勤时间，考勤方式)
签到 (学号，课堂码，考勤码，签到时间，考勤状态)

表现(表现编号, 提问类型, 最大用户数)

课堂表现(学号, 课堂码, 表现编号, 星数, 表现时间)

作业(作业编码, 标题, 内容, 满分值)

学生—作业(学号, 作业编码, 成绩, 提交状态, 提交时间)

试卷(试卷编号, 试卷名称, 试卷内容, 总分值)

考试(学号, 试卷编号, 课堂码, 成绩, 提交时间, 提交状态)

试题(试题编号, 题型分类, 分类, 题目, 选项, 答案, 分值, 难度等级)

试卷—试题(试卷编号, 试题编号)

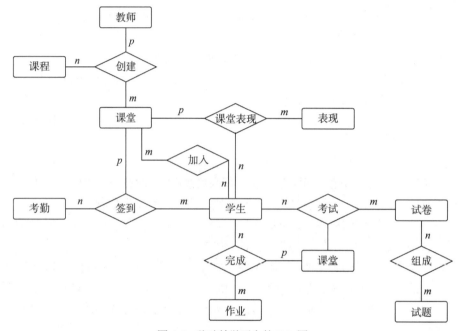

图 4-5　移动教学平台的 E-R 图

4.3　逻辑结构优化

逻辑结构优化是数据库逻辑结构设计中的一个重要环节, 其主要目的是提高数据库的性能和查询效率。数据库逻辑结构设计的结果并不是唯一的, 为进一步提高数据库应用系统的性能, 还应适当地对逻辑结构进行优化。

4.3.1　引入规范化

数据库设计的基本要求是建立一个合理的数据库模型, 使数据在存储和操作方面都具有较好的性能。所以在进行数据库设计之前必须思考几个问题: 合理的模型是什么样的? 不合理的模型是什么样的? 合理模型与不合理模型的鉴别标准是什么, 应该采用什么方法来改进, 有无相应的理论?

关系数据库设计理论, 即规范化理论, 是长期以来为了使数据库设计合理可靠、简单实用而形成的理论，是根据现实世界存在的数据依赖而进行的关系模式的规范化处理。

关系模式是对关系的描述。为了清楚地刻画出一个关系，关系模式可以用五元组表示：

$R(U, D, DOM, F)$

其中，R 为关系名，U 为全体属性集合，D 为属性域的集合，DOM 为 U 和 D 之间的映射关系的集合，F 为属性间的函数依赖关系。

由于在关系模式 $R(U, D, DOM, F)$ 中，U 和 F 是影响数据库模式的主要设计，而 D 和 DOM 对其影响不大，所以可以将关系模式简化为三元组：$R(U, F)$。

关系模式的设计是关系数据库设计的关键，关系模式设计好坏将直接影响数据库设计的成败。对关系模式进行规范化，使之达到较好的范式是设计好的关系模式的唯一途径，否则，设计的关系数据库会产生一系列问题。

关系模式没有经过规范化会出现什么问题呢？例如，要设计一个移动教学平台系统数据库，希望从该数据库中得到学生的学号、姓名、性别、年龄，学生加入课堂的课堂码，课程名称，学生在该课堂的成绩等信息。若将此信息要求设计为一个关系，则关系模式为

education(Sno, Sname, Ssex, Sage, Cno, Cname, Score)

语义描述：

教学(学号, 姓名, 性别, 年龄, 课堂码, 课程名称, 成绩)

该关系模式中各属性之间的约束如下。

(1) 学号与课堂码唯一，每名学生都有唯一的学号，每个课堂都有唯一的课堂码。

(2) 一名学生可以加入多个课堂，每个课堂可以有若干名学生加入。

(3) 每名学生加入每个课堂学习都有一个成绩。

可以看出，此关系模式的码为(学号，课堂码)。仅从关系模式上来看，该关系模式已经包括了需要的信息，如果按此关系模式建立联系，并对它进行深入分析，就会发现其中的问题。学生加入课堂的实例如表 4-1 所示。

表 4-1　关系模式加入课堂的实例

Sno	Sname	Ssex	Sage	Cno	Cname	Score
0120110101	张三	男	19	C101	离散数学	80
0120110101	张三	男	19	C102	数据结构	90
0120110101	张三	男	19	C103	操作系统	95
...	...	...	...	...	...	...
0220120101	李四	女	19	C201	高等数学	91
0220120101	李四	女	19	C202	英语	89

不难看出，education 关系存在一些问题：图 4-6 所示的灰色部分为冗余数据，这些数据重复不仅浪费大量的存储空间，而且存在更新异常、插入异常、删除异常的问题。

冗余数据

Sno	Sname	Ssex	Sage	Cno	Cname	Score
012011 0101	张三	男	19	C101	离散数学	80
0120110101	张三	男	19	C102	数据结构	90
0120110101	张三	男	19	C103	操作系统	95
...	...	...	...	...	...	...
0220120101	李四	女	19	C201	高等数学	91
0220120101	李四	女	19	C202	英语	89

图 4-6　数据冗余

一个好的关系模式应当不会发生插入异常和删除异常。发生插入异常和删除异常的原因是什么？究其本质，可发现此关系模式中属性与属性之间存在不好的数据依赖，造成冗余度较高。

关系模式出现了一些问题，有没有解决的办法呢？答案是肯定的，如采用模式分解的方法便可将存在问题的关系模式规范化。模式分解是规范化的一条原则，也是解决冗余的主要方法。但是，如何判定关系模式的级别？如何对关系模式进行分解？这些都是规范化理论所需讨论的问题。

4.3.2　规范化

规范化是将一个低一级范式的关系模式通过模式分解转化为若干个高级范式的关系模式集合的过程。规范化程度过低的关系模式可能存在问题，因此要将其通过模式分解转换为一个或多个规范化程度较高的关系模式集合，这就是关系模式的规范化。规范化是一种理论，它研究如何通过规范解决异常与冗余现象，它能够对关系模式进行改造，以消除关系模式中不合适的数据依赖，规范化的实质就是将关系模式单一化。

例如，在表 4-2 中，每名学生所属学院、辅导员、课程名称都是一样的，这就造成了大量数据冗余。

表 4-2　学生信息

学号	所属学院	辅导员	课程名称	成绩
2308183001	计算机学院	麻老师	数据库原理	90
2308183002	计算机学院	麻老师	数据库原理	93
2308183003	计算机学院	麻老师	数据库原理	98
2308183004	计算机学院	麻老师	数据库原理	89
2308183005	计算机学院	麻老师	数据库原理	93
2308183006	计算机学院	麻老师	数据库原理	91
2308183007	计算机学院	麻老师	数据库原理	90
...	...	...	...	...

规范化能够大大降低数据库在使用时出现错误的概率，并满足用户的需求，使数据库更加精简和稳定。

4.3.3 码的相关概念

1. 码

码是能唯一标识实体的属性或属性组，是整个实体集的性质，而不是单个实体的性质。码包括候选码和主码。

(1) 候选码。候选码是一个或多个属性的集合，这些属性能够在一个实体集中唯一标识一个实体，它的任意真子集都不能唯一标识实体。

假设 K 为关系模式 $R<U,F>$ 中的属性或属性组合，如果 K 能完全函数决定 U，则 K 称为 R 的一个候选码，简称码。候选码的超集(如果存在)一定是超码，候选码的任何真子集一定不是超码。

例：学生(学号，姓名，专业)

学号是候选码，在学生不存在重名的情况下，姓名是候选码；(学号，姓名)(学号、专业)(学号，姓名，专业)是超码。关系模式课程(学号，课程名，成绩)中，(学号，课程名)是候选码。

(2) 主码。主码是唯一标识一个元组的属性或属性组。在一个关系中，主码至少有一个。如果关系模式 R 中有多个候选码，则选定其中一个作为主码。例如，在学生姓名不存在重名的情况下，学生的学号和姓名都可以作为主码，不同元组的主码不能为空，且值不能相同。

例：学生(学号，姓名，专业)

假设学生无重名，学号和姓名都是候选码，选择学号或姓名作为主码，也可将两者皆作为主码。

2. 外码

关系模式 $R<U,F>$，U 中属性或属性组 X 并非 R 的码，但 X 是另一个关系模式的码，则称 X 是 R 的外部码，也称外码。外码的值或为空，或为其对应的主码中的一个值。主码与外码一起提供了表示关系间联系的方法。

例：课程(学号，课程名，成绩)

学号不是码，但学号是关系模式学生(学号，年级，专业)的码，则学号是课程关系模式的外码。

3. 主属性、非主属性、全码

与码相关的概念还有主属性、非主属性、全码。主属性是包含在任何一个候选码中的属性；非主属性就是不包含在任何候选码中的属性，又称非码属性；若整个属性组是码，则称此属性组为全码。

例：学生(学号，姓名，专业)

学号是候选码，也是主属性，姓名和专业是非主属性。

课程(学号，课程号，成绩)

(学号，课程号)是候选码，学号和课程号是主属性，成绩是非主属性。

选课(学号，教师工号，课堂码)

(学号，教师工号，课堂码)是候选码，也是全码。

4.3.4　数据依赖

数据依赖是现实世界属性间相互联系的抽象，是数据的内在性质。数据库中可以使用数据依赖描述两个或多个属性之间的关系。数据依赖体现一个关系内部属性与属性之间的约束关系，是数据库模式设计的关键。那么，数据依赖怎样具体体现呢？数据依赖可以通过一个关系中属性间值的相等与否来体现数据间的相互关系。另外，数据依赖是语义的体现，所以只能根据数据的语义来确定。

1. 数据依赖的类型

数据依赖的类型主要有函数依赖(functional dependency，FD)、多值依赖(multivalued dependency，MVD)和连接依赖(join dependency，JD)三种。其中，最重要的是函数依赖和多值依赖，因此本书只对这两种类型进行介绍。

(1) 函数依赖。函数依赖是关系模式在任何时候的关系实例均要满足的约束条件。假设 X，Y 是关系 R 的两个属性集合，当任何时刻 R 中的任意两个元组中的 X 属性值相同，它们的 Y 属性值也相同时，则称 X 函数决定 Y，或 Y 函数依赖于 X，记作 $X \rightarrow Y$。简单来讲就是，在一个关系 R 中，属性(组)Y 的值是由属性(组)X 的值所决定的。

例：学号 → 姓名、课程名 → 任课教师(假设一门课程仅有一位教师讲授)

学生的学号函数决定姓名，姓名函数依赖于学号；课程名函数决定任课教师，任课教师函数依赖于课程名。

若 $X \rightarrow Y$，且 $Y \rightarrow X$，则记为 $X \leftrightarrow Y$。

若 Y 不函数依赖于 X，则记为 $X \nrightarrow Y$。

函数依赖包括平凡函数依赖与非平凡函数依赖、完全函数依赖和部分函数依赖、传递函数依赖三大类。

① 平凡函数依赖与非平凡函数依赖。当关系中属性集合 Y 是属性集合 X 的子集时($Y \subseteq X$)，存在函数依赖 $X \rightarrow Y$，即一组属性函数决定它的所有子集，这种函数依赖称为平凡函数依赖。

例如，平凡函数依赖：

(学号，姓名) → 姓名

(学号，姓名) → 学号

当关系中属性集合 Y 不是属性集合 X 的子集时，存在函数依赖 $X \rightarrow Y$，则这种函数依赖为非平凡函数依赖。

非平凡函数依赖：

(学号，课程号) → 分数

② 完全函数依赖和部分函数依赖。假设 X，Y 是关系 R 的两个属性集合，X'是 X 的真子集，存在 $X \rightarrow Y$，但对每一个 X'都有 $X' \nrightarrow Y$，则称 Y 完全函数依赖于 X，记作 $X \xrightarrow{f} Y$。

例：有一个关系模式，其中包含属性集合{学号，课程号，任课教师，分数}，学号加上课程号才能唯一确定分数，那么可以说分数完全函数依赖于属性集合{学号，课程号}，记作(学号，课程号) $\xrightarrow{f}$ 分数。

假设 X，Y 是关系 R 的两个属性集合，存在 $X \rightarrow Y$，若 X'是 X 的真子集，存在 $X' \rightarrow Y$，则

称 Y 部分函数依赖于 X，记作 $X \xrightarrow{p} Y$。

　　例：课程号为(学号，课程号)的真子集(假设一门课程仅有一位教师讲授)，课程号能够确定任课教师，而学号不能唯一确定任课教师，所以任课教师部分函数依赖于属性集合{学号，课程号}，记作(学号，课程号) $\xrightarrow{p}$ 任课教师。

　　部分依赖函数和完全函数依赖是关系型数据库中的两种依赖关系用于描述表中字段之间的关系。在数据库设计中，正确理解和应用这两种依赖关系非常重要。

　　③ 传递函数依赖。假设 X,Y,Z 是关系 R 中互不相同的属性集合，存在 $X \to Y(Y \nrightarrow X)$，$Y \to Z$，则称 Z 传递函数依赖于 X。

　　例如，学号 → 学院，学院 → 院长，则院长传递函数依赖于学号，记作学号 $\xrightarrow{传递}$ 院长。

　　如果存在 $X \leftrightarrow Y, Y \to Z$，则 Z 直接依赖于 X。

　　例如，学号 ↔ 身份证号，身份证号 → 性别，则学号 → 性别，学号和性别不构成传递函数依赖。

　　(2) 多值依赖。假设 $R(U)$ 是属性集 U 中的一个关系模式。X,Y,Z 是 U 的子集，并且 $Z = U - X - Y$。关系模式 $R(U)$ 中多值依赖 $X \to\to Y$ 成立，当且仅当对 $R(U)$ 的任一关系 r，给定的一对 (x, z) 值有一组 Y 的值时，这组值仅仅决定于 x 值而与 z 值无关。

　　例：课程试卷关系(表 4-3)中，对于一个(试卷 A，试题 1)，对应课程数据库系统原理，该课程仅仅决定于试卷列的值试卷 A。也就是说，对于另一个(试卷 A，试题 2)，它对应的课程仍是数据库系统原理，尽管试题已经改变了。因此课程多值依赖于试卷，即课程 →→ 试卷。

表 4-3　课程试卷关系

课程	试卷	试题
数据库系统原理	试卷 A	试题 1
数据库系统原理	试卷 A	试题 2
数据库系统原理	试卷 A	试题 3
数据库系统原理	试卷 B	试题 1
数据库系统原理	试卷 B	试题 4

2. 数据依赖的性质

数据依赖的性质如下。

(1) 若 $X \to Y$，$X \to Z$，则 $X \to YZ$。

　　例：学号→专业，学号→姓名，则学号→(专业，姓名)。

(2) 若 $X \to Y$，$WY \to Z$，则 $XW \to Z$。

　　例：课程名→教师，(学号，教师)→教室，则(学号，课程名)→教室。

(3) 若 $X \to Y$，$Z \subseteq Y$，则 $X \to Z$。

　　例：学号→学院，计算机学院⊆学院，则学号→计算机学院。

4.3.5 范式和反范式

1. 范式

数据库中的范式是一种规范化的设计方法，它是符合某一种级别的关系模式的集合。范式主要用于优化数据结构，以确保数据的一致性、完整性和可维护性。范式是在关系数据库理论的基础上发展起来的，其中关系数据库中的关系必须满足一定的要求，根据要求的不同，范式分为第一范式(1NF)、第二范式(2NF)、第三范式(3NF)、BC 范式(BCNF)、第四范式(4NF)、第五范式(5NF)。各种范式之间存在一定的联系(图 4-7)：

$$1NF \supset 2NF \supset 3NF \supset BCNF \supset 4NF \supset 5NF$$

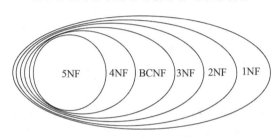

图 4-7 范式之间存在一定的联系

(1) 第一范式。如果一个关系模式 R 的所有属性都是不可分的基本数据项，则 $R \in 1NF$。

例：课程(课程名，课程号，课程性质)

学生(学号，姓名)

关系模式课程的属性：课程性质可以有开课时间、学分等描述信息，不属于第一范式。学生关系模式的属性：学号与姓名都不可再分，属于第一范式。

第一范式是对关系模式底线的要求，凡是不满足第一范式的数据库模式都不能称为关系数据模式。

(2) 第二范式。若关系模式 $R \in 1NF$，并且每一个非主属性都完全函数依赖于 R 的码，则 $R \in 2NF$。

例：R(学号，课程名，年级，成绩)

S(学号，专业，年级)

在关系模式 R 中，非主属性年级部分函数依赖于码(学号，课程名)，所以 $R \notin 2NF$。在关系模式 S 中，非主属性专业与年级完全函数依赖于学号，所以 $R \in 2NF$。

如果一个关系模式不属于 2NF，就可能产生异常，如插入异常、删除异常、数据冗余、更新异常。

(3) 第三范式。关系模式 $R<U,F> \in 1NF$，若 R 中不存在这样的码 X，属性组 Y 以及非主属性 $Z(Y \not\supseteq Z)$，使得 $X \to Y, Y \to Z$ 成立，$Y \nrightarrow X$，则称 $R<U,F> \in 3NF$。

例：R(学号，年级)

S(学号，学院，院长)

关系模式 $R \in 3NF$，关系模式 S 不存在部分函数依赖，但是学号→学院、学院→院长，存在传递函数依赖，所以关系模式 $S \notin 3NF$。

若 $R \in 3NF$，则 R 的每一个非主属性既不部分函数依赖于码，也不传递函数依赖于码，而且如果一个关系模式 R 属于第三范式，则 R 一定属于第二范式。将一个第二范式的关系分解为多个第三范式的关系，可以在一定程度上解决第二范式关系中存在的异常问题，但不能完全消除。

(4) BC 范式。关系模式 $R<U,F>\in 1NF$，若 $X\rightarrow Y$ 且 $Y\not\subseteq X$ 时 X 必含码，则 $R\in BCNF$。

例：R(学号，课程，成绩)，假设每门课程的学生成绩不相同。

在关系模式 R 中，(学号，课程)→成绩，(课程，成绩)→学号，(学号，课程)和(课程，成绩)都是候选码，因为学号、课程和成绩都是主属性，且属性之间不包含传递依赖和部分依赖，所以 $R\in BCNF$。

在 BC 范式中，所有非主属性对每一个码皆为完全函数依赖，所有主属性对每一个不包含它的码也是完全函数依赖，也没有任何属性完全函数依赖于非码的任何一组属性。如果一个关系数据库中的所有关系模式都属于 BC 范式，那么在函数依赖范围内，此数据库的规范化程度已达到最高。

(5) 第四范式和第五范式。第四范式是在 BC 范式的基础上，消除了非平凡且非函数依赖的多值依赖，也就是删除了同一个表内的多对多关系。

第五范式是在第四范式的基础上，消除了不是由候选码所蕴含的连接依赖，也就是此关系模式中的每一个连接依赖均被其候选码隐含。

图 4-8 概括了关系模式规范化的基本步骤。

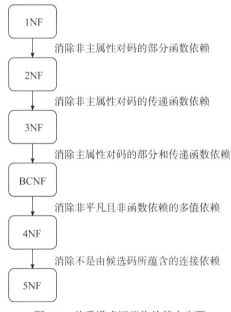

图 4-8　关系模式规范化的基本步骤

2. 反范式

反范式是通过增加冗余数据或数据分组来提高数据库查询或应用性能的过程。数据库采用规范化设计虽然可以避免数据冗余，减少占用的数据库空间，维护数据完整性，但是也存在一定的弊端，如会导致数据库业务涉及的表变多，产生更多的连接查询，从而导致整个系统的性能降低。面对如此弊端，出于性能考虑，反范式设计是缓解的方法。

常见的反范式技术如下。

(1) 增加冗余列。增加冗余列是指在多个表中增加相同的列，它常用来在查询时避免连接操作。

例如，根据规范化设计的理念，学生成绩表中不需要"姓名"字段，因为"姓名"字段可以通过学号查询到，但反规范化设计会将"姓名"字段加入表中，这样查询一个学生的成绩时，不需要与学生表进行连接操作，便可得到对应的"姓名"。

(2) 增加派生列。增加的派生列可以通过表中其他数据计算生成。增加派生列的目的是通过减少查询的计算量，从而提升查询速度。

例如，在订单表中有商品号、商品单价、采购数量，需要订单总价时，可以通过计算得到，所以范式设计的理念是不需要在订单表中设计"订单总价"字段。但反范式不这样考虑，订单总价在每次查询时都需要计算会占用系统大量资源，所以在表中增加派生列"订单总价"以提高查询效率。

(3) 重新组表。重新组表是指倘若许多用户需要查看两个表连接出来的结果，则把这两个表重新组成一个表来减少连接，从而提高系统性能。

(4) 分割表。有时对表进行分割可以提高系统性能。分割表有水平分割和垂直分割两种方式。

① 水平分割是指根据一列或多列数据的值把数据放到两个独立的表中。水平分割通常适用于三种情况：一是表很大，分割后可以降低查询时需要读的数据和索引的页数，同时降低索引的层数，提高查询效率；二是表中的数据本来就具有独立性，如表中分别记录各个地区的数据或不同时期的数据，特别是有些数据常用，而另外一些数据不常用；三是需要把数据存放到多个介质上。

② 垂直分割就是把主码和一些列放到一个表中，然后把主码和另外的列放到另一个表中。如果一个表中某些列常用，而另外一些列不常用，则可以采用垂直分割。另外，垂直分割可以使得数据行变小，一个数据页就能存放更多的数据，在查询时就会减少 I/O 次数。垂直分割的缺点是需要管理冗余列，查询所有数据需要连接操作。

3. 移动教学平台的范式设计与反范式设计

范式设计和反范式设计是数据库设计中的两种关键策略，它们各有优缺点，需要在实际应用中找到平衡点。那么如何运用好范式设计和反范式设计呢？下面以一个综合实例进行说明。

(1) 范式设计。范式设计是数据库设计的规范，一般是指第三范式，也就是要求数据表中不存在非主属性对主属性的传递依赖和部分依赖。这里依据此理论，设计移动教学平台系统数据库。根据移动教学平台中考勤管理子系统的数据库逻辑结构，可以初步设计出三个关系模式，分别为

学生(姓名，性别，年龄，班级，专业)

课堂(课堂名称，课程名称，班级人数)

学生考勤(姓名，课堂名称，考勤名称，考勤方式，考勤时间，签到时间，考勤状态)

这三个关系模式符合第一范式，但是没有任何一组候选码能够决定各关系模式中的某一个元组，所以需要增加"学号""课堂码""考勤码"属性，即将关系模式改为

学生(学号，姓名，性别，年龄，班级，专业)

课堂(课堂码，课堂名称，课程名称，班级人数)

学生考勤(学号，课堂码，考勤码，考勤名称，考勤方式，考勤时间，签到时间，考勤状态)

这样三个关系模式中的码——学号、课堂码、(学号，课堂码，考勤码)能够分别决定学生、课堂、学生考勤三个关系模式的某一个元组：

学号→(姓名，性别，年龄，班级，专业)

课堂码→(课堂名称，课程名称)

(学号，课堂码，考勤码)→(考勤方式，考勤时间，签到时间，考勤状态)

但是，这样的设计不符合第二范式，因为学生考勤的关系模式中存在非主属性部分函数依赖于主属性，依赖关系如下：

(学号，课堂码，考勤码)$\xrightarrow{p}$(考勤方式，考勤时间，签到时间，考勤状态)

很明显，这个设计会产生大量的数据冗余和操作异常，因此，需要对此关系模式进行分解，具体可以分解为

考勤(考勤码，考勤名称，考勤方式，考勤时间)

签到(学号，课堂码，考勤码，签到时间，考勤状态)

在得到的学生关系模式中存在专业属性传递依赖于学号，不符合第三范式的要求，学生关系模式需要继续优化，消除上述传递依赖关系。

最终，根据第三范式要求，得到移动教学平台考勤管理子系统数据库表：

学生(学号，姓名，性别，年龄)

课堂(课堂码，课堂名称，课程名称，班级人数)

班级(班级名称，专业名称)

学生班级(学号，班级名称)

考勤(考勤码，考勤名称，考勤方式，考勤时间)

签到(学号，课堂码，考勤码，签到时间，考勤状态)

范式设计能够消除数据库中的数据冗余，在性能、扩展性和数据完整性方面达到了较好的平衡。

(2) 反范式设计。范式的使用可能降低查询的效率。因为范式等级越高，设计出来的数据表就越多、越精细，数据的冗余度就越低，进行数据查询的时候就可能需要关联多张表，这不仅代价巨大，还可能使一些索引策略无效。

移动教学平台系统数据库经常需要一些冗余信息，如学生的考勤成绩、作业成绩、考试成绩等，保存这些冗余信息是非常必要的，虽然这些成绩能够通过汇总得到。通过增加冗余列的方法把各项成绩加到学生成绩中，这样查询学生时，就不需要再分别对考勤、学生—作业、考试关系做查询汇总了。

经过上述反范式设计得出的数据库表如下：

学生成绩(学号，课堂码，考勤成绩，作业成绩，考试成绩，各项占比，最终成绩)

在实际设计数据库的过程中，会出现为了提高数据库性能和读取效率违反范式化的情况：通过增加少量的冗余或重复的数据来提高数据库的性能和读取效率，减少关联查询表的次数，达到以空间换取时间的目的。

4. 总结

为了更好地寻找范式设计与反范式设计之间的平衡点，建议做到如下几点。

(1) 了解项目需求。根据项目的规模、团队能力和业务需求，权衡规范性和性能之间的关系。

(2) 沟通与协作。在团队内部保持良好的沟通，确保成员对设计策略有共同的认知。

(3) 持续优化。在项目开发过程中，不断地审查和优化代码，确保其在性能和规范性之间的平衡。

(4) 自动化测试。通过自动化测试手段，确保代码的质量和可维护性。

(5) 适时调整。随着项目的发展和团队能力的提升，不断调整设计策略，以保持平衡。

4.4 购物网站逻辑结构设计

在设计好数据库的概念模型以后，再将其转换为关系模型，以便进行后期的数据库的物理结构设计。本节在"第3章3.4购物网站概念模型设计"的基础上，分析并设计其逻辑结构。

4.4.1 需求分析

数据库的需求分析的具体实现方式如下。

(1) 实体型转换为对应的关系模式。转换时，实体名作为关系名，属性作为关系的属性，选择原来的码作为关系的码。

(2) 将实体的联系向关系模式转换。

① 如果联系是1:1，将1:1联系与任意一端实体集所对应的关系模式合并，每一个实体码都是关系模式的候选码，可以从二者中选择一个作为这个联系的码。

② 如果联系是1:n，将联系与n端对应的关系模式合并。转换为关系模型要在n端实体集对应的关系模式中增加联系的属性和1端实体集的标识符。

③ 对于弱实体集，转换为关系模式后的属性由弱实体集本身的描述属性与所依赖的强实体集的主标识符构成。

④ 如果联系是$m:n$，转换为关系模式后属性由$m:n$联系的各实体集的标识以及联系本身的属性构成。联系的码是两个码的和，即关系的复合码。

(3) 网络购物系统的关系模式：

会员注册信息(会员编号，姓名，密码，电话，地址)

商品具体信息(商品编号，商品组编号，名称，价格，简介)

购物车信息(会员编号，商品编号，商品数量，购物车编号)

订单信息(会员编号，商品编号，订单编号，订单日期，最后总价)

管理员信息(管理员编号，管理员姓名，密码，联系电话)

商品组信息(商品组编号，商品组名称，管理员编号，描述)

管理员权限信息(管理员编号，权限编号)

权限信息(权限编号，权限名称，描述)

4.4.2　设计数据表

根据数据库的需求分析，这个数据库里面设计了 8 张表，下面分别给出数据表概要说明及主要数据表的结构。

1. 会员注册信息表

会员注册信息表主要用于存储所注册会员的信息，结构如表 4-4 所示。

表 4-4　会员注册信息表

列名	数据类型	长度	说明	是否为空
会员编号	字符型	10	会员的编号	主码，非空
姓名	文本型	20	会员的姓名	非空
密码	字符型	20	登录密码	非空
电话	文本型	12	联系电话	—
地址	文本型	50	居住地址	—

2. 商品具体信息表

商品具体信息表主要用于存储商品信息，结构如表 4-5 所示。

表 4-5　商品具体信息表

列名	数据类型	长度	说明	是否为空
商品编号	字符型	10	商品的编号	码，非空
商品组编号	字符型	10	商品的类型	非空
名称	文本型	20	商品的名称	非空
价格	整型	6	商品的价格	非空
简介	文本型	800	商品的简介	—

3. 购物车信息表

购物车信息表主要用于存储用户选购商品的情况，结构如表 4-6 所示。

表 4-6　购物车信息表

列名	数据类型	长度	说明	是否为空
会员编号	字符型	10	会员的编号	非空
商品编号	字符型	10	商品的编号	非空
商品编数量	整型	10	购买商品数量	非空
购物车编号	字符型	10	购物车的编号	码，非空

4. 订单信息表

订单信息表主要用于存储订单的概要信息，结构如表 4-7 所示。

表 4-7　订单信息表

列名	数据类型	长度	说明	是否为空
会员编号	字符型	10	会员的编号	非空
商品编号	字符型	10	商品的编号	非空
订单编号	字符型	10	购买时生成的订单	码，非空
订单日期	时间型	10	购买商品的时间	非空
最后总价	整型	6	购买商品的总价	非空

5. 管理员信息表

管理员信息表主要用于存储管理员信息，结构如表 4-8 所示。

表 4-8　管理员信息表

列名	数据类型	长度	说明	是否为空
管理员编号	字符型	10	管理员的编号	码，非空
管理员姓名	文本型	20	管理员的姓名	非空
密码	字符型	20	管理员的密码	非空
电话	字符型	12	管理员的联系电话	非空

6. 商品组信息表

商品组信息表主要用于存储商品信息，结构如表 4-9 所示。

表 4-9　商品组信息表

列名	数据类型	长度	说明	是否为空
商品组编号	字符型	10	商品组的编号	码，非空
商品组名称	文本型	20	商品组的名称	非空
管理员编号	字符型	10	管理员的编号	非空
描述	文本型	50	商品具体情况	一）

7. 管理员权限信息表

管理员权限信息表主要用于存储管理员的权限信息，结构如表 4-10 所示。

表 4-10　管理员权限信息表

列名	数据类型	长度	说明	是否为空
管理员编号	字符型	10	管理员的编号	码，非空
权限编号	字符型	10	权限的编号	非空

8. 权限信息表

权限信息表主要用于存储权限信息，结构如表 4-11 所示。

表 4-11 权限信息表

列名	数据类型	长度	说明	是否为空
权限编号	字符型	10	权限的编号	码，非空
权限名称	文本型	20	权限的名称	非空
描述	文本型	80	权限的描述	非空

以上是网购中心数据库结构设计的 8 个基本数据表，这些表描述了系统的组织形式。

本章习题

一、选择题

1. 在关系数据库设计中，设计关系模式是(　　)阶段的任务。
   A. 逻辑结构设计　　　　　　　　　　　　B. 概念结构设计
   C. 物理结构设计　　　　　　　　　　　　D. 需求分析

2. 在关系数据库设计中，对关系进行规范化处理，使关系达到一定的范式，如达到 3NF，这是(　　)阶段的任务。
   A. 需求分析　　　　　　　　　　　　　　B. 概念结构设计
   C. 物理结构设计　　　　　　　　　　　　D. 逻辑结构设计

3. 关系数据库的规范化理论主要解决的问题是(　　)。
   A. 如何构造合适的数据逻辑结构　　　　　B. 如何构造合适的数据物理结构
   C. 如何构造合适的应用程序界面　　　　　D. 如何控制不同用户的数据操作权限

4. 关系数据库规范化是为解决关系数据库中(　　)问题引入的。
   A. 插入异常、删除异常和数据冗余　　　　B. 提高查询速度
   C. 减少数据操作的复杂性　　　　　　　　D. 维护数据的安全性和完整性

5. 在 E-R 模型中，如果有 3 个不同的实体型，3 个 $m:n$ 联系，根据 E-R 模型转换为关系模型的规则，转换为关系的数目是(　　)。
   A. 4　　　　　　　　B. 5　　　　　　　　C. 6　　　　　　　　D. 7

6. 现有一个关系—借阅(书号，书名，库存数，读者号，借期，还期)，假如同一本书允许一个读者多次借阅，但一个读者不能同时对一种书借多本，则该关系模式的码是(　　)。
   A. 书号　　　　　　　　　　　　　　　　B. 读者号
   C. 书号+读者号　　　　　　　　　　　　D. 书号+读者号+借期

7. 关系模型中，一个关键字(　　)。
   A. 可由多个任意属性组成
   B. 至多由一个属性组成
   C. 可由一个或多个其值能唯一标识该关系模式中任何元组的属性组成
   D. 以上都不是

8. 下列对主码的描述最准确的一项为(　　)。

A. 主码可以为空且取值可以重复　　　　B. 主码可以为空但取值必须唯一

C. 主码不能为空但取值可以重复　　　　D. 主码不能为空且取值必须唯一

9. 假设一个用户采用(身份证号，姓名，出生日期，籍贯，性别，住宿地址)的属性来描述，可以作为关键字的是(　　)。

A. 身份证号　　　　B. 姓名　　　　C. 出生日期　　　　D. 籍贯

10. 下列关于关系模式的码的叙述中，不正确的一项是(　　)。

A. 当候选码多于一个时，选定其中一个作为主码。

B. 主码可以是单个属性，也可以是属性组。

C. 不包含在主码中的属性称为非主属性。

D. 若一个关系模式中的所有属性构成码，则称为全码。

11. 关系模型中的任意属性(　　)。

A. 不可再分　　　　　　　　　　B. 可再分

C. 名称在该关系模式中可以不唯一　　D. 以上都不对

二、简答题

1. 简述逻辑结构设计阶段的主要任务。

2. 简述逻辑结构设计阶段的步骤和内容。

3. 简述 E-R 图转化为关系模型的规则。

4. 简述函数依赖的概念。

5. 试列举三个多值依赖的例子。

6. 简述候选码、超码、主码、外码、全码的概念。

7. 简述范式和反范式的概念及特点。

三、操作题

1. 假设某公司数据库中有以下关系模式：R(店铺号，物品号，数量，部门号，管理员)。其语义如下：①每个店铺的每种物品只在一个部门出售；②每个店铺的每个部门只有一个管理员；③每个店铺的每种物品只有一个库存数量。试写出此关系模式 R 的基本函数依赖和候选码。

2. 假设教师授课情况的关系模式为教师授课(职工号，姓名，性别，职称，住址，课程号，课程名，学分，评价)，码(候选码)为"职工号+课程号"。部分数据如表 4-12 所示。请对其进行规范化。

表 4-12　教师授课关系

职工号	姓名	性别	职称	住址	课程号	课程名称	学分	评价
1011	张娟	女	教授	江海苑 5-1	20010	微积分	2.0	优
1011	张娟	女	教授	江海苑 5-1	20013	程序设计	10.0	良
1011	张娟	女	教授	江海苑 5-1	20014	数据库	6.0	优
1012	刘红霞	女	讲师	福家园 5-1	20014	数据库	6.0	良
1013	李峰	男	讲师	新一城 7-9	20014	数据库	6.0	优

(1) 以上关系模式存在数据冗余、更新、插入、删除异常，出现上述问题的原因是什么？

(2) 如何解决表 4-12 中教师授课关系模式出现的问题？

3. 由需求分析可知，某医院病房计算机管理系统 E-R 图如图 4-9 所示，将该 E-R 图转换为对应的关系模式(要求：1:1、1:n 的联系进行合并)，并用写出各关系模式的主码，若有外码请指出。

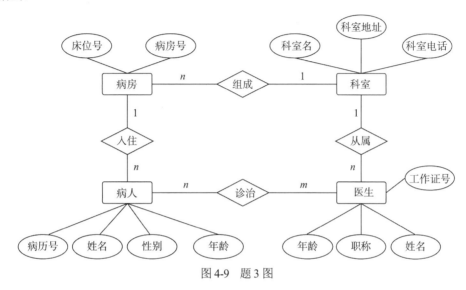

图 4-9　题 3 图

第 5 章
数据库实现

近年来，以大数据、云计算、人工智能等为代表的新一轮信息技术迅猛发展，数字生产力也得到显著发展，构建数据基础制度体系是新时代我国改革开放事业持续向纵深推进的战略性举措。因此，构建数据基础必须构建完善的数据库管理体系，以保证数据的有效存储与管理。

逻辑结构设计是为了确定数据库中的数据结构和关系，而数据库实现则是将这个设计付诸实践，在计算机系统上创建实际的数据库结构，并导入数据进行程序调试。

本章主要内容是物理结构设计与实现(包括存取方法设计、存取路径设计、创建数据库、创建表、创建索引)、数据库更新(包括表的删除、表的修改、索引的删除)、数据库实施(数据载入、数据库试运行)、数据库运行与维护等。另外，本章还介绍了如何通过 SQL 语句来创建购物网站的数据库以及基本表。本章重点和难点在于数据库的创建和维护，尤其是索引的创建和使用，以及应用程序与数据库的交互设计。

【学习目标】

1. 掌握数据库物理结构设计与实现方法。
2. 重点掌握利用 SQL 语句创建数据库、基本表、索引以及数据库更新等操作。

【知识图谱】

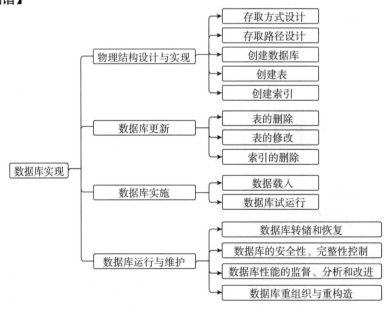

5.1 物理结构设计与实现

物理结构设计是为逻辑数据模型选取一个最适合应用环境的物理结构，主要包括数据库在物理设备上的存取方法设计、存取路径设计、创建数据库、创建表、创建索引，具体描述见第 2 章 2.3.3 部分。这个过程旨在优化数据库性能，提高数据访问效率，减少系统资源消耗。

5.1.1 存取方法设计

1. 聚簇

建立聚簇和索引的过程如下。

(1) 创建聚簇。使用 SQL 语言创建一个名为 emp_dept_cluster 的簇(cluster)，聚簇的大小为 1024，SQL 代码如下：

```
CREATE CLUSTER emp_dept_cluster (column datatype [, column datatype]…) SIZE 1024;
```

其中，column datatype 是作为聚簇码使用的名字和数据类型。

(2) 创建索引。在聚簇上创建一个索引，这个索引将有助于更快地查找和排序数据。使用 SQL 语言创建一个名为 emp_dept_cluster_index 的索引，SQL 代码如下：

```
CREATE INDEX emp_dept_cluster_index ON CLUSTER emp_dept_cluster;
```

注意：在实际应用中，根据数据量和查询需求，可以创建多个索引以提高查询性能。

另外，聚簇可以大大提高按聚簇码进行查询的效率。例如，在移动教学平台数据库中，可以通过聚簇索引来优化按学生姓名、班级、年龄等属性进行查询的速度。

【例 5-1】假设有一个学生表(Student)包含以下字段：学生 ID(Student_id)、学号(Code)、姓名(Name)、性别(Sex)、手机号(Mobile)、专业 ID(Major_id)、专业名称(Major_name)。

(1) 创建聚簇索引，SQL 代码如下：

```
CREATE CLUSTERED INDEX idx_Student ON Student(Name, Sex, Major_name );
```

该索引将按照姓名、性别和专业名称的顺序存储数据，有利于快速查询。

(2) 快速高效查询数据。例如，要查询男生且专业名称为"计算机"的学生名单，SQL 语句如下：

```
SELECT Name, Sex, Major_name
FROM Student
WHERE Sex = '男' AND Major_name = '计算机';
```

由于聚簇(索引)的存在，可以直接在索引层进行过滤，无须访问原始数据表，从而提高查询效率。

5.1.2 存取路径设计

数据库存取路径设计主要包括确定数据存放位置设计(包括确定关系、索引、聚簇、日志、备份等的存储安排和存储结构)、确定系统配置等。这些设计决策对于确保数据库性能和数据安全性至关重要。

1. 数据存放位置设计

数据存放位置设计应根据应用情况,将数据的易变部分、稳定部分、经常存取部分和存取频率较低的部分分开存放,以提高系统性能。以下是一个适用于具有多个磁盘的计算机的存放位置分配方案。

(1) 易变数据。将易变数据(如缓存、日志等)存储在高速磁盘(如固态硬盘)上,以实现快速读写。

(2) 稳定数据。将稳定数据(如用户数据、文件等)存储在较大容量的普通磁盘上。

(3) 经常存取的数据。将经常存取的数据(如数据库、操作系统缓存等)存储在高速磁盘上,以提高访问速度。

(4) 存取频率较低的数据。将存取频率较低的数据(如归档数据、备份等)存储在较大容量的普通磁盘上,以降低成本。

(5) 数据分区。根据实际需求,可以将磁盘划分为多个分区,对不同类型的数据进行分区存储,以实现更精细化的管理。

(6) 数据备份。定期对重要数据进行备份,以防止数据丢失和系统故障。

这样的存放位置分配方案可以有效提高系统性能,降低成本,并确保数据安全。

2. 系统配置设计

关系数据库管理系统通常包含系统配置变量和存储分配参数,供设计人员和数据库管理员用于物理优化。虽然系统为这些变量设定了初始值,但它们可能并不适用于所有应用环境。因此,在物理设计阶段,需要根据实际情况重新为这些变量赋值,以满足新的需求并提升系统性能。

系统配置变量和参数包括同时使用数据库的用户数、同时打开的数据库对象数、内存分配参数、缓冲区分配参数、存储分配参数、数据库大小、时间片大小、锁的数量等。这些参数值会影响存取时间和存储空间的分配,因此在物理结构设计阶段,需要根据应用环境确定这些参数值,以优化系统性能。

5.1.3 创建数据库

数据库创建即物理实现。数据库的创建一般使用 CREATE DATABASE 语句,可以指定数据库名称,数据库文件存放位置、大小、最大容量和增量等。

创建数据库语法格式如下:

```
CREATE DATABASE database_name
ON
(
  [PRIMARY] (NAME=logical_file_name, FILENAME='os_file_name', SIZE=size, MAXSIZE=max_size,
  FILEGROWTH=growth_increment)
)[...n]
LOG ON
(
```

```
[PRIMARY] (NAME=logical_file_name, FILENAME='os_file_name', SIZE=size, MAXSIZE=max_size,
FILEGROWTH=growth_increment)
)[...n];
```

该命令中各参数的含义如下：

database_name：新数据库的名称，不能与数据库中已有的数据库实例名称冲突，最多可以包含 128 个字符。

ON：指定用来存储数据库数据部分的磁盘文件(数据文件)。

PRIMARY：在主文件组中指定文件。如果没有指定 PRIMARY，那么 CREATE DATABASE 语句中列出的第一个文件将成为主文件。

LOG ON：指定用来存储数据库日志的磁盘文件(日志文件)。如果没有指定 LOG ON，将自动创建一个日志文件；文件大小为该数据库的所有数据文件大小总和的 25%或 512KB，取两者之中的较大者。

NAME：指定文件的逻辑名称。在指定 FILENAME 时，需要使用 NAME，除非指定 FOR ATTACH 子句之一。无法将 FILESTREAM 文件组命名为 PRIMARY。

FILENAME：指定操作系统(物理)文件名称。

os_file_name：指定创建文件时由操作系统使用的路径和文件名，执行 CREATE DATABASE 语句之前，指定路径必须已存在。

SIZE：指定数据库文件的初始大小，如果没有给主文件提供 size，那么数据库引擎就会使用 model 数据库中主文件的大小。

MAXSIZE：指定文件可增大到的最大值。这里可以用 KB，MB，GB 和 TB 作为后缀，默认值是 MB，并且 max_size 是整数值。如果没有指定 max_size，那么文件将会不断增长，直到磁盘被占满为止。

UNLIMITED：表示指定文件将增长到整个磁盘，占满磁盘。

FILEGROWTH：指定文件的自动增量。文件的 FILEGROWTH 设置不能超过 MAXSIZE 设置。这里可以指定以 MB，KB，GB，TB 或百分比(%)为单位，默认是 MB。如果指定单位为%，那么增量大小表示的是发生增长时文件大小的指定百分比。当值为 0 时表明自动增长已经被设置为关闭，这意味着不允许增加空间。

【例5-2】使用 SQL 语句创建数据库 jxgl，数据文件的初始大小为 5MB，最大长度为 50MB，数据库自动增长，增长比例为 10%；日志文件初始大小为 2MB，最大可增长到 5MB，增长 1MB(默认是按 10%的比例增长)。

SQL 语句如下：

```
CREATE DATABASE jxgl
ON PRIMARY
(    NAME='jxgl_data',
     FILENAME='e:\sql\jxgl_data.mdf',
     SIZE=5MB,
     MAXSIZE=50MB,
     FILEGROWTH=10%
)
LOG ON
```

```
(    NAME='jxgl_log',
     FILENAME='e:\sql\jxgl_log.ldf',
     SIZE=2MB,
     MAXSIZE=5MB,
     FILEGROWTH=1MB
);
```

5.1.4 创建表

数据库由表的集合组成。数据表是数据库中最重要、最基本的操作对象，也是数据存储的基本单位。这些数据表用于存储一组特定的结构化数据。

在 SQL 中使用 CREATE TABLE 语句创建数据表，该语句相对而言比较灵活，其语法格式如下：

```
CREATE TABLE [database_name.][schema_name].|[schema_name.]table_name
    ( column_name1 data_type [PRIMARY KEY]
    [,column_name2 data_type [NULL | NOT NULL]]
    [,column_nameN data_type [UNIQUE]]                         /*列级完整性约束*/
      ...
    [,PRIMARY KEY (column_name1, column_name2, ..., column_nameN)] /*表级完整性约束*/
    [,FOREIGN KEY (column) REFERENCES ref_table_name (ref_column_name)]);
                                                              /*表级完整性约束*/
```

该语句中各参数的含义如下：

database_name：指定要创建的表所在的数据库的名称。如果没有指定数据库的名称，默认使用的是当前数据库。

schema_name：指定新表所属架构的名称。如果没有指定，默认为新表的创建者所在的当前架构。

table_name：指定创建的新数据表的名称。

column_name：指定数据表中列的名称。列名称必须是唯一的。

data_type：指定字段列的数据类型，数据类型可以是系统数据类型，也可以是用户定义的数据类型。

PRIMARY KEY：表示主码约束，通过唯一的索引对给定的一列或多列使用实体完整性约束。每个表只能创建一个 PRIMARY KEY 约束。在 PRIMARY KEY 约束中的所有列都必须定义为 NOT NULL。

NULL | NOT NULL：表示确定列中是否允许使用空值。

UNIQUE：表示唯一性约束，该约束通过唯一的索引为一个或多个指定列提供实体完整性。一个表可以有多个 UNIQUE 约束。

FOREIGN KEY：表示外码约束，通过该属性，参照对应基本表中属性列值进行取值。

ref_table_name：表示新创建的表中某属性的值所参照的数据表。

ref_column_name：表示被参照表中的主码。

【例 5-3】在"学生课堂"数据库中，使用 SQL 语句创建一个名为 Student 的学生表，其中包含学生 ID(Student_id)、学号(Code)、姓名(Name)、性别(Sex)、手机号(Mobile)、专业

ID(Major_id)、专业名称(Major_name)七个字段。

SQL 语句如下：

```
CREATE TABLE Student (
    Student_id char(10),
    Code char(11),
    Name varchar(20),
    Sex char(2),
    Mobile char(11),
    Major_id char(10),
    Major_name char(20)
);
```

在创建表时，还可以添加约束、索引等附加信息。

【例 5-4】在"学生课堂"数据库中，使用 SQL 语句为学生表 Student 中的学生 ID 设置主码约束，学号设置唯一值约束。

SQL 语句如下：

```
CREATE TABLE Student (
    Student_id char(10) PRIMARY KEY,
    Code char(11) UNIQUE,
    Name varchar(20),
    Sex char(2),
    Mobile char(11),
    Major_id char(10),
    Major_name char(20)
);
```

【例 5-5】创建"学生课堂"数据库中的各个数据表。

SQL 语句如下：

```
--创建专业基本信息表 Depart
CREATE TABLE Depart
(
  Major_id char(6) PRIMARY KEY,/*列级完整性约束*/
  Major_name char(30)
);
--创建学生基本信息表 Student
CREATE TABLE Student
(
  Student_id char(10) PRIMARY KEY,
  Code char(11),
  Name varchar(20),
  Sex char(2),
  Mobile char(11),
  Major_id char(10),
  Major_name char(20),
  FOREIGN KEY (Major_id) References Depart (Major_id),/*表级完整性约束*!
  FOREIGN KEY (Major_name) References Depart (Major_name)
);
```

```
--创建课堂基本信息表 Classroom
CREATE TABLE Classroom
(
  Classroom_id char(11) PRIMARY KEY,
  Name char(30),
  Teacher_number int,
  Student_number int,
  Course_id char(6),
  Course_name char(30),
  FOREIGN KEY (Course_id) References Course (Course_id), /*表级完整性约束*!
  FOREIGN KEY (Course_name) References Course (Course_name)
);
--创建课程基本信息表 Course
CREATE TABLE Course
(
  Course_id char(10) PRIMARY KEY,
  Course_name char(20) NOT NULL,
  Period int,
  Credit numeric(3, 1)
);
--创建学生课堂分数表 Classroom_score
CREATE TABLE Classroom_score
(
  Student_id char(10) NOT NULL,
  Classroom_id char(6) NOT NULL,
  Score int,
  PRIMARY KEY(Student_id , Classroom_id ), /*表级完整性约束*!
  FOREIGN KEY(Student_id ) REFERENCES Student(Student_id ),
  FOREIGN KEY(Classroom_id ) REFERENCES Classroom (Classroom_id )
);
```

5.1.5 创建索引

索引是除表之外另一重要的自定义数据结构，能加快从表或视图中检索行的速度。索引包含由表或视图中的一列或多列生成的键，这些键以 B 树结构进行数据存储，便于数据库管理软件快速查找关联行。索引使数据以特定方式组织，实现最佳性能。

1. 索引类型

索引分为聚簇索引和非簇集索引。一个表最多有一个聚簇索引，但可有多个非聚簇索引。若表中无可用索引，查询优化器需扫描表，导致较多磁盘 I/O 操作和资源占用。聚簇索引和非聚簇索引在数据存储和查询方面具有不同的特点和应用场景。

(1) 聚簇索引。聚簇索引表记录的排列顺序与索引顺序一致。

优点：查询速度快，一旦找到第一个索引值，连续的索引值记录也紧跟其后。

缺点：修改表时速度较慢，要保持表中记录的物理顺序与索引顺序一致，插入记录时需要进行数据重排。

适用场景：有限不同值的列、查询返回区间值、查询返回大量相同值。

(2) 非聚簇索引。非聚簇索引指定了表中记录的逻辑顺序，但记录的物理顺序与索引顺序不一致；采用 B 树结构，叶子层包含指向表中记录在数据项中的指针。层次较多，添加记录不会引起数据顺序的重组。

适用场景：大量不同值的列、查询返回少量结果集、ORDER BY 子句中使用该列。

简单来说，聚簇索引关注的是查询速度，适用于查询范围较大或相同值较多的场景；非聚簇索引则更注重逻辑顺序，适用于查询范围较小或不同值较多的场景。在实际应用中，可以根据具体需求和数据特点选择合适的索引类型。

2. 创建索引的语法

SQL 语句中的 CREATE INDEX 命令用于创建索引。

CREATE INDEX 的语法格式如下：

```
CREATE [ UNIQUE ] [ CLUSTERED] INDEX index_name
ON database_name.[ schema_name ].table_or_view_name( column [ ASC | DESC ],…)
```

其中，最常用的几个参数的含义如下：

UNIQUE：为表或视图创建唯一索引。唯一索引不允许两行具有相同的索引键值。视图的聚簇索引必须唯一。

CLUSTERED：创建聚簇索引，键值的逻辑顺序决定表中对应行的物理顺序。如果没有指定 CLUSTERED，则默认创建非聚簇索引。

index_name：索引的名称。

column：索引所基于的一列或多列，各列名之间用逗号隔开。一个组合索引键中最多可以组合 16 列。允许的最大组合索引值为 900B。因此，不能将大型对象数据类型的列指定为索引的键列。

[ASC|DESC]：确定特定索引列的升序或降序排序方向，默认值为 ASC。

【例 5-6】创建学生表 Student，将学生 ID 作为该表的主码，但是聚簇索引在学生的姓名上，则对应的 SQL 语句如下：

```
CREATE TABLE Student
  (
    Student_id char(10) PRIMARY KEY,
    Code char(11),
    Name varchar(20),
    Sex char(2),
    Mobile char(11),
    Major_id char(10),
    Major_name char(20),
    FOREIGN KEY (Major_id) References Depart (Major_id),
    FOREIGN KEY (Major_name) References Depart (Major_name)
  );

CREATE CLUSTERED INDEX S_Name ON Student(Name);
```

这个示例创建了一个学生表，学生 ID(Student_id)作为主码，姓名(Name)作为聚簇索引。物理存储顺序将按照姓名的顺序排列。请注意，这里仅使用了简单的主码和聚簇索引，实际应用中可能还需要考虑其他索引和约束。

5.2 数据库更新

数据库和表需要随着现实世界中信息的变化而进行调整，这就需要对表数据进行更新。数据库更新可以通过 SQL 语句来实现。例如，若需插入表或数据，可以使用 SQL 语句中的 INSERT INTO 语句。删除数据表或数据时，可以使用 SQL 语句中的 DELETE FROM 语句。修改表或数据则可以使用 SQL 语句中的 UPDATE 语句。这些操作都能有效地满足数据库和表随现实变化而调整的需求。

5.2.1 表的删除

数据表在计算机中是以数据文件的形式存在的，这些文件会占用磁盘空间。当数据表被删除时，这些文件也会被删除，从而释放磁盘空间。例如，使用 DROP TABLE 语句删除数据表及表中的任何约束，并释放它们所占用的物理空间。

DROP TABLE 语句删除数据表的语法格式如下：

```
DROP TABLE table_name;
```

其中，table_name 指要删除的表格名称。

例如，DROP TABLE Student，将删除名为 Student 的表。

执行完删除命令之后再去查询 Student 表时，将提示 Student 表不存在。一旦基本表定义被删除，不仅表中的数据和此表的定义将被删除，而且此表上建立的索引、约束等一般也将被删除。因此，删除表的操作一定要格外小心。

5.2.2 表的修改

表结构创建好以后，如果发现有令人不满意的地方，还可以对表结构进行修改。修改操作包括：增加或删除列，修改列的名称、数据类型、数据长度，改变表的名称，等等。例如，使用 SQL 语句修改表结构，语法格式如下：

```
ALTER TABLE table_name
{
  ADD [COLUMN] column_name date_type [完整性约束]
  | ADD [表级完整性约束]
  | DROP [COLUMN] column_name
  | ALTER COLUMN column_name TYPE date_type
  | RENAME COLUMN column_name TO new_column_name
};
```

其中，ADD 为增加新字段或约束条件，DROP 为删除字段，ALTER 为修改字段，RENAME 为重命名字段。

【例 5-7】将学生课堂分数表 Classroom_score 中的 Score 字段类型修改为 DECIMAL (6,2)。

SQL 语句如下：

```
ALTER TABLE Classroom_score
ALTER COLUMN Score DECIMAL(6,2);
```

修改后的 Classroom_score 表结构如表 5-1 所示。

表 5-1　修改后的 Classroom_score 表结构

列名	数据类型	是否允许为空
Student_id	Char(10)	否
Classroom_id	Char(6)	否
Score	DECIMAL(6,2)	是

5.2.3　索引的删除

删除索引需要使用 DROP INDEX 语句。

【例 5-8】删除学生表上的一个索引 CIX_StudentName。

SQL 语句如下：

```
DROP INDEX CIX_StudentName ON Student;
```

5.3　数据库实施

完成数据库的物理结构设计之后，设计人员就可以用关系数据库管理系统提供的 DDL 和其他实用程序，将数据库逻辑结构设计和物理结构设计的结果描述出来，成为数据库管理系统可以接受的代码，再经过调试产生目标系统，然后就可以组织数据入库了，这就是数据库实施阶段。

5.3.1　数据载入

数据库实施阶段的核心工作有两项：一是数据载入，二是应用程序的编码与调试。数据库系统中的数据量大，来源多样，组织方式和结构格式与新设计的数据库系统存在较大差异，因此数据录入和组织工作费时费力。

为了提高数据录入的效率和质量，针对不同的应用环境，应设计一个数据录入子系统，由计算机完成数据入库工作。由于应用环境差异大，不存在通用的转换器和数据库管理系统产品，需要针对具体应用环境进行设计。

要入库的数据在原系统中的格式结构与新系统中的不完全一样，有的差别可能较大，不仅向计算机输入数据时可能发生错误，而且在转换过程中也有可能出错。因此，在源数据入库之前，需要采用多种方法对它们进行检查，以防止不正确的数据入库，这部分工作在整个数据输入子系统中至关重要。

数据库应用程序的设计与数据库设计应同步进行，以确保数据的正确组织和高效应用。在设计过程中，要充分考虑数据结构、数据关系和数据访问策略，以确保应用程序稳定、高效地运行。同时，不断调试和改进应用程序，以满足用户需求和提高系统性能。

5.3.2　数据库试运行

数据库试运行阶段是在部分数据输入数据库后开始的，这个阶段的主要任务是测试数据库应用程序的功能是否满足设计要求，以及测试系统的性能指标，看其是否达到设计目标。如果发现功能或性能指标不符合要求，需要对应用程序进行修改和调整，直至满足设计要求。

在这个阶段要注意以下两点。

(1) 数据入库工作量大且费时，如果试运行后需要修改物理结构或逻辑结构，可能导致数据重新入库。因此，建议分期分批组织数据入库，先输入小批量数据供调试使用，待试运行基本合格后再大批量输入数据，逐步增加数据量，逐步完成运行评价。

(2) 在数据库试运行阶段，系统可能不稳定，硬、软件故障随时可能发生，且操作人员对新系统还不熟悉，误操作也无法避免。因此，必须首先调试运行数据库管理系统的恢复功能，确保数据库的转储和恢复工作顺利进行。一旦发生故障，能尽快恢复数据库，尽量减少对数据库的破坏。

总之，数据库试运行阶段是对数据库系统和应用程序进行全面测试的过程，需要充分考虑数据入库的策略和系统的稳定性，确保数据库在实际运行环境中正常工作。

5.4　数据库运行与维护

在数据库运行阶段，数据库管理员负责常规维护工作，主要包括数据库转储和恢复，数据库的安全性、完整性控制，数据库性能的监督、分析和改进，数据库重组织与重构造等。

5.4.1　数据库转储和恢复

数据库转储和恢复是保障系统稳定运行的重要维护工作。转储过程包括全量转储、增量转储和差异转储。全量转储是将整个数据库复制到备份文件中，适用于数据库初始备份或长期备份；增量转储仅备份自上次转储以来发生变化的数据，能够提高备份效率；差异转储则备份自上次全量转储以来发生变化的数据，适用于定期备份。

在制订数据库转储计划时，数据库管理员应考虑以下因素：转储频率、转储量、备份存储位置和恢复时间。过高或过低的转储频率会导致恢复过程中数据丢失或占用过多存储空间。此外，数据库管理员还需确保备份文件的存储位置安全可靠，以防数据泄露或丢失。在恢复过程中，数据库管理员应快速判断故障原因，并选择合适的恢复方案。常见的恢复场景包括基于时间点的恢复、基于日志的恢复和基于备份的恢复。

此外，数据库管理员还应关注数据库性能和安全，定期对数据库进行优化和审计，以保障系统的稳定运行。

5.4.2　数据库的安全性、完整性控制

数据库的安全性和完整性是动态变化的，因为应用环境和用户需求不断变化。首先，数据

库管理员需要关注数据保密性的变化。随着业务的发展和数据共享需求的改变，一些原本保密的数据可能需要公开查询。这时，数据库管理员需要逐步放宽对应的数据库访问权限，以确保数据安全。同时，对于新加入的机密数据，数据库管理员需要及时设置合适的安全性控制，防止数据泄露。其次，数据库管理员需要关注数据完整性的变化。在数据库运行过程中，数据的完整性约束条件可能需要调整。例如，在业务规则发生变化时，数据库管理员需要及时更新完整性约束条件，以确保数据的准确性和一致性。此外，对于系统中用户级别的变化，数据库管理员需要相应地调整用户的权限，以防止未经授权的操作。

为了更好地应对应用环境和用户需求的变化，数据库管理员可以采取以下措施：

(1) 定期评估数据库的安全性和完整性，确保控制措施与当前的业务需求相匹配。

(2) 建立灵活的安全性和完整性约束条件管理机制，以便于数据库管理员根据实际需求进行调整。

(3) 加强培训，提高在安全性控制和完整性约束条件调整方面的能力。

(4) 采用先进的数据库安全技术，如加密、审计和访问控制等，提高数据库的安全性。

(5) 建立完善的数据库备份和恢复策略，确保在数据丢失或损坏时能够迅速恢复。

总之，数据库管理员需要密切关注应用环境和用户需求的变化，根据实际情况不断调整数据库原有的安全性控制和完整性约束条件，以满足用户需求。同时，数据库管理员应具备较强的应变能力，确保数据库在不断变化的环境中保持稳定和安全。

5.4.3 数据库性能的监督、分析和改进

在数据库运行过程中，监督系统运行、分析监测数据、找出提高系统性能的方法是数据库管理员的又一重要任务。数据库管理员需要仔细分析这些数据，以判断当前系统的运行状态是否最佳，并确定需要进行哪些改进，如调整系统物理参数，或对数据库进行重组织或重构造等。数据库管理员需要关注数据库的安全性、可靠性和可扩展性。为确保数据安全，数据库管理员应定期检查权限设置、加密措施和备份策略，同时对数据库的可靠性进行评估，以确保系统在高负载情况下仍能稳定运行。此外，数据库管理员还需要密切关注数据库的性能瓶颈，预测未来需求，以便及时扩容或升级。

5.4.4 关于数据库重组织与重构造

关于数据库重组织与重构造，具体内容见 2.4.2 部分。

5.5 购物网站数据库实现

本节主要通过 SQL 语句来创建购物网站的数据库以及基本表，并对数据进行相应操作。

5.5.1 物理结构设计

(1) 建立一个数据库：webshops。

(2) 在第 4 章 4.5 节中建立的 8 张表(会员注册信息表、商品具体信息表、购物车信息表、订单

信息表、管理员信息表、商品组信息表、管理员权限信息表、权限信息表)的基础上，给每张表建立相应的连接，每张表中建立相应的主码和外码，并且有些表中可能有相应的字段不能为空，具体如下。

① 会员注册信息表：会员编号为主码。

② 商品具体信息：商品编号为主码。

③ 购物车信息：购物车编号为主码。

④ 订单信息：订单编号为主码。

⑤ 管理员僧息：管理员编号为主码。

⑥ 商品组信息：商品组编号为主码。

⑦ 管理员权限信息：管理员编号，权限编号均为主码。

⑧ 权限信息：权限编号为主码。

5.5.2 系统功能实现

使用 SQL 语言创建数据库 webshops 以及相关表。

1. 创建数据库

使用 SQL 语言创建数据库 webshops，SQL 语句如下：

```
CREATE DATABASE webshops
ON
 ( NAME = webshops,
   FILENAME - 'd:\wcbshops.mdf',
   SIZE=10,
   MAXSIZE=50,
   FILEGROWTH= 5 )
LOG ON
 ( NAME =webshop ,
   FILENAME = 'd:\webshops.ldf',
   SIZE = 5MB,MAXSIZE = 25MB,
   FILEGROWTH= 5MB);
```

2. 创建数据表

根据数据库设计，在数据库中建立4.5节中设计的 8 张表，分别是会员注册信息表、商品具体信息表、购物车信息表、订单信息表、管理员信息表、商品组信息表、管理员权限信息表、权限信息表。

(1) 会员注册信息表。创建会员注册信息表的 SQL 代码如下：

```
CREATE TABLE 会员注册信息表(
    会员编号 CHAR(10)  PRIMARY KEY  NOT NULL,
    姓名  TEXT  NOT NULL,
    密码  CHAR(20)  NOT NULL,
    电话  TEXT  NOT NULL ,
    地址  TEXT  NOT NULL
);
```

创建结果如表 5-2 所示。

表 5-2　会员注册信息表

列名	数据类型	是否允许为空
会员编号	CHAR(10)	NOT NULL
姓名	CHAR(10)	NOT NULL
密码	CHAR(20)	NOT NULL
电话	CHAR(11)	NOT NULL
地址	CHAR(50)	NOT NULL

(2) 商品信息表。创建商品具体信息表的 SQL 代码如下：

```
CREATE TABLE 商品具体信息表(
    商品编号 CHAR(10) PRIMARY KEY NOT NULL,
    商品组编号 CHAR(10) NOT NULL,
    名称 TEXT NOT NULL,
    价格 INT NULL, ,
    简介 TEXT NULL
);
```

创建结果如表 5-3 所示。

表 5-3　商品具体信息表

列名	数据类型	是否允许为空
商品编号	CHAR(10)	NOT NULL
商品组编号	CHAR(10)	NOT NULL
名称	CHAR(20)	NOT NULL
价格	INT	NULL
简介	CHAR(100)	NULL

(3) 购物车信息表。创建购物车信息表的 SQL 代码如下：

```
CREATE TABLE 购物车信息表(
    购物车编号 CHAR(10) PRIMARY KEY NOT NULL,
    会员编号 CHAR(10) NOT NULL,
    商品编号 CHAR(10) NOT NULL,
    商品数量 INT NULL,
);
```

创建结果如表 5-4 所示。

表 5-4　购物车信息表

列名	数据类型	是否允许为空
购物车编号	CHAR(10)	NOT NULL
会员编号	CHAR(10)	NOT NULL

(续表)

列名	数据类型	是否允许为空
商品编号	CHAR(10)	NOT NULL
商品数量	INT	NULL

(4) 订单信息表。创建订单信息表的 SQL 代码如下:

```
CREATE TABLE 订单信息表(
    订单编号  CHAR(10)  PRIMARY KEY  NOT NULL,
    会员编号  CHAR(10)  NOT NULL,
    商品编号  CHAR(10)  NOT NULL,
    订单日期  DATETIME  NOT NULL,
    最后总价  INT  NOT NULL
);
```

创建结果如表 5-5 所示。

表 5-5　订单信息表

列名	数据类型	是否允许为空
订单编号	CHAR(10)	NOT NULL
会员编号	CHAR(10)	NOT NULL
商品编号	CHAR(10)	NOT NULL
订单日期	DATETIME	NOT NULL
最后总价	INT	NOT NULL

(5) 管理员信息表。创建管理员信息表的 SQL 代码如下:

```
CREATE TABLE 管理员信息表(
    管理员编号  CHAR(10)  PRIMARY KEY  NOT NULL,
    管理员姓名  TEXT  NOT NULL,
    密码  CHAR(20)  NOT NULL,
    联系电话  TEXT  NOT NULL,
);
```

创建结果如表 5-6 所示。

表 5-6　管理员信息表

列名	数据类型	是否允许为空
管理员编号	CHAR(10)	NOT NULL
管理员姓名	TEXT	NOT NULL
密码	CHAR(20)	NOT NULL
联系电话	TEXT	NOT NULL

(6) 商品组信息表。创建商品组信息表的 SQL 代码如下:

```
CREATE TABLE 商品组信息表(
    商品组编号  CHAR(10)  NOT NULL PRIMARY KEY,
    商品组名称  TEXT  NOT NULL,
```

```
    管理员编号　CHAR(10)　NOT NULL,
    描述　TEXT　NOT NULL
);
```

创建结果如表 5-7 所示。

表 5-7　商品组信息表

列名	数据类型	是否允许为空
商品组编号	CHAR(10)	NOT NULL
商品组名称	TEXT	NOT NULL
管理员编号	CHAR(10)	NOT NULL
描述	TEXT	NOT NULL

(7) 管理员权限信息表。创建管理员权限信息表的 SQL 代码如下:

```
CREATE TABLE 管理员权限信息表(
    管理员编号　CHAR(10)　NOT NULL,
    权限编号　CHAR(10)　NOT NULL,
    PRIMARY KEY(管理员编号, 权限编号)
);
```

创建结果如表 5-8 所示。

表 5-8　管理员权限信息表

列名	数据类型	是否允许为空
管理员编号	CHAR(10)	NOT NULL
权限编号	CHAR(10)	NOT NULL

(8) 权限信息表。创建权限信息表的 SQL 代码如下:

```
CREATE TABLE 权限信息表(
    权限编号　CHAR(10)　NOT NULL　PRIMARY KEY,
    权限名称　TEXT　NOT NULL,
    描述　TEXT　NOT NULL
);
```

创建结果如表 5-9 所示。

表 5-9　权限信息表

列名	数据类型	是否允许为空
权限编号	CHAR(10)	NOT NULL
权限名称	TEXT	NOT NULL
描述	TEXT	NOT NULL

3. 建立表连接

在数据库 webshops 中,虽然会员注册信息表、商品具体信息表、购物车信息表、订单信息表、管理员信息表、商品组信息表、管理员权限信息表、权限信息表存储不同的数据,但在数据库应用系统设计过程中，经常要将这些数据进行综合应用，这就需要在表之间建立关系。

以下分别是创建订单信息表外码—会员注册表、订单信息表外码—商品信息表、购物车信息表外码—会员注册信息表、购物车信息表外码—商品信息表、商品组信息表外码—管理员信息表、商品信息表外码—商品组信息表、管理员权限信息表外码—管理员信息表、管理员权限信息表外码—权限信息表共8个表间外码约束的SQL代码：

```
ALERT TABEL 订单信息表
ADD FOREIGN KEY (会员编号) REFERENCES 会员注册信息表(会员编号);

ALERT TABEL 订单信息表
ADD FOREIGN KEY (商品编号) REFERENCES 商品信息表(商品编号);

ALERT TABEL 购物车信息表
ADD FOREIGN KEY (会员编号) REFERENCES 会员注册信息表 (会员编号);

ALERT TABEL 购物车信息表
ADD FOREIGN KEY (商品编号) REFERENCES 商品信息表(商品编号);

ALERT TABEL 商品组信息表
ADD FOREIGN KEY (管理员编号) REFERENCES 管理员信息表(管理员编号);

ALERT TABEL 商品信息表
ADD FOREIGN KEY (商品组编号) REFERENCES 商品组信息表(商品组编号);

ALERT TABEL 管理员权限信息表
ADD FOREIGN KEY (权限编号) REFERENCES 权限信息表(权限编号);

ALERT TABEL 管理员权限信息表
ADD FOREIGN KEY (管理员编号) REFERENCES 管理员信息表 (管理员编号);
```

4. 输入模拟记录

为了便于调试程序，并为将来系统测试提供数据，应设计一批模拟记录，在数据库设计完成后将这些模拟记录添加到数据库表中。模拟记录添加仍然使用SQL语言脚本进行创建。

(1) 添加商品组信息。添加商品组信息SQL代码如下：

```
INSERT INTO 商品组信息表(商品组编号,商品组名称,管理员编号,描述) VALUES('001','女装','11001','女性');
INSERT INTO 商品组信息表(商品组编号,商品组名称,管理员编号,描述) VALUES('002','男装','11002','男性');
INSERT INTO 商品组信息表(商品组编号,商品组名称,管理员编号,描述) VALUES('003','童装','11001','儿童');
INSERT INTO 商品组信息表(商品组编号,商品组名称,管理员编号,描述) VALUES('004','零食','11002','美食');
INSERT INTO 商品组信息表(商品组编号,商品组名称,管理员编号,描述) VALUES('005','苹果','11002','水果');
INSERT INTO 商品组信息表(商品组编号,商品组名称,管理员编号,描述) VALUES('006','数码','11003','国产');
INSERT INTO 商品组信息表(商品组编号,商品组名称,管理员编号,描述) VALUES('007','灯品','11003','装饰');
INSERT INTO 商品组信息表(商品组编号,商品组名称,管理员编号,描述) VALUES('008','汉服','11001','古风');
```

添加商品组信息结果如表5-10所示。

表5-10 添加商品组信息结果

商品组编号	商品组名称	管理员编号	描述
001	女装	11001	女性
002	男装	11002	男性
003	童装	11001	儿童

(续表)

商品组编号	商品组名称	管理员编号	描述
004	零食	11002	美食
005	苹果	11002	水果
006	数码类	11003	国产
007	灯品	11003	装饰
008	汉服	11001	古风

(2) 添加商品信息。添加商品信息 SQL 代码如下：

```
INSERT INTO 商品信息表(商品编号,商品组编号,名称,价格,简介)VALUES('01001','004','辣椒酱','10','来自中国');
INSERT INTO 商品信息表(商品编号,商品组编号,名称,价格,简介)VALUES('01002','004','方便面','10','来自中国');
INSERT INTO 商品信息表(商品编号,商品组编号,名称,价格,简介)VALUES('02001','006','手机','2999','来自中国');
INSERT INTO 商品信息表(商品编号,商品组编号,名称,价格,简介)VALUES('04001','004','饼干','10','未知');
INSERT INTO 商品信息表(商品编号,商品组编号,名称,价格,简介)VALUES('05001','005','牛油果','30','来自墨西哥');
INSERT INTO 商品信息表(商品编号,商品组编号,名称,价格,简介)VALUES('05002','005','车厘子','80','来自美国');
INSERT INTO 商品信息表(商品编号,商品组编号,名称,价格,简介)VALUES('06001','006','窗帘','998','来自中国');
INSERT INTO 商品信息表(商品编号,商品组编号,名称,价格,简介)VALUES('010011','004','麻辣烫','20','来自中国');
INSERT INTO 商品信息表(商品编号,商品组编号,名称,价格,简介)VALUES('010021','004','陕西馍','10','来自中国');
INSERT INTO 商品信息表(商品编号,商品组编号,名称,价格,简介)VALUES('020031','002','橄榄菜','10','来自中国');
INSERT INTO 商品信息表(商品编号,商品组编号,名称,价格,简介)VALUES('040011','004','比利时饼干','30','来自比利时');
INSERT INTO 商品信息表(商品编号,商品组编号,名称,价格,简介)VALUES('050011','005','青芒','30','来自越南');
INSERT INTO 商品信息表(商品编号,商品组编号,名称,价格,简介)VALUES('050021','005','青椰','80','来自中国');
INSERT INTO 商品信息表(商品编号,商品组编号,名称,价格,简介)VALUES('060011','006','床帘','998','来自中国');
INSERT INTO 商品信息表(商品编号,商品组编号,名称,价格,简介)VALUES('06002','006','智能灯','75','产于美国，大学生智能电灯，可以自动调节灯的亮度，有利于学生学习，并且保护学生的眼睛');
```

添加商品信息结果如表 5-11 所示。

表5-11 添加商品信息

商品编号	商品组编号	名称	价格	简介
01001	004	辣椒酱	10	来自中国
010011	004	麻辣烫	20	来自中国

商品编号	商品组编号	名称	价格	简介
01002	004	方便面	10	来自中国
010021	004	陕西馍	10	来自中国
02001	006	手机	2999	来自中国
020031	002	橄榄菜	10	来自中国
04001	004	饼干	10	未知
040011	004	比利时饼干	30	来自比利时
05001	005	牛油果	30	来自墨西哥
050011	005	青芒	30	来自越南
05002	005	车厘子	80	来自美国
050021	005	青椰	80	来自中国
06001	006	窗帘	998	来自中国
060011	006	床帘	998	来自中国
06002	006	智能灯	75	产于美国，大学生智能电灯，可以自动调节灯的亮度，有利于学生学习，并且保护学生的眼睛

（3）添加注册会员信息。添加注册会员信息SQL代码如下：

```
INSERT INTO 会员注册信息表(会员编号,姓名,密码,电话,地址)VALUES('09001','李子','123457',
'13546321209','河南省新乡市');
INSERT INTO 会员注册信息表(会员编号,姓名,密码,电话,地址)VALUES('09002','李刚','223456',
'13029579891','南京');
INSERT INTO 会员注册信息表(会员编号,姓名,密码,电话,地址)VALUES('09003','陈明','323456',
'13019579891','上海');
INSERT INTO 会员注册信息表(会员编号,姓名,密码,电话,地址)VALUES('09004','陈志','423456',
'13719579891','天津');
INSERT INTO 会员注册信息表(会员编号,姓名,密码,电话,地址)VALUES('09005','张力','523456',
'13729579891','深圳');
INSERT INTO 会员注册信息表(会员编号,姓名,密码,电话,地址)VALUES('09006','王华','623456',
'13569579891','广州');
INSERT INTO 会员注册信息表(会员编号,姓名,密码,电话,地址)VALUES('09007','洪溪','723456',
'13579579891','重庆');
INSERT INTO 会员注册信息表(会员编号,姓名,密码,电话,地址)VALUES('09008','邓敏','823456',
'13589579891','成都');
```

添加注册会员信息结果如表5-12所示。

表5-12　添加注册会员信息结果

会员编号	姓名	密码	电话	地址
09001	李子	123457	13546321209	河南省新乡市
09002	李刚	223456	13029579891	南京
09003	陈明	323456	13019579891	上海

（续表）

会员编号	姓名	密码	电话	地址
09004	陈志	423456	13719579891	天津
09005	张力	523456	13729579891	深圳
09006	王华	623456	13569579891	广州
09007	洪溪	723456	13579579891	重庆
09008	邓敏	823456	13589579891	成都

（4）添加购物车信息。添加购物车信息 SQL 代码如下：

```
INSERT INTO 购物车信息表(购物车编号,会员编号,商品编号,商品数量)VALUES('111001','09006','01001',1);
INSERT INTO 购物车信息表(购物车编号,会员编号,商品编号,商品数量)VALUES('111002','09002','05001',3);
INSERT INTO 购物车信息表(购物车编号,会员编号,商品编号,商品数量)VALUES('111003','09004','06001',2);
INSERT INTO 购物车信息表(购物车编号,会员编号,商品编号,商品数量)VALUES('111004','09005','02001',1);
```

添加购物车信息结果如表 5-13 所示。

表 5-13 添加购物车信息结果

购物车编号	会员编号	商品编号	数量
111001	09006	01001	1
111002	09002	05001	3
111003	09004	06001	2
111004	09005	02001	1

（5）添加权限信息。添加权限信息 SQL 代码如下：

```
INSERT INTO 权限信息表(权限编号,权限名称,描述)VALUES('6859601','上架或下架商品','可以添加删除或
者修改自己名下的商品信息');
INSERT INTO 权限信息表(权限编号,权限名称,描述)VALUES('6859602','修改订单','可以修改已产生订单信息');
INSERT INTO 权限信息表(权限编号,权限名称,描述)VALUES('6859603','售后服务','可以修改会员退货或换
货申请的状态');
```

添加权限信息结果如表 5-14 所示。

表 5-14 添加权限信息结果

权限编号	权限名称	描述
6859601	上架或下架商品	可以添加删除或者修改自己名下的商品信息
6859602	修改订单	可以修改已产生订单信息
6859603	售后服务	可以修改会员退货或换货申请的状态

（6）添加管理员权限信息。添加管理员权限信息 SQL 代码如下：

```
INSERT INTO 管理员权限信息表(管理员编号,权限编号)VALUES('11001','6859601');
INSERT INTO 管理员权限信息表(管理员编号,权限编号)VALUES('11002','6859602');
INSERT INTO 管理员权限信息表(管理员编号,权限编号)VALUES('11003','6859603');
```

添加管理员权限信息结果如表 5-15 所示。

表 5-15　添加管理员权限信息结果

管理员编号	管理员权限
11001	6859601
11002	6859602
11003	6859603

(7) 添加订单信息。添加订单信息 SQL 代码如下：

```
INSERT INTO 订单信息表(订单编号,会员编号,商品编号,订单日期,最后总价) VALUES ('00001','09003',
'01001','2022-11-11 00:00:00.000','25');
```

添加订单信息结果如表 5-16 所示。

表 5-16　添加订单信息结果

订单编号	会员编号	商品编号	订单日期	最后总价
00001	09003	01001	2022-11-11 00:00:00.000	25

本章习题

一、选择题

1. 数据库物理结构设计完成后，进入数据库实施阶段，下列各项中不属于数据库实施阶段的工作的是(　　)。

    A. 建立数据库结构　　　　　　　B. 扩充功能

    C. 加载数据　　　　　　　　　　D. 系统调试

2. 为哪些表在哪些字段上建立什么样的索引，这一设计内容应该属于数据库设计中的(　　)阶段。

    A. 需求分析　　　　　　　　　　B. 概念结构设计

    C. 逻辑结构设计　　　　　　　　D. 物理结构设计

3. 数据库设计中，确定数据库存放位置设计，即确定关系、索引、聚簇、日志、备份等数据的存储安排和存储结构，这是数据库设计的(　　)阶段。

    A. 需求分析　　　　　　　　　　B. 概念结构设计

    C. 逻辑结构设计　　　　　　　　D. 物理结构设计

4. 对数据库的物理设计优劣评价的重点是(　　)。

    A. 时空效率　　　　　　　　　　B. 动态和静态性能

    C. 用户界面的友好性　　　　　　D. 成本和效益

5. 下列哪项不是备份数据库的理由？(　　)

    A. 数据库崩溃时恢复

    B. 将数据从一个服务器转移到另外一个服务器

    C. 记录数据的历史档案

    D. 转换数据

6. 下列关于数据库备份的叙述错误的一项是(　　)。

  A. 如果数据库很稳定就不需要经常做备份，反之就要经常做备份，以防数据库损坏

  B. 数据库备份是一项很复杂的工作，应该由专业的数据库管理员来完成

  C. 数据库备份会受到数据库恢复模式的制约

  D. 数据库备份策略的选择应该综合考虑各方面因素，并不是备份做得越多、越全面就越好

二、简答题

1. 简述数据库的物理结构设计包含的工作。

2. 简述影响数据库物理结构设计的主要因素。

3. 简述数据输入在试运行阶段的重要性以及如何保证输入数据的正确性。

4. 简述数据库的再组织和重构造及其重要性。

5. 简述 SQL Server 中表的创建、插入、删除以及修改的两种方法。

三、操作题

假设有一数据库，包括 4 个表：Student(学生表)、Course(课程表)、Score(成绩表)以及 Teacher(教师信息表)。4 个表的结构如表 5-17～表 5-20 所示。

表 5-17　Student(学生表)

属性名	数据类型	可否为空	含义
Sno	Char(3)	否	学号(主码)
Sname	Char(8)	否	学生姓名
Ssex	Char(2)	否	学生性别
Sbirthday	datetime	可	学生出生年月
Class	Char(5)	可	学生所在班级

表 5-18　Course(课程表)

属性名	数据类型	可否为空	含义
Cno	Char(5)	否	课程号(主码)
Cname	Varchar(8)	否	课程名称
Tno	Char(3)	否	教工编号(外码)

表 5-19　Score(成绩表)

属性名	数据类型	可否为空	含义
Sno	Char(3)	否	学号(外码)
Cno	Char(5)	否	课程号(外码)
Degree	Decimal(4,1)	可	成绩

主码：Sno+Cno

表 5-20　Teacher(教师表)

属性名	数据类型	可否为空	含义
Tno	Char(3)	否	教工编码(主码)
Tname	Char(4)	否	教工姓名
Tsex	Char(2)	否	教工性别
Tbirthday	datetime	可	教工出生年月
Prof	Char(6)	可	职称
Depart	Varchar(10)	否	教工所在部门

试用 SQL 的 CREATE TABLE 语句完成这 4 个表的创建，并完成以下操作。

(1) 分别为 4 个表创建索引。

(2) 分别在 4 个表中插入一行记录。

(3) 修改 Student(学生表)和 Teacher(教师信息表)的结构，增加字段 Political(政治面貌)。

第6章
数据库查询与修改

党的二十大报告提出，完善网格化管理、精细化服务、信息化支撑的基层治理平台。实现这一重要部署的首要前提是快速且准确地反馈群众所需信息。那么，掌握数据库操作则是必不可少的技能。数据库的核心操作是数据查询。数据库系统能为用户提供数据查询功能，同时数据库还为用户提供数据的插入、修改、更新等功能。

本章将介绍使用 SQL 语言进行数据库的查询与修改，涵盖单表查询、连接查询、嵌套查询、集合查询等高级查询方式，以及插入数据、修改数据和删除数据等操作。此外，本章还将介绍视图的概念和应用，使查询和修改数据更加灵活高效。最后，本章将还以购物网站数据查询与视图设计为例做详细的应用说明。

【学习目标】
1. 了解 SQL 的特点。
2. 掌握 SQL 语句的功能、语法和使用要点。
3. 掌握视图的定义、操作和作用。
4. 重点掌握使用 SQL 语言进行数据库查询和更新操作以及视图的创建和删除操作的方法。

【知识图谱】

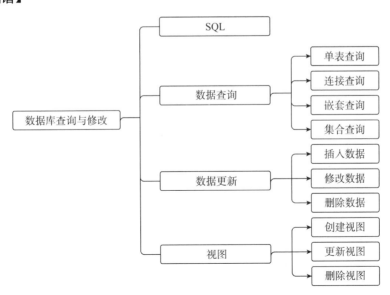

6.1 SQL 概述

SQL 是目前应用广泛的关系数据库的标准语言,具备丰富且强大的功能,不仅提供查询功能,还提供数据库模式创建、数据插入与更新、数据操纵与控制等功能。SQL 是一种数据库查询和程序设计语言,用于存取数据及查询、更新和管理关系数据库系统,同时是数据库脚本文件的扩展名。SQL 是高级非过程化编程语言,允许用户在高层数据结构上工作。它不需要用户指定对数据的存储方法,也不需要用户了解具体的数据存储方式,所以具有完全不同底层结构的不同数据库系统可以使用相同的 SQL 作为数据输入与管理的接口。SQL 可以嵌套,这使其具有极大的灵活性。

尽管 SQL 被称为查询语言,但其包括数据查询语言(data query language,DQL)、DDL、数据控制语言(date control language,DCL)等部分。

最早的 SQL 原型是 IBM 的研究人员在 20 世纪 70 年代开发的,该原型被命名为结构化英语查询语言(structured english query language,SEQUEL)。现在许多人仍将在该原型之后推出的 SQL 发音为 sequel,但根据美国国家标准学会(American National Standards Institute,ANSI) SQL 委员会的规定,其正式发音应该是三个英文字母的单独发音,即"S-Q-L"(ess-cue-ell)。随着 SQL 的颁布,各数据库厂商纷纷在他们的产品中引入并支持 SQL。SQL 语言具有以下几方面的优点。

(1) SQL 是标准的查询语言。

(2) SQL 非常灵活。

(3) SQL 的语法格式比较自由,以最适当的方式让用户书写语句。

(4) SQL 是一种高级语言,SQL 的命令是由标准的英语单词构成的。

(5) 市场上常见的数据管理系统都支持 SQL。

(6) SQL 允许用户用指定的关键字进行数据库操作,如表、视图和索引的创建。

(7) SQL 能进行算术运算、对数据进行统计操作和排序。

(8) 用 SQL 写的应用程序很容易跨越不同系统。

为了充分展示 SQL 在关系数据库中的优势,本章基于"学生课堂"数据库进行学习。例如,表 6-1 是"学生课堂"数据库示例,该数据库包含 student(学生表)、Classroom(课堂表)、Classroom-Score(课堂分数表)3 个关系。

表 6-1　"学生课堂"数据库示例

(a) Student(学生表)

Student_id	Code	Name	Sex	Mobile	Major_id	Major_name
1	2014056101	汪远东	男	13245635578	01	计算机
2	2014056102	李春霞	女	15943623146	03	市场营销
3	2014056103	邓立新	男	17345621312	02	工业工程
4	2014056104	汪小燕	女	16398342379	02	工业工程
5	2014056105	李秋	女	18993452275	01	计算机

(b) Classroom(课堂表)

Classroom_id	Name	Teacher_number	Student_number	Course_id	Course_name
1001	C 语言	1	NULL	C1	C 语言程序设计
1002	DB 概论	3	86	C3	数据库系统
1003	操作系统	2	82	C4	操作系统
1004	数据结构	1	78	C2	数据结构
1005	DB_ity	4	90	C3	数据库系统

(c) Classroom_score(课堂分数表)

Student_id	Classroom_id	Score
1	1001	90
1	1002	87
2	1001	100
2	1002	80
2	1003	79
3	1003	95
3	1004	95
4	1005	100
5	1003	90
5	1005	79

注：表中学生 ID，学号，课堂 ID，名称等是对应属性的说明。

6.2　数据查询

数据查询是数据库的核心操作，主要包括单表查询、连接查询、嵌套查询、集合查询等。其中，连接查询、嵌套查询和集合查询可以看作单表查询的扩展和深化，用于处理更复杂的数据关系和需求。在实际应用中，根据需求选择合适的数据查询方式，可以提高数据处理的效率和准确性。

SQL 是一款提供强大、灵活的数据查询功能的工具，其中的 SELECT 语句可以根据需求检索和分析数据，其一般格式语言如下：

```
SELECT column_name(s)
FROM table_name OR view_name
[WHERE condition]
[GROUP BY expression]
[HAVING aggregation_condition]
[ORDER BY expression ASC|DESC]
```

SELECT 子句用来指定查询返回的列，各列在 SELECT 子句中的顺序决定了它们在结果表中的顺序。

FROM 子句用来指定数据来源的表或视图。

WHERE 子句用来限定返回行的搜索条件。

GROUP BY 子句用来指定查询结果的分组条件。

ORDER BY 子句用来指定结果的排序方式。

SELECT 语句既可以完成简单的单表查询，也可以完成复杂的连接查询、嵌套查询和集合查询。下面介绍 SELECT 语句的基本结构和主要功能。

6.2.1 单表查询

单表查询是指在数据库中，针对一个表进行数据检索、筛选和排序等操作，即仅涉及一个表的查询。它可以快速找到所需信息，为企业和个人提供便捷的数据服务。

1. SELECT 语句对列的查询

对列的查询是通过在 SELECT 子句中指定列名或表达式来完成的。以下是查询列的常用格式。

选择所有列：SELECT * FROM 表名 或 SELECT * FROM 视图名

选择指定列：SELECT 列名 1, 列名 2 FROM 表名 或 SELECT 列名 1, 列名 2 FROM 视图名

为列设置别名：SELECT 列名 1 AS 别名 1, 列名 2 AS 别名 2 FROM 表名 或 SELECT 列名 1 AS 别名 1, 列名 2 AS 别名 2 FROM 视图名

查询指定范围的列：SELECT 列名 1, 列名 2 FROM 表名 WHERE 条件 或 SELECT 列名 1, 列名 2 FROM 视图名 WHERE 条件

(1) 查询全部列。选择表的全部列时，将表中的所有属性列全部选出有两种方法：

① 在 SELECT 关键字后列出所有列名。

② 使用"*"代替列名，但需确保列的显示顺序与基表中的顺序相同。

【例 6-1】检索 Classroom(课堂表)中的所有记录。

SQL 语句如下：

```
SELECT *
FROM Classroom;
```

等价于

```
SELECT Classroom_id,Name,Teacher_number,Student_number,Course_id,Course_name
FROM Classroom;
```

注意：在处理大量数据或通过网络返回数据时，应避免使用"*"，而应指定所需的列名。这样可以有效减少返回的数据量，提高效率。

执行结果如表 6-2 所示。

表 6-2　查询 Classroom(课堂表)的全部信息

Classroom_id	Name	Teacher_number	Student_number	Course_id	Course_name
1001	C 语言	1	NULL	C1	C 语言程序设计
1002	DB 概论	3	86	C3	数据库系统
1003	操作系统	2	82	C4	操作系统
1004	数据结构	1	78	C2	数据结构
1005	DB_ity	4	90	C3	数据库系统

(2) 查询部分列。如果查询数据时只需要选择一个表中的部分列信息，则在 SELECT 语句后指定所要查询的属性列即可，各列名之间用逗号分隔。

【例 6-2】检索 Student(学生表)中学生的部分信息。

SQL 语句如下：

```
SELECT Code,Name,Sex FROM Student;
```

执行结果如表 6-3 所示。

表 6-3　查询 Student(学生表)中部分列信息

Code	Name	Sex
2014056101	汪远东	男
2014056102	李春霞	女
2014056103	邓立新	男
2014056104	汪小燕	女
2014056105	李秋	女

(3) 查询经过计算的值。SELECT 子句的<列名选项>既可以是表中的属性列，也可以是表达式。

【例 6-3】查询 Classroom_score(课堂分数表)中的学生成绩，并显示折算后的分数(折算方法为原始分数×0.7)。

SQL 语句如下：

```
SELECT Student_id, Classroom_id,Score AS 原始分数, Score*0.7 AS 折算后分数
FROM Classroom_score;
```

执行结果如表 6-4 所示。

表 6-4　计算列值

Student_id	Classroom_id	原始分数	折算后分数
1	1001	90	63.0
1	1002	87	60.9
2	1001	100	70.0
2	1002	80	56.0

(续表)

Student_id	Classroom_id	原始分数	折算后分数
2	1003	79	55.3
3	1003	95	66.5
3	1004	95	66.5
4	1005	100	70.0
5	1003	90	63.0
5	1005	79	55.3

2. SELECT 语句对行的查询

(1) 消除重复行。两个完全相同的元组在投影到特定列后可能变得相同，这是因为数据库中的 GROUP BY 操作。为了避免重复行出现，可以使用 DISTINCT 关键字消除重复行。

【例6-4】从 Classroom_score(课堂分数表)中查询所有参与课堂的学生的记录。

SQL 语句如下：

```
SELECT DISTINCT Student_id FROM Classroom_score;
```

执行结果如表 6-5 所示。对比两组查询结果，表 6-5(a)中 Student_id 值重复较多，是因为一个学生可以参与多个课堂。而表 6-5(b)结果无重复。与 DISTINCT 相反，当使用关键字 ALL 时，将保留结果中的所有行。在省略 DISTINCT 和 ALL 时，SELECT 语句默认 ALL 关键字，保留所有结果行。

表 6-5 消除重复行

(a) 未取消结果重复项	(b) 取消结果重复项
Student_id	Student_id
1	1
1	2
2	3
2	4
2	5
3	
3	
4	
5	
5	

(2) 查询满足指定条件的元组。查询满足指定条件的元组可以通过 WHERE 子句实现，WHERE 子句用于在 SQL 查询中过滤结果集，满足指定条件。

在 SELECT 语句中，WHERE 子句必须紧跟在 FROM 子句之后，其基本格式如下：

```
SELECT column_name(s)
FROM table_name
WHERE condition;
```

其中，column_name(s)表示要查询的列名，table_name 表示要查询的表名，condition 表示查询条件。

WHERE 子句常用的查询条件如表 6-6 所示。

表 6-6　WHERE 子句常用的查询条件

查询条件	运算符	说明
比较	=, >, <, >=, <=, !=, <>, !>, NOT+上述运算符	比较大小
逻辑运算	AND，OR，NOT	用于逻辑运算符判断，也可用于多重条件的判断
字符匹配	LIKE，NOT LIKE	判断值是否与指定的字符通配格式相符
确定范围	BETWEEN...AND...，NOT BETWEEN...AND...	判断值是否在范围内
确定集合	IN，NOT IN	判断值是否为列表中的值
空值	IS NULL，IS NOT NULL	判断值是否为空

① 使用比较运算符。使用比较运算符可比较表达式值的大小。比较运算符包括=(等于)、>(大于)、<(小于)、>=(大于等于)、<=(小于等于)、!=(不等于)、<>(不等于)、!<(不小于)、!>(不大于)。运算结果为 TRUE 或者 FALSE。

【例 6-5】在 Classroom(课堂表)中查询教师和助教数量为 4 的课堂。

SQL 语句如下：

```
SELECT * FROM Classroom WHERE Teacher_number = 4;
```

执行结果如表 6-7 所示，显示的全是教师和助教数量为 4 的课堂。

表 6-7　使用比较运算符

Classroom_id	Name	Teacher_number	Student_number	Course_id	Course_name
1005	DB_ity	4	90	C3	数据库系统

② 使用逻辑运算符。逻辑运算符包括 AND，OR 和 NOT，用于连接 WHERE 子句中的多个查询条件。当一条语句中同时含有多个逻辑运算符时，取值的优先顺序为 NOT，AND 和 OR。

【例 6-6】在 Classroom(课堂表)中查询教师和助教数量大于 1 且小于 4 的课堂信息。

SQL 语句如下：

```
SELECT * FROM Classroom WHERE Teacher_number > 1 AND Teacher_number < 4;
```

执行结果如表 6-8 所示。

表6-8　使用逻辑运算符

Classroom_id	Name	Teacher_number	Student_number	Course_id	Course_name
1002	DB 概论	3	86	C3	数据库系统
1003	操作系统	2	82	C4	操作系统

③ 使用 LIKE 模式匹配。LIKE 语句是一种在查询时进行模糊匹配的语句，适用于查找部分信息已知的情况。在 SQL 中，LIKE 运算符可以与四种通配符结合使用。

%：代表 0 个或任意个字符。例如，查询姓名中包含 a 的记录，可以使用%a%。

_：代表单个字符。例如，查询名字为两个字符且第二个字符是 a 的记录，可以使用_a。

[ ]：在指定值的集合或范围中查找单个字符。例如，查询名字中包含 a～f 的单个字符的记录，可以使用%[a-f]% 。

[^]：与[]相反，用于指定不属于范围内的字符。例如，使用[^abcdef]查询不属于 abcdef 集合的字符。

这些通配符可以相互结合，以实现更复杂的匹配需求。请注意，在使用 LIKE 进行模糊查询时，性能可能会受到影响，尤其是在数据量较大时。在可能的情况下，尽量使用更精确的查询条件以提高查询效率。

【例 6-7】在 Student(学生表)中查询姓"汪"的学生信息。

SQL 语句如下：

```
SELECT * FROM Student
WHERE Name LIKE '汪%';
```

执行结果如表 6-9 所示。

表6-9　使用 LIKE 模式匹配

Student_id	Code	Name	Sex	Mobile	Major_id	Major_name
1	2014056101	汪远东	男	13245635578	01	计算机
4	2014056104	汪小燕	女	16398342379	02	工业工程

【例 6-8】如果要查询以"DB_"开头的课堂名称，应该如何实现。

注意：这里的下画线不再具有通配符的含义，而是一个普通字符。此时，需要使用 ESCAPE 函数添加一个转义字符，将通配符变成普通字符。

执行代码如下：

```
--不带转义字符的查询
SELECT * FROM 课堂
WHERE Name LIKE 'DB_%';
--带转义字符的查询
SELECT * FROM 课堂
WHERE Name LIKE 'DB\_%' ESCAPE '\';
```

执行结果如表 6-10 所示。

表 6-10　转义字符查询

(a) 不带转义字符的 LIKE 模式匹配

Classroom_id	Name	Teacher_number	Student_number	Course_id	Course_name
1002	DB 概论	3	86	C3	数据库系统
1005	DB_ity	4	90	C3	数据库系统

(b) 带转义字符的 LIKE 模式匹配

Classroom_id	Name	Teacher_number	Student_number	Course_id	Course_name
1005	DB_ity	4	90	C3	数据库系统

对比表 6-10 中的两个查询结果可以看出，表 6-10(a)中没有使用转义字符，则下画线代表任意单个字符，因此查询结果包括 2 条记录；表 6-8(b)中使用了转义字符，此时"\"右边的字符"_"不再代表通配符，而是普通的字符，因此查询结果中少了"DB 概论"这个课程名。

④ 确定范围。当要查询的条件是某个值的范围时，可以使用 BETWEEN…AND…来指定查询范围。其中，BETWEEN 后是查询范围的下限(低值)，AND 后是查询范围的上限(高值)

【例 6-9】在 Classroom_score(课堂分数表)中，查询分数为 70～90 的学生情况。

SQL 语句如下：

```
SELECT * FROM Classroom_score WHERE Score BETWEEN 70 AND 90;
```

执行结果如表 6-11 所示，可以看到，使用 BETWEEN 查询，结果包含两个端点的值。在本例包含了分数为 70 和 90 的学生信息。

表 6-11　使用 BETWEEN…AND…确定范围

Student_id	Classroom_id	Score
1	1001	90
1	1002	87
2	1002	80
2	1003	79
5	1003	90
5	1005	79

⑤ 确定集合。关键字 IN 用于查找属性值属于指定集合的元组。在集合中列出所有可能的值，当表中的值与集合中的任意一个值匹配时，即满足条件。

【例 6-10】在 Classroom_score(课堂分数表)中查询参与了"1001"号或者"1002"号课堂的学生情况。

SQL 语句如下：

```
SELECT * FROM Classroom_score WHERE Classroom_id IN('1001','1002');
```

等价于：

```
SELECT * FROM Classroom_score WHERE Classroom_id ='1001' OR Classroom_id ='1002';
```

执行结果如表 6-12 所示。

表 6-12　使用 IN 确定范围

Student_id	Classroom_id	Score
1	1001	90
1	1002	87
2	1001	100
2	1002	80

(3) 涉及空值 NULL 的查询。"空"并非无值，而是表示特殊的空值符号 NULL。在创建表结构时，可以设置字段是否允许为空。判断表达式值是否为空，应使用 IS NULL 关键字。

注意：这里的 IS 不能用等号(=)代替。

【例 6-11】查询缺少"学生数量"的课堂信息。

SQL 语句如下：

```
SELECT * FROM Classroom WHERE Student_number IS NULL;
```

执行结果如表 6-13 所示。

表 6-13　涉及空值 NULL 的查询

Classroom_id	Name	Teacher_number	Student_number	Course_id	Course_name
1001	C 语言	1	NULL	C1	C 语言程序设计

3. ORDER BY 子句

用户可通过 ORDER BY 子句灵活地对查询结果进行排序，满足不同需求。查询结果可以按照一个或多个属性列的升序(ASC)或降序(DESC)排列，默认值为升序。

【例 6-12】查询 Student(学生表)中全体女学生的情况，要求结果按照专业 ID 降序排列。

SQL 语句如下：

```
SELECT * FROM Student WHERE Sex='女' ORDER BY Major_id DESC;
```

年龄升序，对于出生日期而言就是降序，执行结果如表 6-14 所示。

表 6-14　对查询结果进行排序

Student_id	Code	Name	Sex	Mobile	Major_id	Major_name
2	2014056102	李春霞	女	15943623146	03	市场营销
4	2014056104	汪小燕	女	16398342379	02	工业工程
5	2014056105	李秋	女	18993452275	01	计算机

4. 聚合函数

为了进一步方便用户，增强检索功能，SQL 提供了许多聚合函数。常用的聚合函数(也称统计函数)包括 COUNT( )，AVG( )，SUM( )，MAX( )和 MIN( )等，如表 6-15 所示。

表 6-15　常用的聚合函数

函数名称	说明
COUNT()	计算表中记录数
AVG()	计算表中字段的平均值
SUM()	计算表中字段的和
MAX()	返回表中字段的最大值
MIN()	返回表中字段的最小值

如果使用 DISTINCT,则表示在计算时去掉重复值,如果不指定 DISTINCT 短句或指定 ALL 短句(默认值为 ALL),则不取消重复值。

【例 6-13】统计所查询的学生总人数,以及参与课堂的学生人数。

SQL 语句如下:

```
--学生总人数
SELECT COUNT(*) FROM Student
--参与课堂的学生人数
SELECT COUNT(DISTINCT Student_id) FROM Classroom_score;
```

对 Student(学生表)进行统计以得出学生总人数,对 Classroom(课堂表)进行统计以得出选课总人数。

注意:一名学生可以选修多门课程,故在统计学号时,需使用 DISTINCT 关键字过滤重复记录。

执行结果如表 6-16 所示。

表 6-16　使用统计记录个数的聚合函数

(a) 学生总人数	(b) 参与课堂的学生人数
COUNT(*)	COUNT(DISTINCT Student_id)
5	5

【例 6-14】查询参与"1002"课堂的学生的最高分、最低分和平均分。

SQL 语句如下:

```
SELECT MAX(Score) AS '最高分',MIN(Score) AS '最低分', AVG(Score) AS '平均分'
FROM Classroom_score WHERE Classroom_id ='1002';
```

执行结果如表 6-17 所示。

表 6-17　使用聚合函数

MAX(Score)	MIN(Score)	AVG(Score)
87	80	83.5

5. GROUP BY 子句

对数据进行检索时,常用 SQL 的聚合函数和 GROUP BY 子句进行汇总统计计算。GROUP BY 用于按字段对表或视图中的数据进行分组,结合 HAVING 短语筛选符合条件的分组数据。

GROUP BY 子句的语法格式如下:

```
SELECT 分组表达式
FROM 数据表
WHERE 筛选条件
GROUP BY 分组表达式
HAVING 查询条件;
```

注意：当使用 HAVING 短语指定筛选条件时，它必须与 GROUP BY 一起使用。HAVING 短语与 WHERE 子句并不冲突：WHERE 子句用于表或视图的选择运算，而 HAVING 短语用于设置分组的筛选条件，从分组中选择满足条件的组。

【例 6-15】求每名学生参与课堂的数量。

SQL 语句如下：

```
SELECT Student_id,COUNT(*) AS Classroom _number
FROM Classroom_score
GROUP BY Student_id;
```

执行结果如表 6-18 所示。

表 6-18　分组查询

Student_id	Classroom _number
1	2
2	3
3	2
4	1
5	2

【例 6-16】查询 Classroom_score(课堂分数表)中参与了两个以上课堂，并且分数均超过 90 的学生的 ID。

分析：首先将 Classroom_score(课堂分数表)中分数超过 90 的学生按照学生 ID 进行分组，再对各个分组进行筛选，找出记录数大于等于 2 的学生 ID，输出结果。

SQL 语句如下：

```
SELECT Student_id
FROM Classroom_score
WHERE Score > 90
GROUP BY Student_id
HAVING COUNT(*) >= 2;
```

执行结果如表 6-19 所示。

表 6-19　带有 HAVING 短语的分组查询

Student_id
3

6.2.2 连接查询

单表查询是针对一个表进行的。若一个查询同时涉及两个以上的表，则称为连接查询。连接查询可以看作单表查询的扩展，连接查询可以从一个表中获取数据，然后与其他表进行关联，从而实现更复杂的数据查询和分析。

连接查询是关系数据库中主要的查询，包括等值连接查询与非等值连接查询、自身连接查询和外连接查询等。

1. 等值连接查询与非等值连接查询

等值连接查询的连接条件在 WHERE 子句中给出，只有满足连接条件的行才会出现在查询结果中。这种形式又称连接谓词表示形式，是 SQL 早期的连接形式。

等值连接的格式如下：

[<表 1 或视图 1>].<列 1> = [<表 2 或视图 2>].<列 2>

等值连接的过程类似于交叉连接，连接时要有一定的条件限制，只有符合条件的记录才被输出到结果集中，其语法格式如下：

```
SELECT 列表列名
FROM 表名 1, 表名 2
WHERE 表名 1.列名=表名 2.列名;
```

当连接条件中的关系运算符使用除"="以外的其他关系运算符时，这样的内连接称为非等值连接。非等值连接中设置连接条件的一般语法格式如下：

[<表 1 或视图 1>].<列 1> 关系运算符 [<表 2 或视图 2>].<列 2>

在实际的应用开发中，很少用到非等值连接，尤其是单独使用非等值连接的连接查询。它一般和自身连接查询同时使用。非等值连接查询的例子请读者自行练习。

2. 自身连接查询

连接操作不仅可以在两个表之间进行，也可以是一个表与自身连接，称为表的自身连接，自身连接有助于数据整合和分析。

【例 6-17】使用 Student(学生表)查询与"李秋"在同一个专业的学生的学号、姓名和手机号，要求不包括"李秋"本人。

SQL 代码如下：

```
SELECT Y.Code,Y.Name,Y.Mobile
FROM Student X, Student Y
WHERE X.Major_id=Y.Major_id AND X.Name='李秋' AND Y.Name!='李秋'。
```

执行结果如表 6-20 所示。

表 6-20 表的自身连接查询

Code	Name	Mobile
2014056101	汪远东	13245635578

本例中，要对"学生"表进行两次查询，故需要对其自身连接。为了加以区分，需要为"学生"表起一个别名。因为是同一个专业，所以连接条件为"专业 ID"，并且选择 X 表作为参照表，那么输出的信息就来源于 Y 表。结果要求不包括"李秋"本人，则在条件中加上 Y 表的姓名不等于"李秋"即可。当然，这类题的求解方法不止这一种，具体的方法后面还会介绍。

3. 外连接查询

外连接是一种数据库连接方式。外连接查询主要用于查询两个表或多个表之间的关联关系。外连接分为左外连接、右外连接和全外连接。

(1) 左外连接：包含左边表的全部行(不管右边的表中是否存在与它们匹配的行)，以及右边表中满足连接条件的行。

(2) 右外连接：包含右边表的全部行(不管左边的表中是否存在与它们匹配的行)，以及左边表中满足连接条件的行。

(3) 全外连接：包含两个表的全部行，以及它们之间的匹配行。如果不存在匹配行，则返回空值。

总之，外连接查询主要用于在查询结果中展示多个表之间的关联关系，包括匹配的行和未匹配的行。不同类型的外连接侧重于展示哪一方的所有行，以及是否包含匹配行。

6.2.3 嵌套查询

在 SQL 中，一个包含 SELECT，FROM 和 WHERE 子句的语句被称为一个查询块。当一个查询块被嵌套在另一个查询块的 WHERE 子句或 HAVING 短语的条件中时，这种查询被称为嵌套查询。例如：

```
SELECT Name                    /*外层查询或父查询*/
FROM Student
WHERE Student_id IN
        ( SELECT Student_id    /*内层查询或子查询*/
        FROM Classroom_score
        WHERE Classroom_id ='1002');
```

本例中，下层查询块 SELECT Student_id FROM Classroom_score WHERE Classroom_id = '1002'是嵌套在上层查询块 SELECT Name FROM Student WHERE Student_id IN 的 WHERE 条件中的。上层查询块称为外层查询或父查询，下层查询块称为内层查询或子查询。

SQL 支持多层嵌套查询，即一个子查询可以包含其他子查询。

注意：子查询的 SELECT 语句不能使用 ORDER BY 子句，ORDER BY 子句仅适用于最终查询结果的排序。

1. 带有 IN 谓词的子查询

带有 IN 谓词的子查询是一种在主查询中使用子查询，并通过 IN 关键字将主查询的某个属性与子查询的结果进行比较的方法。子查询通常用于过滤或筛选数据，以便在主查询中仅返回符合条件的记录。简单来说，带有 IN 谓词的子查询可以在主查询中找到满足特定条件的数据。

对于使用 IN 谓词的子查询的连接条件，其语法格式如下：

WHERE 表达式 [NOT] IN (子查询)

如果使用了 NOT IN 关键字，则子查询的意义与使用 IN 关键字的子查询的意义相反。

【例 6-18】查询至少有一个课的课堂中分数大于 90 分的学生信息。

SQL 代码如下：

```
SELECT Student_id, Code, Name, Major_name
FROM Student
WHERE Student_id IN (
    SELECT Student_id
    FROM Classroom_score
    WHERE Score > 90);
```

执行结果如表 6-21 所示。

表 6-21　带有 IN 谓词的子查询

Student_id	Code	Name	Major_name
2	2014056102	李春霞	市场营销
3	2014056103	邓立新	工业工程
4	2014056104	汪小燕	工业工程

2. 带有比较运算符的子查询

带有比较运算符的子查询是指在主查询中使用子查询并将子查询的结果与主查询的某个字段进行比较。子查询通常放在括号内，并返回一个值，该值用于与主查询中的字段进行比较。比较运算符可以是等于(=)、不等于(<>)、大于(>)、小于(<)或大于等于(>=)、小于等于(<=)等。

【例 6-19】从 Classroom_score(课堂分数表)中查询汪远东同学的课堂成绩信息，显示"课堂分数"表的所有字段。

SQL 代码如下：

```
SELECT *
FROM Classroom_score
WHERE Student_id = (SELECT Student_id
             FROM Student
             WHERE Name ='汪远东');
```

执行结果如表 6-22 所示。

表 6-22　使用比较运算符的子查询

Student_id	Classroom_id	Score
1	1001	90
1	1002	87

3. 带有 SOME，ANY 或 ALL 谓词的子查询

带有 SOME，ANY 或 ALL 谓词的子查询通常用于比较两个表或多个表之间的数据。这些

谓词用于表示匹配条件，以便在主查询中筛选出符合条件的记录。以下是这些谓词的简要解释。

(1) SOME：子查询中存在至少一条记录满足条件时，返回主查询的结果。

(2) ANY：与 SOME 含义相同，不同系统使用有区别。

(3) ALL：子查询中的所有记录都满足条件时，返回主查询的结果。

【例 6-20】查询课堂分数比汪远东同学的分数高的学生信息。

在例 6-19 的基础上，进一步进行嵌套查询：如果使用 ANY 谓词，则查询结果是只要比汪远东同学任一门分数高的学生信息；如果使用 ALL 谓词，则查询结果是比汪远东同学所有的课堂成绩都高的学生信息。

SQL 代码如下：

```
SELECT *
FROM Classroom_score
WHERE Score>ANY(SELECT Score
        FROM Classroom_score
        WHERE Student_id =(SELECT Student_id
                FROM Student_id
                WHERE Name='汪远东');
```

执行结果如表 6-23 所示。

表 6-23　使用 ANY 和 ALL 谓词的查询

(a) 使用 ANY 谓词的查询

Student_id	Classroom_id	Score
1	1001	90
2	1001	100
3	1003	95
3	1004	95
4	1005	100
5	1003	90

(b) 使用 ALL 的谓词查询

Student_id	Classroom_id	Score
2	1001	100
3	1003	95
3	1004	95
4	1005	100

4. 带有 EXISTS 谓词的子查询

带有 EXISTS 谓词的子查询用于检查一个子查询的结果是否至少有一个满足条件的记录。EXISTS 谓词用于判断子查询中是否存在满足条件的记录。如果存在，则结果为真(通常为 1 或 TRUE)，否则结果为假(通常为 0 或 FALSE)。利用 EXISTS 可以判断 $x \in S$，$S \subseteq R$，$S=R$，$S \cap R$ 非空等是否成立。

【例 6-21】查询没有加入"1001"号课堂的学生信息。

SQL 代码如下：

```
SELECT *
FROM Student
WHERE NOT EXISTS (SELECT *
        FROM Classroom_score
        WHERE Student_id = Student.Student_id AND Classroom_id='1001');
```

执行结果如表 6-24 所示。

表 6-24　使用 EXISTS 谓词的子查询

Student_id	Code	Name	Sex	Mobile	Major_id	Major_name
3	2014056103	邓立新	男	17345621312	02	工业工程
4	2014056104	汪小燕	女	16398342379	02	工业工程
5	2014056105	李秋	女	18993452275	01	计算机

注意：本节所述的带有 EXISTS 谓词的子查询与带有 IN 谓词、带有比较运算符的子查询不同。后者不依赖于父查询，称为不相关子查询；带有 EXISTS 谓词的子查询，其查询条件依赖于父查询，称为相关子查询。

6.2.4　集合查询

集合查询是一种在数据库中检索和操作集合数据的方法。它允许用户查询数据库中的多个记录，并执行一系列集合操作，如添加、删除或修改记录。

具体来说，集合查询通常使用一种称为集合操作符的语言，如 SQL 中的 UNION，INTERSECT 和 EXCEPT。这些操作可以合并、比较或过滤集合中的记录。此外，集合查询还可以使用聚合函数(如求和、计数或平均值)和排序规则来分析集合数据。

【例 6-22】查询工业工程专业的男生和市场营销专业的女生信息。

SQL 代码如下：

```
SELECT *
FROM Student
WHERE Sex ='男' AND Major_name ='工业工程' ;
UNION
SELECT *
FROM Student
WHERE Sex ='女' AND Major_name ='市场营销' ;
```

执行结果如表 6-25 所示。

表 6-25　使用 UNION 的集合查询

Student_id	Code	Name	Sex	Mobile	Major_id	Major_name
2	2014056102	李春霞	女	15943623146	03	市场营销
3	2014056103	邓立新	男	17345621312	02	工业工程

【例 6-23】查询参与了课堂名称中含有"操作"两个字的课堂并且参与了课程名称中含有"结构"两个字的课堂的学生姓名。

SQL 代码如下：

```
SELECT Student.Name
FROM Student, Classroom_score, Classroom
WHERE Student.Student_id = Classroom_score.Student_id AND Classroom_score.Classroom_id=
Classroom.Classroom_id AND Classroom.Name LIKE '%操作%';
```

```
INTERSECT
SELECT Student.Name
FROM Student, Classroom_score, Classroom
WHERE Student.Student_id = Classroom_score.Student_id AND Classroom_score.Classroom_id =
Classroom.Classroom_id AND Classroom.Name LIKE '%结构%';
```

执行结果如表 6-26 所示。

表 6-26　使用 NTERSECT 的集合查询

Name
邓立新

【例 6-24】查询参与了"C 语言"课堂，却没有参与"数据结构"课堂的学生姓名。

```
SELECT Student.Name
FROM Student, Classroom_score, Classroom
WHERE Student.Student_id = Classroom_score.Student_id AND Classroom_score.Classroom_id=
Classroom.Classroom_id AND Classroom.Name = 'C 语言';
EXCEPT
SELECT Student.Name
FROM Student, Classroom_score, Classroom
WHERE Student.Student_id = Classroom_score.Student_id AND Classroom_score.Classroom_id=
Classroom.Classroom_id AND Classroom.Name = '数据结构';
```

执行结果如表 6-27 所示。

表 6-27　使用 EXCEPT 的集合查询

Name
汪远东
李春霞

6.3　数据更新

数据更新是指在原有数据基础上，将数据进行替换或补充，以达到更新或优化的目的。更新后的数据通常会覆盖原始数据。

数据更新主要包括以下三个方面。

(1) 插入数据：将新的数据添加到数据库或数据存储系统中。

(2) 修改数据：对已有的数据进行更新，以满足新的需求或纠正错误。

(3) 删除数据：从数据库或数据存储系统中移除不需要的数据。

在实际应用中，数据更新操作通常伴随着严格的约束和控制，以确保数据的一致性、完整性和安全性。插入数据、修改数据和删除数据的方法因数据存储技术和系统的不同而异，但总体原则是确保数据管理的顺利进行。

6.3.1 插入数据

插入数据语句 INSERT 通常有两种形式：一种是插入单行数据，另一种是插入多行数据。后者可通过插入子查询结果实现。

1. 插入单行数据

在数据库中指定的表内插入数据最直接的方法是利用 INSERT INTO...VALUES 语句，其基本语法结构如下：

```
INSERT INTO <table_name > (column_name 1, column_name 2…, column_name n)
VALUES(values 1, values 2,…, values n);
```

其中，table_name 为表的名称；column_name 1, column_name 2…, column_name n 为表中定义的列名称，这些列必须在表中已定义；VALUES 子句中的值 values 1, values 2,…, values n 为要插入的记录在各列中的取值。INSERT 语句中的列名必须与 VALUES 子句中的值一一对应，且数据类型要一致。

(1) 插入简单的记录行。利用 INSERT INTO...VALUES 语句插入记录时包含插入表的全部列名称以及列值。

【例 6-25】向 Classroom(课堂表)中添加一个新课堂，课堂名称为"计算机组成"，其教师和助教数量为 2，学生数量为 80，课程 ID 为"C5"，课程名称为"计算机组成原理"。

SQL 代码如下：

```
INSERT INTO Classroom (Classroom_id, Name, Teacher_number, Student_number, Course_id,
Course_name)
VALUES ('1006', '计算机组成', 2, 80, 'C5', '计算机组成原理');
```

执行结果如表 6-28 所示。

表 6-28 插入单行数据

Classroom_id	Name	Teacher_number	Student_number	Course_id	Course_name
1001	C 语言	1	NULL	C1	C 语言程序设计
1002	DB 概论	3	86	C3	数据库系统
1003	操作系统	2	82	C4	操作系统
1004	数据结构	1	78	C2	数据结构
1005	DB_ity	4	90	C3	数据库系统
1006	计算机组成	2	80	C5	计算机组成原理

利用 INSERT INTO...VALUES 语句插入记录时也可以省略插入表的列名称。

【例 6-26】向 Classroom(课堂表)中添加一个新课堂，课堂 ID 为"1007"，课堂名称为"算法设计与分析"，其教师和助教数量为 1，学生数量为 76，课程 ID 为"C2"，课程名称为"数据结构"。

SQL 代码如下：

```
INSERT INTO Classroom VALUES ('1007', '算法设计与分析', 1, 76, 'C2', '数据结构');
```

执行结果如表 6-29 所示。

表 6-29　省略列名插入单行数据

Classroom_id	Name	Teacher_number	Student_number	Course_id	Course_name
1001	C 语言	1	NULL	C1	C 语言程序设计
1002	DB 概论	3	86	C3	数据库系统
1003	操作系统	2	82	C4	操作系统
1004	数据结构	1	78	C2	数据结构
1005	DB_ity	4	90	C3	数据库系统
1006	计算机组成	2	80	C5	计算机组成原理
1007	算法设计与分析	1	76	C2	数据结构

(2) 插入含有空值的记录。SQL 中，NULL 向允许为空的列提供空值；如果该列中的值暂时未定义或"不知道""不存在""无意义"，此时可用 NULL 进行赋值。

【例 6-27】向 Classroom(课堂表)中插入新课堂信息时，如果表中课程 ID 与课程名称这两列允许插入空值，则插入记录的代码也可以写成如下形式：

```
INSERT INTO 课程 VALUES ('1007', '算法设计与分析', 1, 76, NULL, NULL);
```

执行结果如表 6-30 所示。

表 6-30　利用 NULL 赋值

Classroom_id	Name	Teacher_number	Student_number	Course_id	Course_name
1001	C 语言	1	NULL	C1	C 语言程序设计
1002	DB 概论	3	86	C3	数据库系统
1003	操作系统	2	82	C4	操作系统
1004	数据结构	1	78	C2	数据结构
1005	DB_ity	4	90	C3	数据库系统
1006	计算机组成	2	80	C5	计算机组成原理
1007	算法设计与分析	1	76	NULL	NULL

2. 插入多行数据

利用 INSERT INTO…VALUES 语句也可以向数据库的表中插入多行记录，其语法结构如下：

```
INSERT INTO <table_name > (column_name 1, column_name 2…, column_name n)
VALUES(val 11, val 12,…, val 1n), (val 21, val 22,…, val 2n),…, (val n1, val n2,…, val nn)
```

其中，需要在 VALUES 后面输入各条记录的值。这种方法虽然能够达到插入多行数据的目的，但效率较低，因为需要录入大量的数据值。下面介绍利用 SELECT 插入查询结果集高效进行多行数据插入。

在 SQL 中，常用且简单地插入多行数据的方法是利用 INSERT INTO…SELECT 语句。它使用 SELECT 语句查询出的结果代替 VALUES 子句，将结果集作为多行记录插入表中。

INSERT…SELECT 语句借助 SELECT 语句的灵活性，可以从任何地方抽取任意多行数据，并对数据进行复制转载，从而作为返回结果集插入数据库表中。其语法结构如下：

```
INSERT INTO table_name [(column_list)]
SELECT column_list
FROM table_name
WHERE search_conditions
```

其中，search_conditions 表示查询条件，INSERT 表和 SELECT 表的结果集的列数、列序和数据类型必须一致。

【例 6-28】创建一个总分表，然后把每名学生参与课堂所获得的总分数输入该表。

SQL 代码如下：

```
--创建总分表
CREATE TABLE 总分表
(学号 char(10) not null,
 姓名 char(10) not null,
 参与课堂数量 smallint,
 总分 smallint);
--插入数据
INSERT IVTO 总分表
SELECT Student.Code, Student.Name, COUNT(Classroom_score.Classroom_id), SUM(Score)
FROM Student, Classroom_score, Classroom
WHERE Student.Student_id = Classroom_score.Student_id AND Classroom_score.Classroom_id=
Classroom.Classroom_id
GROUP BY Student.Student_id;
```

执行结果如表 6-31 所示。

表 6-31 插入多行数据

学号	姓名	参与课堂数量	总分
2014056101	汪远东	2	177
2014056102	李春霞	3	259
2014056103	邓立新	2	190
2014056104	汪小燕	1	100
2014056105	李秋	2	169

代码执行后，在学分表中增添了多条数据。插入多行数据的前提是，插入数据的表一定要事先存在，已经被创建好。在 INSERT 语句中使用 SELECT 时，引用的表既可以是相同的，也可以是不同的。要插入数据的表必须和 SELECT 语句的结果集兼容。

有时，利用 SELECT…INTO 语句可以创建一个新的表，此表中的记录即 SELECT 子句查询得到的结果。SELECT…INTO 语句的基本语法如下：

```
SELECT column_list
INTO new_table
FROM other_table
[WHERE search_conditions];
```

其中，new_table 表示由 SELECT 语句的查询结果构成的新表。

6.3.2　修改数据

修改操作(更新操作)的语句格式如下：

```
UPDATE 表名
SET 列名 1 = 表达式 1, 列名 2 = 表达式 2,…
WHERE 条件;
```

该操作的功能是修改满足条件的表中的元组。SET 子句中的表达式用于替换相应的属性列值。如果省略 WHERE 子句，则表示修改表中的所有元组。

1. 修改单行数据

通过 WHERE 子句筛选出表中满足条件的一个元组，然后将 SET 子句中对应属性的值进行修改。

【例 6-29】将"数据结构"课堂的教师和助教数量改为 2。

SQL 代码如下：

```
UPDATE Classroom
SET Teacher_number =2
WHERE Name='数据结构';
```

执行结果如表 6-32 所示。

表 6-32　修改单行数据

Classroom_id	Name	Teacher_number	Student_number	Course_id	Course_name
1001	C 语言	1	NULL	C1	C 语言程序设计
1002	DB 概论	3	86	C3	数据库系统
1003	操作系统	2	82	C4	操作系统
1004	数据结构	2	78	C2	数据结构
1005	DB_ity	4	90	C3	数据库系统
1006	计算机组成	2	80	C5	计算机组成原理
1007	算法设计与分析	1	76	C2	数据结构

如果上例中没有 WHERE 子句，则表示把所有课堂的教师和助教数量都更新为 2。UPDATE 语句还可以同时修改一个表中的多个值。

SQL 代码如下：

```
UPDATE Classroom
SET Name ='数据库系统概论', 教师和助教数量=4
WHERE Name ='DB 概论'
```

执行结果如表 6-33 所示。

表 6-33　同时修改一条记录的多个值

Classroom_id	Name	Teacher_number	Student_number	Course_id	Course_name
1001	C 语言	1	NULL	C1	C 语言程序设计
1002	数据库系统概论	4	86	C3	数据库系统
1003	操作系统	2	82	C4	操作系统
1004	数据结构	2	78	C2	数据结构
1005	DB_ity	4	90	C3	数据库系统
1006	计算机组成	2	80	C5	计算机组成原理
1007	算法设计与分析	1	76	C2	数据结构

2. 修改多行数据

通过 WHERE 子句筛选出表中满足条件的多个元组，然后将 SET 子句中对应属性的值进行修改。此时，满足条件的多个元组的属性列同时被修改为相同数据。

【例 6-30】将 Classroom_score(课堂分数表)中所有参与"操作系统"课堂的学生的分数减 3 分。
SQL 代码如下：

```
UPDATE Classroom_score
SET Score=Score-3
WHERE Classroom_id IN (SELECT Classroom_id
            FROM Classroom
            WHERE Name='操作系统');
```

执行结果如表 6-34 所示。

表 6-34　修改多行数据

Student_id	Classroom_id	Score
1	1001	90
1	1002	87
2	1001	100
2	1002	80
2	1003	**76**
3	1003	**92**
3	1004	95
4	1005	100
5	1003	**87**
5	1005	79

6.3.3　删除数据

随着系统运行，表中可能产生无用数据，影响空间利用和查询速度。为解决这个问题，可以使用 DELETE 语句和 TRUNCATE TABLE 语句及时删除无用数据。

1. 使用 DELETE 语句删除数据

从表中删除数据，常用的是 DELETE 语句。DELETE 语句的语法格式如下：

```
DELETE FROM table_name [WHERE search_conditions];
```

如果省略 WHERE search_conditions 子句，就表示删除数据表中的全部数据；如果加上 WHERE search_conditions 子句，就可以根据筛选条件删除表中的指定数据。

【例 6-31】删除 Student(学生表)中的所有记录。

SQL 代码如下：

```
DELETE FROM Student;
```

本例中没有使用 WHERE 语句，将删除选课表中的所有记录，只剩下表的定义。

【例 6-32】删除 Classroom(课堂表)中没有课程信息的记录。

SQL 代码如下：

```
DELETE From Classroom
WHERE Course_id IS NULL;
```

【例 6-33】删除 Classroom_score(课堂分数表)中姓名为"李春霞"，选修课堂号为"1003"的选课信息。

SQL 代码如下：

```
DELETE From Classroom_score
WHERE Classroom_score.Classroom_id ='1003' AND Student_id =(SELECT Student_id
                        FROM Student
                        WHERE Name='李春霞');
```

注意：用户在操作数据库时，要谨慎使用 DELETE 语句，因为执行该语句后，数据会被从数据库中永久删除。

2. 使用 TRUNCATE TABLE 语句清空表

使用 TRUNCATE TABLE 语句删除所有记录的语法格式如下：

```
TRUNCATE TABLE table_name;
```

其中，TRUNCATE TABLE 为关键字，table_name 为要删除记录的表的名称。

【例 6-34】使用 TRUNCATE TABLE 语句清空 Classroom(课堂表)。

SQL 代码如下：

```
TRUNCATE TABLE Classroom;
```

TRUNCATE TABLE 比 DELETE 快，因为它是逐页删除，而 DELETE 是逐行删除。TRUNCATE TABLE 不记录日志，删除数据不可恢复；DELETE 记录每个操作，可通过事务回滚恢复。两者都能删除所有记录，但 TRUNCATE TABLE 保留表结构，而 DELETE 不保留表结构。另外，需要补充说明的是，在 TRUNCATE 语句中还可以使用 reuse storage 关键字或 drop storage 关键字，前者表示删除记录后仍然保存记录所占用的空间；后者表示删除记录后立即回收记录所占用的空间。默认情况下，TRUNCATE 语句使用 drop storage 关键字。TRUNCATE 语句不产生回滚记录，便不能使用 ROLLBACK 语句撤销操作，所以在使用时务必注意：使用 TRUNCATE 时要小心，必要时做好数据备份，以防错删。

6.4　视图

视图与基本表不同，它是一个虚表，从一个或多个基本表或视图中导出。数据库中只存放视图的定义，而不存放视图对应的数据，这些数据仍存放在基本表中。视图就像窗口，展现的是数用户感兴趣的数据。视图定义后，除了可被查询、删除之外，还能在视图上定义新视图，但对更新(增、删、改)操作有局限。本节主要讨论视图的创建、更新和删除。

6.4.1　视图概述

视图是一种筛选和展示数据的工具，如同望远镜，帮助用户聚焦关注的数据，方便分析和决策。视图可以简化数据查询过程，提高工作效率。在数据库系统中，视图分为标准视图、索引视图和分区视图三种。

(1) 标准视图。标准视图是 SQL 查询的一种方式，它允许用户从多个数据库、表和视图中选取数据。通常情况下的视图都是标准视图。用户通过使用 SELECT 语句，用户可以轻松地获取所需的数据，并在结果集中合并它们。这种方式在需要处理大量数据时特别有用，因为它可以减少重复数据传输和处理的时间。总之，标准视图是一个高效、简洁的查询工具，可以帮助用户快速地获取所需的数据。

(2) 索引视图。索引视图是一种物理化视图，可以预先计算和整理数据。在数据库中，索引视图不仅保存其定义，还保存生成的记录，可创建唯一聚集索引。创建索引视图可以提高多行数据的查询性能。使用索引视图可以加快查询速度，提高查询性能，以满足用户对海量数据的高效操作需求。

(3) 分区视图。分区视图是指将一个或多个数据库中的一组表中的记录抽取并合并。使用分区视图可以连接一台或多台服务器成员表中的分区数据，使得这些数据看起来就像来自同一个表。分区视图的作用是将大量记录按地域分开存储，使数据更安全，并使处理性能得到提高。

6.4.2　创建视图

在数据库管理系统中，创建视图时，首先要验证视图定义所引用的对象是否存在。视图的名称必须符合命名规则，因为视图的外形和表的外形是一样的，所以在给视图命名时，建议使用一种能与表区分开的命名机制，使用户容易分辨。本节统一在视图名称之前使用 "V_" 作为前缀进行区分。

创建视图时应该注意以下情况：①创建者必须是系统管理员、数据库的拥有者或拥有创建视图权限的用户；②只能在当前数据库中创建视图，如果视图引用的基本表或者视图被删除，则该视图将不能再被使用；③如果视图中的某一列是函数、数学表达式、常量或者来自多个表的列名相同，则必须为列定义名称；④不能在规则、默认、触发器的定义中引用视图；⑤当通过视图查询数据时，数据库管理系统要检查以确保语句中涉及的所有数据库对象都存在；⑥视图的名称必须遵循标识符的命名规则，是唯一的。

SQL 用 CREATE VIEW 命令创建视图，其一般语法格式如下：

```
CREATE VIEW view_name [ (column [,…n] ) ]
AS subquery
[ WITH CHECK OPTION ];
```

其中，各参数的含义如下：

view_name：指定视图名。

subquery：指定一个子查询，它对基本表进行检索。如果已经提供了别名，则可以在 SELECT 子句之后的列表中使用别名。

WITH CHECK OPTION：说明只有子查询检索的行才能被插入、修改或删除。默认情况下，在插入行、更新行或删除行之前并不会检查这些行是否能被子查询检索。

在视图定义中，组成视图的属性列名或者全部省略，或者全部指定。如果省略了视图的各个属性列名，则隐含该视图由子查询中 SELECT 子句目标列中的诸字段组成。

1. 创建简单视图

创建简单视图，即创建基于一个表的视图。

【例 6-35】创建一个包含学生简明信息的视图。

SQL 代码如下：

```
CREATE VIEW V_学生简明信息
AS
SELECT Student_id, Code, Name, Sex, Major_id, Major_name
FROM Student;
```

视图创建成功后，可以使用 SELECT_FROM 子句查询该视图的内容，请读者自行练习。

2. 创建带有检查约束的视图

通过 WITH CHECK OPTION 创建带有检查约束的视图，当对视图进行 UPDATE、INSERT、DELETE 操作时，要保证更新、插入或删除的行满足视图定义中的谓词条件(子查询中的条件表达式)。

【例 6-36】创建一个包含所有女生的视图，要求通过该视图进行的更新操作只涉及女生。

SQL 代码如下：

```
CREATE VIEW V_学生_女
AS
SELECT *
FROM Student
WHERE Sex='女'
WITH CHECK OPTION;
```

由于在创建"V_学生_女"视图时加上了 WITH CHECK OPTION 子句，以后对该视图进行更新、插入或删除时，关系数据库管理系统会自动检查 Sex='女'的条件。

3. 创建基于多表的视图

一般基于多表创建的视图应用更广泛，这样的视图能充分体现它的优点。下面介绍如何创建基于多表的视图。

【例6-37】创建一个"计算机"专业参与"1002"号课堂的学生的视图(包括学生ID、学号、姓名、成绩)。

SQL 代码如下：

```
CREATE VIEW  V_计算机_1002(学生ID, 学号, 姓名,成绩)
AS
SELECT Student.Student_id, Student.Code, Student.Name,Score
FROM Student, Classroom_score
WHERE Student.Student_id = Classroom_score.Student_id AND Major_name = '计算机' AND
Classroom_id = '1002';
```

6.4.3　更新视图

更新视图是指通过视图进行插入数据、删除数据和修改数据操作。视图是虚表，不实际存储数据，因此对视图的更新需要转换为基本表的更新。与查询视图类似，更新操作也通过视图消解转换为基本表的更新操作。

为了防止用户在视图上操作不属于视图范围的基本表数据，可以在定义视图时添加 WITH CHECK OPTION 子句。这样，在视图上进行增删数据操作时，关系数据库管理系统会检查视图条件，若不满足条件，则拒绝执行该操作。

1. 通过视图向基本表中插入数据

向视图中插入数据时，指明视图中属性列所对应的属性值；但视图中未包含基本表中的全部属性列，因此视图消解之后，基本表中数据显示未在视图中包含的属性列值为 NULL。

【例6-38】通过视图"V_学生简明信息"添加一条新的数据行，各列的值分别为"6""2024056101""测试1""男""01"和"计算机"。

SQL 代码如下：

```
INSERT  INTO  V_学生简明信息
VALUES('6', '2024056106', '测试1', '男', '01', '计算机';)
--插入完查询学生表，观察该条数据是否插入成功
SELECT * FROM Student;
```

执行结果如表6-35所示。

表6-35　通过视图插入数据

Student_id	Code	Name	Sex	Mobile	Major_id	Major_name
1	2014056101	汪远东	男	13245635578	01	计算机
2	2014056102	李春霞	女	15943623146	03	市场营销
3	2014056103	邓立新	男	17345621312	02	工业工程
4	2014056104	汪小燕	女	16398342379	02	工业工程
5	2014056105	李秋	女	18993452275	01	计算机
6	2024056106	测试1	男	NULL	01	计算机

由表 6-35 可以看出，通过视图插入数据其实是对基本表的插入，测试插入的数据在基本表中可以找到。

2. 通过视图修改基本表中的数据

在关系数据库中，并不是所有的视图都是可修改的。当创建视图时带有 WITH CHECK OPTION 约束，对视图进行修改操作时，要保证修改的行满足视图定义中子查询的条件表达式。若满足条件，则修改成功；否则拒绝修改。

【例 6-39】通过视图"V_学生_女"修改学生表中的记录，将"汪小燕"同学的性别修改为"男"。

SQL 代码如下：

```
--查看视图 V_学生_女
SELECT * FROM V_学生_女 WHERE Name='汪小燕';
--更新视图
UPDATE V_学生_女
SET Sex='男'
WHERE Name='汪小燕';
--更新后查看视图 V_学生_女
SELECT * FROM V_学生_女 WHERE Name='汪小燕';
```

执行结果如表 6-36 所示。

表 6-36　通过视图更新数据

(a)

Student_id	Code	Name	Sex	Major_id	Major_name
4	2014056104	汪小燕	女	02	工业工程

(b)

Student_id	Code	Name	Sex	Major_id	Major_name
4	2014056104	汪小燕	女	02	工业工程

从执行结果可以看到，更新前后汪小燕同学的性别都是"女"，也就是说没有更新成功。试图进行的插入数据或更新数据操作已失败。分析原因，视图"V_学生_女"在创建时指定了 WITH CHECK OPTION 属性，也就是要求通过该视图进行的更新操作只涉及女生。而本例中要求将"汪小燕"同学的性别更新为"男"，这违背了条件，所以更新没有成功。请读者自行练习更新数据成功的例子。

3. 通过视图删除基本表中的数据

通过视图进行删除数据操作时，基本表中的相应数据也会被删除。

【例 6-40】利用视图"V_学生简明信息"删除学生表中姓名为"测试 1"的记录。

SQL 代码如下：

```
DELETE FROM V_学生简明信息 WHERE Name='测试1';
--插入完查询学生表，观察该条数据是否删除成功
SELECT * FROM Student;
```

执行结果如表 6-37 所示。

表 6-37 通过视图删除数据

Student_id	Code	Name	Sex	Mobile	Major_id	Major_name
1	2014056101	汪远东	男	13245635578	01	计算机
2	2014056102	李春霞	女	15943623146	03	市场营销
3	2014056103	邓立新	男	17345621312	02	工业工程
4	2014056104	汪小燕	女	16398342379	02	工业工程
5	2014056105	李秋	女	18993452275	01	计算机

6.4.4 删除视图

删除视图的主要原因是清理不必要的数据和优化数据库性能。当视图中的数据不再需要时，删除视图可以减少数据库的存储空间，同时提高查询性能。此外，删除视图还可以避免数据泄露和误操作，提高数据安全性。在某些情况下，删除视图还可以为其他视图或表释放空间，以便进行数据迁移或重构。

对于不再需要的视图，可以通过 DROP VIEW 语句把视图的定义从数据库中删除。删除视图就是删除其定义和赋予它的全部权限。在 DROP VIEW 语句中，可以同时删除多个不再需要的视图。

DROP VIEW 语句的基本语法格式如下：

```
DROP VIEW view_name;
```

【例 6-41】同时删除视图"V_学生简明信息"和"V_学生_女"。

SQL 语句如下：

```
DROP  VIEW V_学生简明信息, V_学生_女;
```

6.5 购物网站数据查询与视图设计

本节主要通过 SQL 来实现对购物网站商品种类的查询及建立商品视图。

6.5.1 查询商品种类

1. 查询所有商品组的信息

查询所有商品组信息的 SQL 代码如下：

```
SELECT * FROM 商品组信息表;
```

数据库执行结果如图 6-1 所示。

商品组编号	商品组名称	管理员编号	描述
001	女装	11001	女性
002	男装	11002	男性
003	童装	11001	儿童
004	零食	11002	美食
005	苹果	11002	水果
006	数码	11003	国产
007	灯品	11003	装饰
008	汉服	11001	古风

图 6-1　查询商品组信息

2. 查询所有商品的信息

查询所有商品信息的 SQL 代码如下：

```
SELECT * FROM 商品信息表;
```

数据库执行结果如图 6-2 所示：

商品编号	商品组编号	名称	价格	简介
01001	004	辣椒酱	10	来自中国
010011	004	麻辣烫	20	来自中国
01002	004	方便面	10	来自中国
010021	004	陕西馍	10	来自中国
02001	006	手机	2999	来自中国
020031	002	橄榄菜	10	来自中国

图 6-2　查询所有商品信息

6.5.2　建立商品视图

建立商品视图的 SQL 代码如下：

```
CREATE VIEW 商品
AS
SELECT 商品编号,a.商品组编号,名称,价格,简介,描述
FROM 商品组信息表 a,商品信息表 b WHERE a.商品组编号=b.商品组编号;
```

数据库执行结果如图 6-3 所示。

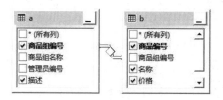

图 6-3　建立商品视图

6.5.3　会员注册

某用户可以在系统中注册为会员。以会员编号"09001"、姓名"李子"、密码"123456"、电话"1352957989"、 地址"广州"为例注册为会员，在后台需要执行的 SQL 代码如下：

```
INSERT INTO 会员注册信息表(会员编号,姓名,密码,电话,地址)
VALUES('09001','李子','123456','135XXXXXXXX','广州'),
```

数据库执行结果如图 6-4 所示。

会员编号	姓名	密码		电话	地址
09001	李子	123456	...	135XXXXXXXX	广州
09002	李刚	223456	...	13029579891	南京
09003	陈明	323456	...	13019579891	上海
09004	陈志	423456	...	13719579891	天津
09005	张力	523456	...	13729579891	深圳
09006	王华	623456	...	13569579891	广州
09007	洪溪	723456	...	13579579891	重庆
09008	邓敏	823456	...	13589579891	成都
NULL	NULL	NULL		NULL	NULL

图 6-4　会员注册

6.5.4　会员修改信息

在本系统中注册的会员可以修改自己的信息,如将会员编号为"09001"的会员的密码、电话、地址分别修改为"123457""13596632356""河南省、新乡市",在后台需要执行的 SQL 代码如下:

```
UPDATE 会员注册信息表
SET 密码='123457',电话='135XXXXXXXX',地址='河南省、新乡市'
WHERE 会员编号='09001';
```

数据库执行结果如图 6-5 所示。

	会员编号	姓名	密码		电话	地址
▶	09001	李子	123457	...	135XXXXXXXX	河南省、新乡市
	09002	李刚	223456	...	13029579891	南京
	09003	陈明	323456	...	13019579891	上海
	09004	陈志	423456	...	13719579891	天津
	09005	张力	523456	...	13729579891	深圳
	09006	王华	623456	...	13569579891	广州
	09007	洪溪	723456	...	13579579891	重庆
	09008	邓敏	823456	...	13589579891	成都
*	NULL	NULL	NULL		NULL	NULL

图 6-5　会员修改信息

6.5.5　会员查看购物车信息

在本系统中注册的会员可以查看自己的购物车信息,如会员编号为"09002"的会员查看自己的购物车信息,在后台需要执行的 SQL 代码如下:

```
SELECT * FROM 购物车信息表 WHERE 会员编号='09002';
```

数据库执行结果如图 6-6 所示。

	购物车编号	会员编号	商品编号	商品数量
1	111002	09002	05001	3

图 6-6　会员查看购物车信息

6.5.6 会员查看订单信息

在本系统中注册的会员可以查看自己的订单信息，如会员编号为"09003"的会员查看自己的订单信息，在后台需要执行的 SQL 代码如下：

```
SELECT * FROM 订单信息表 WHERE 会员编号='09003';
```

数据库执行结果如图 6-7 所示。

	订单编号	会员编号	商品编号	订单日期	最后总价
1	00001	09003	01001	2022-11-11 00:00:00.000	10

图 6-7 会员查看订单信息

6.5.7 添加商品信息

管理员可以根据购物者的需求，添加自己管理的商品信息，以便购物者可以买到自己喜欢的商品，如添加商品编号为"06002"，产品组编号为"006"类型为"数码"，名称为"智能灯"，价格为"75"，简介为"产于广州，可以根据实际需要调节灯的亮度，是学生的好助手，它有利于保护学生的眼睛"的商品，在后台需要执行的 SQL 代码如下：

```
INSERT INTO 商品信息表(商品编号,商品组编号,名称,价格,简介)
VALUES('06002','006','数码''智能灯','75','产于广州,可以根据实际需要调节灯的亮度,是学生的好助手,
它有利于保护学生的眼睛');
SELECT * FROM 商品;
```

数据库执行结果如图 6-8 所示。

	商品编号	商品组编号	名称	价格	简介	描述
13	03002	001	cercle	1520	来自中国	女性
14	04001	004	饼干	10	未知	美食
15	040011	004	比利时…	30	比利时	美食
16	05001	005	牛油果	30	来自墨西哥	水果
17	050011	005	青芒	30	来自越南	水果
18	05002	005	车厘子	80	来自美国	水果
19	050021	005	青椰	80	来自中国	水果
20	06001	006	窗帘	998	来自中国	国产
21	060011	006	床帘	998	来自中国	国产
22	06002	006	智能灯	75	产于广州, 大学生智…	进口

图 6-8 添加商品信息

6.5.8 删除商品信息

管理员可以删除自己没有盈利的商品信息，如删除商品编号"04001"的商品，在后台需要执行的 SQL 代码如下：

```
DELETE FROM 商品信息表 WHERE 商品编号='04001';
```

数据库执行结果如图 6-9 所示。

商品编号	商品组编号	名称	价格	简介
01001	004	辣椒酱	10	来自中国
010011	004	麻辣烫	20	来自中国
01002	004	方便面	10	来自中国
010021	004	陕西馍	10	来自中国
02001	006	手机	2999	来自中国
020031	002	橄榄菜	10	来自中国
040011	004	比利时饼干	30	比利时
05001	005	牛油果	30	来自墨西哥
050011	005	青芒	30	来自越南
05002	005	车厘子	80	来自美国
050021	005	青椰	80	来自中国
06001	006	窗帘	998	来自中国
060011	006	床帘	998	来自中国
06002	006	智能灯	75	产于美国，大…
NULL	NULL	NULL	NULL	NULL

图 6-9　删除商品信息

6.5.9　搜索商品信息

会员在本系统中可以根据自己的需求，分类搜索自己所需的商品，如某会员需查看一个服饰类的商品，在后台需要执行的 SQL 代码如下：

```
SELECT * FROM 商品 where 商品组名称 LIKE '女装'or 商品组名称 LIKE '男装';
```

数据库执行结果如图 6-10 所示。

	商品组编号	商品组名称	管理员编号	描述
1	001	女装	11001	女性
2	002	男装	11002	男性

图 6-10　搜索商品信息

6.5.10　生成订单信息

1. 订单信息表

网上购物除了需要收取商品费用，有些时候还需要收取运费。会员在本系统中选购完商品之后生成订单时，订单的最后总价等于商品价格加上运费价格，运费统一为 15 元。以编号为 "00001" 的订单为例，最后的费用应为 25 元，所以在生成订单时，对订单中最后价格这一属性进行更新，在后台需要执行的 SQL 代码如下：

```
UPDATE 订单信息表
SET 最后总价=最后总价+15
WHERE 订单编号 ='00001';
```

图 6-11 和图 6-12 分别是订单生成前和订单生成后数据库定点信息表中的数据。

订单编号	会员编号	商品编号	订单日期	最后总价
00001	09003	01001	2022-11-11 0...	10
NULL	NULL	NULL	NULL	NULL

图 6-11　订单生成前

订单编号	会员编号	商品编号	订单日期	最后总价
00001	09003	01001	2022-11-11 0...	25
NULL	NULL	NULL	NULL	NULL

图 6-12　订单生成后

2. 生成订单视图

在实际使用场景中，管理员需要查看一些数据，而这些数据并非在一个基本表中，设计人员可以创建订单视图，以便使数据库看起来结构简单、清晰，并且简化数据的查询操作。生成订单视图执行的 SQL 代码如下：

```
CREATE VIEW 订单(订单编号,商品编号,价格)
AS SELECT 订单编号 a.商品编号,价格,订单日期
FROM 订单信息表 a,商品信息表 b
WHERE a.商品编号=b.商品编号;
```

数据库结果如图 6-13 所示。

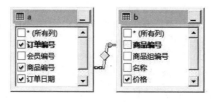

图 6-13　生成订单视图

3. 建立触发器

(1) 创建触发器。前面提到，订单最终价格由商品价格和运费组成，订单的生成、更新都会对订单最终的价格产生影响，每次进行手动更新不现实，可以通过触发器实现订单最后总价的自动更新。创建触发器执行的 SQL 代码如下：

```
CREATE TRIGGER INSERT_TRIGGER
BEFORE INSERT ON 订单信息表
REFERENCING NEW AS newTuple
FOR EACH ROW
BEGIN
UPDATE 订单信息表
SET 最后总价= newTuple.最后总价+15
WHERE 订单编号 IN (SELECT 订单编号 FROM 订单)
END;
```

(2) 生成新订单触发触发器。在有新订单生成时触发触发器生效，订单最后总价为商品价格和运费的总和，在后台需要执行的 SQL 代码如下：

```
INSERT INTO 订单信息表(订单编号,会员编号,商品编号,订单日期,最后总价)
VALUES('101001','09001','07001','2019-06- 26 23:09:00',798);
```

```
INSERT INTO 订单信息表(订单编号,会员编号,商品编号,订单日期,最后总价)
VALUES ('101002','08001','06001','2019-06-26 22:00:01',998);
```

触发器生效结果如图 6-14 所示。

订单编号	会员编号	商品编号	订单日期	最后总价
00001	09003	01001	2022-11-11 00:00:00.000	25
101001	09001	07001	2019-06-26 23:09:00.000	813
101002	08001	06001	2019-06-26 22:00:01.000	1013
NULL	NULL	NULL	NULL	NULL

图 6-14　生成新订单触发触发器

(3) 查看订单。新生成的订单在触发器触发生效后，再次查询订单，订单价格直接由触发器触发生效后生成新的订单价格，在后台需要执行的 SQL 代码如下。

```
SELECT * FROM 订单;
```

查看订单执行语如图 6-15 所示。

	会员编号	商品编号	最后总价	价格	订单日期
1	00001	01001	25	10	2022-11-11 00:00:00.000
2	101001	07001	813	798	2019-06-26 23:09:00.000
3	101002	06001	1013	998	2019-06-26 22:00:01.000

图 6-15　查看订单

本章习题

一、简答题

1. 简述 SQL 的优点。

2. 什么是基本表？什么是视图？两者之间的区别和联系是什么？

3. 试述视图的优点。

4. 哪类视图是可更新的？哪类视图是不可更新的？各举例说明。

二、操作题

假设有一个图书管理系统数据库，包括四个关系：图书类别信息表、图书信息表、读者信息表和借阅信息表。现有若干数据如表 6-38～表 6-41 所示。

表 6-38　图书类别信息表

类别编号	类别名称
1	数学
2	英语
3	计算机
4	文学
5	艺术

(续表)

类别编号	类别名称
6	电子信息
7	建筑
8	化学

表 6-39　图书信息表

图书编号	类别编号	书名	作者	出版社	定价	库存数
10001	3	数据库与数据库管理系统	王珊	电子工业出版社	35.50	10
10002	3	软件测试教程	贺平	电子工业出版社	24.60	5
10003	3	C++程序设计	谭浩强	清华大学出版社	30.00	8
10004	4	红楼梦	曹雪芹、高鹗	人民文学出版社	70.00	5
10005	4	西游记	罗贯中	人民文学出版社	60.00	8
10006	4	红与黑	司汤达	人民文学出版社	50.00	5
10007	1	高等数学	徐华锋	清华大学出版社	45.00	4
10008	8	有机化学	赵温涛	高等教育出版社	67.00	5
10009	5	数据结构	严蔚敏、吴伟民	高等教育出版社	29.00	10

表 6-40　读者信息表

读者编号	姓名	性别	学号	班级	所在系
R10001	张小航	男	0851101	08511	计算机系
R10002	王文广	女	0851102	08511	计算机系
R10003	李理	女	0851103	08511	计算机系
R10004	李彦宏	男	0851201	08512	计算机系
R10005	张丽霞	女	0851202	08512	计算机系
R10006	王强	男	0721104	07211	电子系
R10007	张宝田	男	0721204	07212	电子系
R10008	宋文霞	女	0761104	07611	建工系
R10009	张芳菲	女	0881104	08811	外语系
R10010	常江宁	男	0881204	08812	外语系

表 6-41　借阅信息表

图书编号	读者编号	借阅日期	归还日期
10002	R10003	2023-09-20	2023-10-20
10003	R10003	2023-09-20	2023-10-20
10004	R10003	2023-09-30	2023-10-30
10009	R10003	2023-09-30	2023-10-30
10009	R10007	2023-05-20	2023-06-20

(续表)

图书编号	读者编号	借阅日期	归还日期
10010	R10007	2023-05-20	2023-06-20
10009	R10009	2023-05-30	2023-06-30
10010	R10009	2023-05-22	2023-06-22
10002	R10009	2023-05-22	2023-06-22
10003	R10009	2023-05-30	2023-06-30

针对以上数据表，完成以下操作。

(1) 查询每本图书的所有信息。

(2) 查询每个读者的读者编号、姓名和班级。

(3) 查询图书被借阅过的编号。

(4) 查询图书编号为"10006"的书名和作者。

(5) 查询库存数为 5～10 的图书编号和书名。

(6) 查询读者所在系为计算机系或电子系姓张的读者的信息。

(7) 查询图书的类别名称包括"英语"的图书信息。

(8) 统计男读者、女读者的人数。

(9) 统计各类图书的类别编号、平均定价以及库存总数。

(10) 统计每本图书借阅的人数，要求输出图书编号和所借人数，查询结果按人数降序排列。

(11) 查询有库存的各类别图书的类别编号、类别名称和借阅数量。

(12) 查询借阅了《数据结构》一书的读者，输出读者的姓名、性别、所在系。

(13) 查询每个读者的读者编号、姓名，所借图书的图书编号以及借阅日期。

(14) 查询现有图书中定格最高的图书，输出书名、作者、定价。

(15) 查询借阅了《数据结构》但没有借阅《C++程序设计》的读者，输出读者的姓名、性别、所在系。

(16) 统计借阅了 2 本以上图书的读者的信息。

(17) 查询借阅了《数据结构》一书或者借阅了《C++程序设计》一书的读者信息(用集合查询完成)。

(18) 查询既借阅了《数据结构》一书又借阅了《C++程序设计》一书的读者信息(用集合查询完成)。

(19) 查询计算机系中比其他系所有读者借书数量都多的读者的信息。

(20) 在读者信息表中插入一条新的记录(读者编号: R10011; 姓名: 张三; 所在系: 电子系)。

(21) 定义一个表 tb_booknew，包含图书编号、书名和类别名称字段，要求将类别编号为"3"的图书的图书编号、书名和类别名称插入 tb_booknew 表。

(22) 将类别编号为"3"的所有图书的库存数增加 5。

(23) 在读者信息表中删除姓名为"张三"的读者的信息。

(24) 删除 tb_booknew 表中的所有数据。

(25) 创建一个名为"读者借阅信息_VIEW"的视图，要求显示计算机系所有读者的借阅信息，包括读者编号、姓名、所在系，图书的图书编号、书名和借阅日期等字段，更新该视图时要保证只有计算机系的读者借阅信息。

(26) 创建一个名为"图示借阅信息_VIEW"的视图，要求显示图书的借阅情况，包括图书编号、书名、库存数、借阅次数字段。

(27) 查询借阅次数大于 2 的图书的图书编号、书名、库存数和借阅次数。

(28) 删除"图示借阅信息 VIEW"视图。

第7章
数据库优化性能

数据库技术自产生起一直在数据存储处理方面扮演着重要角色。数据库管理系统是一种位于用户与操作系统之间的数据管理软件，其主要职责包括数据定义、存储组织和数据管理、数据操纵、数据库运行管理以及数据库创建和维护。其中，数据操纵是数据库管理系统中基本的操作之一，包括查询、插入、删除和修改数据等。根据大多数数据库的应用案例分析，查询数据操作在大多数数据操纵行为中占比最大，减少查询数据操作的代价能有效提高数据库的查询效率。当数据库中数据量较小时，查询速度较快，很多程序员在编程阶段往往忽略对数据查询时间的分析；当数据库中的数据积累到一定程度后，查询数据所需时间将成倍增加。

总的来说，数据库的查询效率受语句的执行效率影响较大。采取有效的策略和技术对查询语句优化，对于提高数据库系统性能和查询效率是至关重要的。

本章首先介绍查询优化的基本概念和技术、查询处理的步骤，接着介绍代数优化的规则方法和步骤、物理优化的启发式规则和代价估算等内容，最后应用优化技术对移动教学平台数据库中的部分表进行优化。

【学习目标】

1. 掌握查询优化的概念和技术。

2. 了解关系数据库系统查询处理和查询优化的内部实现技术。

3. 掌握关系代数及常用的代数优化规则，会利用关系代数优化查询。

4. 掌握具体的查询计划表示，分析查询的实际执行方案和查询代价，实现提高系统性能的目标。

【知识图谱】

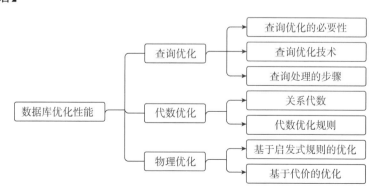

7.1 查询优化

查询语句效率低下会导致数据库系统工作效率低下，资源严重浪费，查询优化可以在一定程度上减少查询时间、提高响应速度、提升查询结果准确度等。为了在数据库应用开发中更好地利用查询优化技术提高查询效率和优化系统性能，本节将介绍查询优化的必要性、查询优化技术和查询处理的步骤等内容。

7.1.1 查询优化的必要性

1. 查询优化要解决什么问题

数据库管理系统处理一个用户的查询请求操作，就像解答一道数学题，有多种方法。有的解答方法简单有效，有的解答方法则低效、代价大。例如，计算 1+2+3+⋯+100，直接简单的方法是依次相加，也可以是(1+100)×50。就效率而言，当然是后一种方法比前一种方法要高很多。查询优化要解决的问题是，对用户的查询请求寻找高效的执行方案，提高查询效率。

2. 查询优化的重要性

查询优化在关系数据库管理系统中占据非常重要的地位，因为查询效率是数据库信息处理效率的关键所在。随着数据库应用的广泛普及和数据量的飞速增长，查询优化技术不断发展，对于提高数据库效率起着至关重要的作用。引入查询优化技术的目的是在关系数据库管理系统中高效地处理用户提交的查询请求。通过优化查询语句的执行计划，关系数据库管理系统可以自动选择最优的执行路径，从而提高查询的效率和质量。这为用户提供了更好的使用体验，并减轻了用户选择存取路径的负担。

优化技术的发展对于关系数据库管理系统的性能提升至关重要。关系数据库管理系统的语义级别较高，使得关系表达式能够解析查询语义并提供执行查询优化的可能性。这种优势使得关系数据库管理系统在性能上能够接近甚至超越非关系数据库系统，为用户提供可接受的性能。

关系数据库管理系统进行查询优化的重要性主要体现管理在两个方面：一方面，查询优化是关系数据库管理系统实现的关键技术之一，也是关系数据库管理系统的优点所在。另一方面，查询优化可以提高查询效率，缩短响应时间，这对于提高用户体验和系统的性能都是至关重要的。

之所以说查询优化减轻了用户选择存取路径的负担，是因为用户只需要关注自己需要完成什么样的操作，即只需要关心"做什么"，而不需要深入考虑"如何做"，也就是不需要掌握高深的数据库技术和程序设计技术。关系数据库管理系统通过查询优化技术能够自动执行优化后的查询计划，包括执行何种记录级的操作以及操作序列。这样一来，用户不需要考虑存取路径，这是与非关系数据库管理系统相比的优势所在。非关系数据库管理系统中一旦用户做出了存取策略的决定，系统是无法进行改进的，用户的存取策略决定了查询效率。

3. 查询优化的优点

查询优化的优点是其不仅能够使用户不必考虑用何种方式查询以获得较高的效率，还在于系统能够比用户程序"优化"做得更好。这是因为：

(1) 数据库管理系统对查询的优化基于数据字典中的统计信息，包括表的元数据、索引信息等，这些信息是用户程序无法直接获取的。通过利用这些统计信息，关系数据库管理系统可以更好地理解查询语义，并选择最优的执行计划。

(2) 如果数据库的物理统计信息发生了改变，关系数据库管理系统可以自动对查询进行重新优化，以选择适应新统计信息的执行计划。这种自适应使得关系数据库管理系统能够动态地应对数据分布和访问模式的变化，从而提高查询的效率和准确性。相比之下，非关系数据库管理系统在物理统计信息改变后，通常需要用户手动重写程序。这种重写程序的过程非常烦琐、耗时，而且很容易出错。非关系数据库管理系统缺乏自动优化和适应性的能力，因此在实际应用中几乎不可能实现自适应的查询优化。这种差异使得关系数据库管理系统在大规模数据和高并发访问的应用场景中更具优势。

(3) 优化器比人工算力更强，可考虑多种不同的执行计划。

(4) 关系数据库管理系统能够根据数据库的统计信息自动对查询进行优化。这种优化过程是自动进行的，用户无须手动干预。用户程序则需要手动进行优化，这不仅需要花费大量的时间和精力，而且可能会因为优化不当导致查询效率低下。

关系数据库管理系统在优化查询时通常会考虑各种可能的执行策略，并根据某种代价估算模型计算它们的执行代价。最小化执行代价通常是优化目标之一，因此系统会选择代价最小的执行方案。在集中式数据库中，查询执行的代价主要包括磁盘存取块数(I/O 代价)、处理机时间(CPU 代价)以及查询的内存开销。在分布式数据库中，数据分布在不同的结点上，除了 I/O 和 CPU 代价外，还需要考虑通信代价，这使得优化过程更加复杂。因此，在分布式数据库中，查询执行的代价由以下四个部分组成。

① I/O 代价：主要来自磁盘存取数据块所需的 I/O 操作。

② CPU 代价：由处理机执行查询所需的时间所产生。

③ 内存代价：与查询相关的内存开销，如数据缓存、查询缓存等。

④ 通信代价：由于数据分布在不同的结点上，通信过程中所产生的开销。

总代价 = I/O 代价 + CPU 代价 + 内存代价 + 通信代价

磁盘 I/O 操作涉及机械臂的移动和数据块的读取，而这些都需要花费额外时间，因此与内存操作相比，磁盘 I/O 操作的耗时通常要高几个数量级。为了更好地衡量查询的代价，在计算查询代价时，通常使用查询处理读写的块数作为衡量单位。

查询优化的总目标是选择有效的策略，以最小的查询代价求得给定关系表达式的值。查询优化的搜索空间可能非常大，因此实际系统所选择的策略不一定是最优的，而是相对较优的。

7.1.2 查询优化技术

通常为了加快数据库应用的运行速度，提高数据库性能，采用数据库调优进行全局优化，实现增加数据库的吞吐量和缩短响应时间。一般包括对数据库应用、查询处理、并发控制、操作系统、硬件等方面的优化。

查询优化技术就是数据库调优的一种，是 SQL 层面的优化，属于局部优化，主要是对查询语句进行优化。查询优化技术的内容主要包括查询重用、查询重写规则、查询算法优化、并行查询优化、分布式查询优化和其他优化技术。

1. 查询重用

查询重用是通过重用先前的查询执行结果，避免重复计算，从而提高查询效率并减少资源消耗的重要手段。它可以帮助数据库系统更高效地处理复杂的查询，减少不必要的计算和磁盘访问，从而加快查询速度并降低查询成本。

目前查询重用主要包括查询结果重用和查询计划重用两个方面。

(1) 查询结果重用。查询结果重用的基本思想是在缓存中分配一块缓冲区，将先前查询的结果存储在缓冲区中，以便在后续执行相同的查询时可以重复使用这些结果，而不需要重新执行查询。这种方法可以显著地减少查询计划生成时间和查询执行过程的时间，提高查询效率并减少资源消耗。

(2) 查询计划重用。查询计划的重用通过重用先前的查询执行计划来提高查询效率，适用于具有相同或相似查询条件的场景，特别是经常执行的复杂查询。具体来说，如果有一个查询已经被执行过，数据库会将其执行计划存储在缓存中。当再次执行相同的查询时，数据库可以直接使用已经缓存过的执行计划，而不需要重新生成执行计划。

虽然查询重用技术可以提高查询效率，但是查询重用技术的弊端也是显而易见的。比如，结果集很大，把先前查询的文本和结果集放入缓存会浪费内存资源，同时要考虑查询计划在缓存中被成功命中的比率，命中率直接影响查询效率。在一个数据库系统中，不同的用户可能具有不同的角色和权限，使用同样的 SQL 也可能需要获得不同的结果。在使用查询重用技术的过程中，应根据情况酌情使用。

2. 查询重写规则

查询重写通过将查询语句重写为更有效的形式来提高查询效率。查询重写规则是由一系列规则组成的，每个规则都定义了查询语句的一种等价变换方式，替换后的语句与原本的查询语句得到的结果是相同的。

查询重写规则的优点是可以将查询语句转换为更高效的形式，从而提高查询效率。但是查询重写规则也有一些缺点，如可能会出现不确定的情况，即对于同一个查询语句，不同的规则可能会生成不同的重写结果，从而影响查询结果的正确性。

在实际使用过程中，用户需要根据实际情况选择合适的查询重写规则，并且需要考虑查询结果的正确性。此外，用户还需要考虑数据库的类型、版本和配置等情况，因为不同的数据库系统可能支持不同的查询重写规则。

由此可见，查询重写规则的核心是规则系统。规则系统是由一系列的规则组成的，每个规则都定义了查询语句的一种等价变换方式。规则系统通过判断查询语句中的目标是否被定义为转换规则，如果存在转换规则，则使用转换规则来重写查询语句。

所以，查询优化非常重要的一个研究内容就是如何改进现有查询重写规则的效率，如何发现更多更有效的重写规则来进行等价变换。

查询重写的依据主要是关系代数，其等价变换规则为查询重写提供了理论支持。通过查询重写，查询优化器可以生成多个连接路径，然后从这些候选路径中选择最优的执行计划。

3. 查询算法优化

查询算法优化是指找出给定查询语句的高效执行计划，是一种用于快速搜索和查询数据的方法，具有高效、快速、灵活等优点，常用于数据库、网络搜索、图像处理等领域。

查询计划可用查询树表示，它将一系列操作符按照一定的运算关系表示为树结构。查询树由多个结点组成，每个结点又由多个子结点组成。结点表示一个数据范围或者一个查询条件，根结点表示整个查询范围，子结点表示更小的查询范围，子结点的排列顺序表示查询条件的优先级。查询算法优化通过数据预处理、条件分解、条件连接等步骤进行查询树构建，提高查询效率，优化查询结果。数据预处理是指对数据的分类、排序等操作，条件分解是指将查询条件分解为多个子条件，条件连接是指将这些子条件按照一定的顺序连接起来。

为了生成最优的查询计划来达到查询优化的目的，通常有以下两个策略。

(1) 基于规则的查询优化(rule-based optimization，RBO)。RBO 依赖于预定义的规则或启发式方法来选择最优的查询执行计划。规则通常基于过去的经验、已知的最佳实践或已经被证明有效的方法。查询优化器使用这些预定义的规则来评估不同的执行计划，用这些启发式规则排除一些明显不好的存取路径，并选择一个总开销最小的计划来执行查询。

这些规则可以涵盖各种方面，如连接方式的选取、索引的使用、子查询的优化等。RBO 的优点在于其操作简单且能快速确定连接方式。基于规则优化往往能够提高查询性能，在实际中应用也很广泛。然而，RBO 并非万无一失的最佳选择，虽然它可以排除一部分不好的可能，但并不能说明得到的结果一定是最好的。

(2) 基于代价的查询优化(cost-based optimization，CBO)。根据一个代价估算模型，在生成查询计划的过程中，系统会考虑各种可能的执行路径，并计算每条路径的代价，然后选择代价最小的路径作为最优子路径，这样等到所有表连接完成就能得到代价最小的完整路径。在代价估算模型中，通常会将每个子路径的代价单独计算，然后将这些代价相加得到总代价。

某个子路径的代价计算通常涉及以下步骤：①确定当前结点的类型(如选择、投影、连接、排序等)，并了解该类型结点的代价估算模型或算法；②了解参与计算的数据集的基本信息，包括数据量大小(如记录数或行数)、数据条数(如列数或字段数)以及其他可能的元数据信息(如数据分布、索引使用等)；③根据结点的类型和代价估算模型，将数据集信息应用于代价估算模型中，以计算结点的执行代价。

4. 并行查询优化

在并行数据库系统中，并行查询优化为了找出最短响应时间的查询执行计划，通过将查询任务分解为多个子任务，并在多个处理器或计算机之间分配这些子任务，以加速查询执行的速度。这种技术主要涉及将查询中的不同部分分发到不同的处理结点上，同时确保数据的正确性和一致性。

并行查询优化的关键是确定最优执行计划。这个过程需要考虑多种因素，具体如下。

(1) 数据分布。查询涉及的数据在各个结点上的分布情况可能会影响最优执行计划的选取。

(2) 硬件特性。各个结点的处理能力、内存大小、磁盘 I/O 等硬件特性可能会影响最优执行计划的选取。

(3) 网络通信开销。在分布式数据库系统中，各个结点之间的数据传输和通信开销可能会成为瓶颈。因此，在选择最优执行计划时，需要考虑这些开销。

(4) 查询结构。查询结构(如 JOIN 操作的顺序、子查询的位置等)可能会影响最优执行计划的选取。

(5) 数据库统计信息。数据库统计信息(如表的行数、每行的平均大小、索引的使用情况等)可能会影响最优执行计划的选取。

5. 分布式查询优化

在分布式数据库系统中,分布式查询优化针对分布式数据库系统中大量的复制和分段数据,评估大量查询树,以找到最佳的查询执行计划。分布式查询优化旨在最小化局部执行代价和网络传输代价的和,以充分利用分布式系统中的资源,并提高查询效率。

那如何进行代价估算呢?在分布式查询优化策略中,需要考虑数据的通信开销,包括在结点间传输数据所产生的开销。这是分布式并行查询优化技术与传统单结点数据库系统最大的不同之处。除此以外,为达到查询优化的目的,应减少传输的次数和数据量,考虑 CPU 代价和 I/O 代价。在分布式数据库系统中,代价估算模型可以表示为

$$总代价=I/O 代价+CPU 代价+通信代价$$

6. 其他优化技术

提升数据库的查询性能还可以采取其他方式。

(1) 垂直扩展。当单台服务器的性能无法满足需求时,可以考虑使用多台服务器进行垂直扩展。在多台服务器上部署相同的应用程序,可以使每台服务器的负载相对较小,从而提高整体性能。

(2) 水平扩展。当需要处理的数据量过大时,可以考虑使用水平扩展方法——通过增加服务器的数量来提高整体性能。水平扩展方法通常适用于读操作较多的场景,将读操作的负载分散到多台服务器上。

总之,查询优化是数据库管理系统中的一项重要技术,旨在优化查询语句的执行效率。查询优化器通过分析查询语句的结构、数据分布和索引信息等,生成一个高效的执行计划,以最小化查询的总代价。执行计划是一个由一系列操作符组成的查询树,这些操作符代表了查询语句的执行过程。每个操作符都表示对数据的一种处理方式,这些操作符按照一定的运算关系构成查询的一个执行方案。查询优化器会评估不同的执行计划,并在生成执行策略的过程中尽可能使查询的总代价达到最小。这包括考虑各种因素,如数据访问的代价、CPU 使用率、网络传输代价等,以确定最优的执行策略,从而提供更高效和响应迅速的数据访问服务。这对于大规模数据处理和复杂查询的应用场景尤为重要。

7.1.3 查询处理的步骤

查询处理包括查询分析、查询检查、查询优化和查询执行四个步骤。关系数据库的 SQL 语句查询处理步骤如图 7-1 所示。

1. 查询分析

查询分析包括查询外部用户的数据访问,检索查询业务的逻辑要求,编写用于信息查询的 SQL 语句。在 SQL 语法规则支持下,使用词法扫描器、语法分析器等设备,识别 SQL 语句中包含的字符、字符串、单词、空格等操作符,判断 SQL 语句的关键字、关键词、引号等的顺序及匹配是否正确,若正确则生成语法分析树。

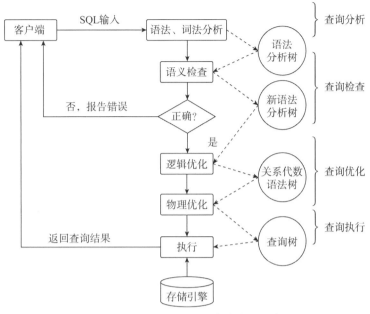

图 7-1　关系数据库的 SQL 语句查询处理步骤

2. 查询检查

查询检查包括以预处理器为主导，进行语法分析树中各结点语法的检查，检验生成语法分析树的合法性，生成新的语法分析树，并将数据库对象重名、别名、不存在等错误信号向用户客户端返回报告，但整体解析树的结构保持不变。如果该用户没有相应访问权限或者违反了完整性约束，就拒绝执行该查询。这一步是初步的、静态的检查。

3. 查询优化

为了优化查询，查询优化器必须知道每个操作的代价，使用优化技术进行优化，生成查询计划。查询优化技术进行分类的四个角度如下。

(1) 语法级。此级别的优化主要基于查询语言进行。查询优化器会分析查询语句的语法结构，并尝试找到最有效的方式来执行查询。

(2) 代数级。在这个级别，查询优化器使用形式逻辑和关系代数的原理来进行优化，包括使用笛卡儿积、选择、投影、连接等关系运算来重写查询，以生成更有效的查询计划。

(3) 语义级。在这个级别，优化器会根据完整性约束对查询语句进行语义理解，并推导出可以进行优化的操作，可能包括删除冗余的连接、推导出的结果集等。

(4) 物理级。物理优化技术基于代价估算模型，比较各种可能的执行方式，以选择代价最小的执行计划。这可能涉及对数据访问、I/O 成本、CPU 使用率等的评估和优化。

查询优化方法是利用查询优化器，以关系代数为基础，按照优化的层次(一般可分为代数优化和物理优化)进行语法分析树中各结点的语法调整，以及信息查询顺序、扫描方式、连接算法等调整，旨在选择一种高效执行的查询处理策略。

为了更清晰地了解不同优化技术的作用和层次，将重写中的查询优化技术按照以下两种方式分类：①代数优化(逻辑优化)。代数优化包括基于语法级、代数级和语义级的优化。②物理优化。

物理优化是基于代价估算模型的优化，属于物理层面的优化，涉及对各种可能的执行方式进行评估和比较，以选择代价最小的执行计划。

本章将会在 7.2、7.3 节详细介绍代数优化和物理优化的内容。

4. 查询执行

查询执行是指调用存储引擎应用程序编程接口(application programming interface，API)，依据语法查询树，执行网络数据的查询指令，根据查询优化器得到的策略生成查询执行计划，由代码生成器生成执行这个查询计划的代码并将最终的查询执行结果返回至用户客户端。

7.2 代数优化

查询优化的代数优化阶段进行 SQL 语句的等价变换来提高查询语句的执行效率。查询优化的等价变换依托于关系代数。

E.F. Codd 在 1970 年的论文 *A Relational Model of Data for Large Shared Data Banks* 中提出了关系模型的概念，这个模型成为现代数据库系统的基础。E.F.Codd 还提议将关系代数作为数据库查询语言的基础，这为后来 SQL 的发展提供了重要的思路。早期的关系操作能力通常用代数方式或逻辑方式来表示，分别称为关系代数和关系演算。关系代数用对关系的运算来表达查询要求，关系演算则用谓词来表达查询要求。已经证明，关系代数和关系演算在表达能力上是等价的，且都具备完备的表达能力。

SQL 是一种介于关系代数和关系演算之间的语言，是具有关系代数和关系演算双重功能的一种强大的关系数据库标准语言，包括数据查询、数据定义、数据操纵和数据控制等操作。SQL 提供的很多操作都是基于关系代数实现的，通过关系代数可以将复杂的查询转换为一系列简单的运算，从而提高查询效率。

SQL 语句可以基于关系运算构建多种类型的子句，其优化操作依赖于表的一些属性信息，包括索引和约束等。SQL 语句用于优化的思路如下。

(1) 子句局部优化。理解查询中每个子句的作用是关键。例如，WHERE子句用于过滤数据，HAVING 短语用于在分组后进行过滤，JOIN 子句用于合并表，等等。根据在查询中的效果进行等价谓词重写、WHERE 和 HAVING 条件化简等优化，都属于这种子句范围内的局部优化。每种类型的子句都可能存在优化方式，进而提高复杂 SQL 语句的执行效率。

(2) 子句间的关联优化。在关系模型数据库中，查询通常由多个子句组成，每个子句描述了不同表之间的关联关系。子句间的关联优化就是根据这些关联关系选择最优的连接方式，如外连接消除、连接消除、子查询优化、视图重写等。这些优化方式都需要借助其他子句、表定义或列属性等信息进行。

(3) 局部与整体的优化。局部与整体的优化是许多领域都需要考虑的一种策略，包括在数据库查询优化中。这种优化需要用户在处理复杂查询时，仔细权衡局部表达式和整体之间的关系，以达到最优的性能，如需要考虑 UNION 操作和 OR 操作的代价。UNION 操作是连接两个或多个 SELECT 语句结果集的过程，会产生一个更大的结果集。这个操作有一定的代价，因为它需要处理更多的数据，消耗更多的计算资源。因此，如果 UNION 操作的结果集非常大，那么这个操作可能会成为查询性能的瓶颈。OR 操作是一个局部表达式，通常在 WHERE 子句中使用，以连接两个或多个条件。这个操作的代价取决于数据库如何评估这些条件。如果这些条件是复杂的，或者它们引用了大量数据，那么 OR 操作可能会非常耗时。因此，在优化查询时，用户需要权衡 UNION 操作和 OR 操作的代价。

(4) 形式变化优化。多个子句存在嵌套，可以通过形式的变化完成优化，如嵌套连接消除。嵌套连接消除是指使用更高效的连接策略来替代嵌套循环连接。其中一种常见的策略是使用合并连接或哈希连接。这些连接策略可以通过一次扫描完成两个表的关联，从而减少嵌套循环连接所需的多次扫描。

(5) 语义优化。语义优化是指根据完整性约束、SQL 表达的含义等信息对语句进行语义优化。

7.2.1　关系代数

关系代数是一种抽象的查询语言，它用关系的运算来表达查询。关系代数的运算按运算符的不同可分为传统的集合运算和专门的关系运算两类，如表 7-1 所示。其中，传统的集合运算将关系看成元组的集合，其运算从关系的"水平"方向，即行的角度来进行；而专门的关系运算不仅涉及行，而且涉及列。比较运算符和逻辑运算符用来辅助专门的关系运算符进行操作，如表 7-2 所示。

表 7-1　关系代数运算符

运算符		含义
集合运算符	∪	并
	-	差
	∩	交
	×	笛卡儿积
专门的关系运算符	σ	选择
	Π	投影
	⋈	连接
	÷	除

表 7-2　条件表达式中的运算符

运算符		含义
比较运算符	>	大于
	>=	大于或等于
	<	小于
	<=	小于或等于
	=	等于
	<>	不等于
逻辑运算符	¬	非
	∧	与
	∨	或

1. 传统的集合运算

传统的集合运算是二目运算，包括并、差、交、广义笛卡儿积四种运算。

假设关系 R 和 S 具有相同的目 n(两个关系都有 n 个属性)，且相应的属性取自同一个域，则并、差、交运算定义如下。

(1) 并。关系 R 与关系 S 的并运算表示为

$$R \cup S = \{t \mid t \in R \vee t \in S\}$$

R 和 S 并的结果仍为 n 目关系，其数据由属于 R 或属于 S 的元组组成。

(2) 差。关系 R 与关系 S 的差运算表示为

$$R - S = \{t \mid t \in R \vee t \notin S\}$$

R 和 S 差运算的结果关系仍为 n 目关系，其数据由属于 R 而不属于 S 的所有元组组成。

(3) 交。关系 R 与关系 S 的交运算表示为

$$R \cap S = \{t \mid t \in R \wedge t \in S\}$$

R 和 S 交运算的结果关系仍为 n 目关系，其数据由既属于 R 又属于 S 的元组组成。

关系的交可以用差来表示，即 $R \cap S = R - (R - S)$

(4) 广义笛卡儿积。假设关系 R 和 S 分别为 n 目和 m 目，它们的广义笛卡儿积是一个 $(n+m)$ 目的元组集合。元组的前 n 列是关系 R 的一个元组，后 m 列是关系 S 的一个元组。若 R 有 k_1 个元组，S 有 k_2 个元组，则关系 R 和关系 S 的广义笛卡儿积应当有 $k_1 \times k_2$ 个元组。关系 R 和关系 S 的笛卡儿积表示为

$$R \times S = \{\widehat{t_r t_s} \mid t_r \in R \wedge t_s \in S\}$$

2. 专门的关系运算

专门的关系运算包括选择、投影、连接和除法运算。为了叙述方便，先引入几个记号。

(1) 记号说明。

① 关系模式、关系、元组和分量。假设关系模式为 $R(A_1, A_2, \cdots, A_n)$，它的一个关系设为 R，$t \in R$ 表示 t 是 R 的一个元组，$t[A_i]$ 表示元组 t 中相对于属性 A_i 的一个分量。

② 域列和域列非。若 $A=(A_{i1}, A_{i2}, \cdots, A_{ik})$，其中 $A_{i1}, A_{i2}, \cdots, A_{ik}$ 是 $A_1, A_2, \cdots, A_n$ 中的一部分，则 A 称为属性列或域列，$t[A]=\{t[A_{i1}], t[A_{i2}], \cdots, t[A_{ik}]\}$ 表示元组 t 在属性列 A 上诸分量的集合。$\bar{A}$ 则表示 $\{A_1, A_2, \cdots, A_n\}$ 中去掉 $\{A_{i1}, A_{i2}, \cdots, A_{ik}\}$ 后剩余的属性组，称为 A 的域列非。

③ 元组连接。设 R 为 n 目关系，S 为 m 目关系，且 $t_r \in R$，$t_s \in S$，则 $\widehat{t_r t_s}$ 称为元组的连接，是一个 $(n+m)$ 列的元组，它的前 n 个分量是 R 中的一个 n 元组，后 m 个分量为 S 中的一个 m 元组。

④ 属性的象集。给定一个关系 $R(X, Z)$，X 和 Z 为属性组。定义当 $t[X]=x$ 时，x 在 R 中的象集为

$$Z_x = \{t[Z] \mid t \in R, t[X] = x\}$$

上式表示，x 在 R 中的象集为 R 中 Z 属性对应分量的集合，而这些分量所对应的元组中的属性组 X 上的值应为 x。

(2) 专门关系运算的定义。

① 选择运算。选择运算又称限制运算，指在关系 R 中选择满足给定条件的元组，记作：

$$\sigma_F(R) = \{t \mid t \in R \wedge F(t) = \text{'真'}\}$$

其中，F 表示选择条件，是一个逻辑表达式，取值为"真"或"假"；F 由逻辑运算符¬(非)、∧(与)和∨(或)连接各条件表达式组成。

条件表达式的基本形式为

$$X_1 \theta Y_1$$

其中，θ 为比较运算符；X_1 和 Y_1 为属性名、常量或简单函数；属性名也可以用它的序号来代替。

选择运算是从关系 R 中选取使逻辑表达式 F 为真的元组。这是从行的角度进行的运算。

② 投影运算。关系 R 上的投影是从 R 中选出若干属性列组成新的关系，记作：

$$\Pi_A(R) = \{t[A] \mid t \in R\}$$

其中，A 为 R 中的属性列。

投影操作是从列的角度进行的运算。投影操作之后不仅取消了关系中的某些列，而且可能取消某些元组，因为当取消了某些属性之后，就可能出现重复元组，关系操作将自动取消这些相同的元组。

③ 连接运算。连接运算从两个关系的笛卡儿积中选取属性间满足一定条件的元组，记作：

$$R \underset{A\theta B}{\bowtie} S = \{\widehat{t_r t_s} \mid t_r \in R \wedge t_s \in S \wedge t_r[A]\theta t_s[B]\}$$

其中，A 和 B 分别为 R 和 S 上目数相等且可比的属性组，θ 为比较运算符。

连接运算从 R 和 S 的广义笛卡儿积 $R \times S$ 中选取符合 $A \theta B$ 条件的元组，即选择在关系中 A 属性组上的值与在关系 S 中 B 属性组上的值满足比较操作 θ 的元组。

连接运算中有两种非常重要且常用的连接：等值连接和自然连接。

当 θ 为"="时，连接运算称为等值连接。等值连接是从关系 R 和 S 的广义笛卡儿积中选取 A 和 B 属性值相等的那些元组。等值连接表示为

$$R \underset{A\theta B}{\bowtie} S = \{\widehat{t_r t_s} \| t_r \in R \wedge t_s \in S \wedge t_r[A] = t_s[B]\}$$

自然连接是一种特殊的等值连接，它要求两个关系中进行比较的分量必须是相同的属性组(如 A)，并且在结果中把重复的属性列去掉。若 R 和 S 具有相同的属性组 $t[A]=t[B]$，则它们的自然连接可表示为

$$R \underset{A\theta B}{\bowtie} S = \{\widehat{t_r t_s} \| t_r \in R \wedge t_s \in S \wedge t_r[A] = t_s[A]\}$$

一般的连接操作从行的角度进行运算，但自然连接还需要取消重复列，所以它同时从行和列两个角度进行运算。

④ 除运算。给定关系 $R(X, Y)$ 和 $S(Y, Z)$，其中 X，Y，Z 为属性组。R 中的 Y 与 S 中的 Y 可以有不同的属性名，但必须出自相同的域集。R 与 S 的除运算得到一个新的关系 $P(X)$，P 是 R 中满足下列条件的元组在 X 属性列上的投影：元组在 X 上的分量值 x 的象集 Y_x 包含 S 在 Y 上的投影，即

$$R \div S = \{t_r[X] \mid t_r \in R \land \pi_Y(S) \subseteq Y_x\}$$

其中，Y_x 为 x 在 R 中的象集，$x = t_r[X]$。

除运算是同时从行和列的角度进行运算的。在进行除运算时，将被除关系 R 的属性分成两部分：与除关系相同的部分 Y 和不同的部分 X。在被除关系中按 X 值分组，即相同 X 值的元组分为一组。除运算是求包括除关系中全部 Y 值的组，这些组中的 X 值将作为除结果的元组。根据关系运算的除法定义，不难得出它的运算求解步骤。

关系除运算分下面四步进行。

a. 将被除关系的属性分为象集属性和结果属性两部分：与除关系相同的属性属于象集属性，不相同的属性属于结果属性。

b. 在除关系中，对与被除关系相同的属性(象集属性)进行投影，得到除目标数据集。

c. 将被除关系分组。分组原则：结果属性值一样的元组分为一组。

d. 逐一考查每个组，如果它的象集属性值中包括除目标数据集，则对应的结果属性值应属于该除运算的结果集。

本节介绍了八种关系代数运算，其中并、差、笛卡儿积、选择和投影这五种运算为基本运算。其他三种运算，即交、连接和除运算，均可以用这五种基本运算来表达。引进它们并不增加语言的能力，但可以简化表达。

关系代数中，这些运算经有限次复合后形成的表达式称为关系代数表达式。

7.2.2 代数优化实例

一条 SQL 语句经过查询分析、查询检查后变成查询树，它是关系表达式的内部表示。为了使用关系代数表达式的优化法，不妨假设内部表示是关系代数语法树，对查询树进行优化，即对关系代数语法树进行优化，而后获得优化后的查询树。下面来看一个代数优化的实例。

【例 7-1】使用移动教学平台系统数据库中的三张表(学生表、课堂表和签到表)，查询信息系学生有签到记录的所有课堂名称。

```
SELECT 课堂表.名称
FROM 学生表，课堂表，签到表
WHERE 学生表.学生 id=签到表.学生 id AND 签到表.课堂 id=课堂表.课堂 id AND 学生表.院系名称='信息系';
```

试画出用关系代数表示的语法树，并用关系代数表达式优化算法对原始的语法树进行优化处理，画出优化后的标准语法树。

(1) 把 SQL 语句转化成查询树，如图 7-2 所示。

假设内部表示是关系代数语法树，则上面的查询树可表示为图 7-3。

(2) 对查询树进行优化，得到优化后的标准语法树，如图 7-4 所示。

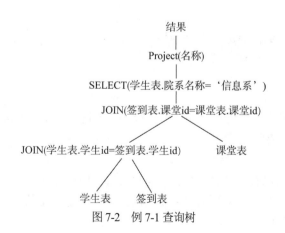

图 7-2 例 7-1 查询树

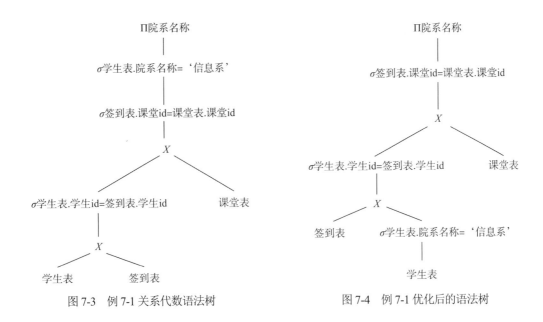

图 7-3　例 7-1 关系代数语法树　　　　图 7-4　例 7-1 优化后的语法树

7.2.3　代数优化规则

代数优化技术的实现可使用关系代数表达式的等价变换规则和启发式优化。

1. 关系代数表达式的等价变换规则

代数优化规则就是利用关系代数表达式的等价变换规则，找出与原关系式结果一致且查询效率最高的关系代数表达式进行替换，提高查询效率。

变换前的原关系代数表达式 E_1 和变化后的关系代数表达式 E_2 是等价的，即 $E_1 = E_2$。

表 7-3 所列出的是常用的等价变换规则，证明从略。

表 7-3　常用的等价变换规则

名称	公式	对优化的意义
连接、笛卡儿积的交换律	$E_1 \times E_2 \equiv E_2 \times E_1$ $E_1 \bowtie E_2 \equiv E_2 \bowtie E_1$ $E_1 \underset{F}{\bowtie} E_2 \equiv E_2 \underset{F}{\bowtie} E_1$	做连接、笛卡儿积运算，可以交换前后位置，其结果不变。若两表连接算法中有嵌套连接算法，对外表和内表有要求，外表尽可能小则有利于做基于块的嵌套循环连接，所以通过交换律可以把元组少的表作为外表
连接、笛卡儿积的结合律	$(E_1 \times E_2) \times E_3 \equiv E_1 \times (E_2 \times E_3)$ $(E_1 \bowtie E_2) \bowtie E_3 \equiv E_1 \bowtie (E_2 \bowtie E_3)$ $(E_1 \underset{F_1}{\bowtie} E_2) \underset{F_2}{\bowtie} E_3 \equiv E_1 \underset{F_1}{\bowtie} (E_2 \underset{F_2}{\bowtie} E_3)$	做连接、笛卡儿积运算，如果新的结合有利于减少中间关系的大小，则可以优先处理

(续表)

名称	公式	对优化的意义
投影的串接定律	$$\prod_{A_1,A_2,\ldots,A_n}\left(\prod_{B_1,B_2,\ldots,B_m}(E)\right)\equiv\prod_{A_1,A_2,\ldots,A_n}(E)$$ 这里，E 是关系代数表达式，$A_i(i=1,2,\cdots,n)$，$B_j(j=1,2,\cdots,m)$ 是属性名，且 $\{A_1, A_2, \cdots, A_n\}$ 构成 $\{B_1, B_2, \cdots, B_m\}$ 的子集	在同一个关系上，只需做一次投影运算，且一次投影时选择多列同时完成。所以，许多数据库优化引擎为同一个关系收集齐本关系上的所有列(目标列和 WHERE、GROUP BY 等子句的本关系的列)
选择的串接定律	$\sigma_{F_1}(\sigma_{F_2}(E))\equiv\sigma_{F_1\wedge F_2}(E)$	选择条件可以合并，从而一次就检查全部条件，不必多次过滤元组。所以，可以把同层的合取条件收集在一次，统一进行判断
选择与投影的交换律	$$\sigma_F\left(\prod_{A_1,A_2,\ldots,A_n}(E)\right)\equiv\prod_{A_1,A_2,\ldots,A_n}(\sigma_F(E))$$ 选择条件 F 只涉及属性 $A_1,\cdots,A_n$	先做投影运算后做选择运算可以改为先做选择运算后做投影运算，这对于以行为存储格式的主流数据库而言，很有优化意义。存储方式总是在先获得元组后才能解析得到其中的列
选择与投影的交换律	$$\prod_{A_1,A_2,\ldots,A_n}(\sigma_F(E))\equiv\prod_{A_1,A_2,\ldots,A_n}\left(\sigma_F\left(\prod_{A_1,A_2,\ldots,A_n,B_1,B_2,\ldots,B_m}\right)\right)$$ 选择条件 F 中有不属于 $A_1,\cdots,A_n$ 的属性 $B_1,\cdots,B_m$	先做选择运算后做投影运算可以改为做带有选择条件中列的投影后运算再做选择运算，最后完成最外层的投影。这样可以使内层的选择运算和投影运算同时进行
选择与笛卡儿积的分配律	$\sigma_F(E_1\times E_2)\equiv\sigma_F(E_1)\times E_2$ F 中涉及的属性都是 E_1 中的属性	条件下推到相关的关系上，先做选择运算后做笛卡儿积运算，这样可以减小中间结果的大小
	$\sigma_F(E_1\times E_2)\equiv\sigma_{F_1}(E_1)\times\sigma_{F_2}(E_2)$ 如果 $F=F_1\wedge F_2$，并且 F_1 只涉及 E_1 中的属性，F_2 只涉及 E_2 中的属性	
	$\sigma_F(E_1\times E_2)\equiv\sigma_{F_2}(\sigma_{F_1}(E_1)\times E_2)$ F_1 只涉及 E_1 中的属性，F_2 涉及 E_1 和 E_2 两者的属性	
选择与并的分配律	$\sigma_F(E_1\bigcup E_2)\equiv\sigma_F(E_1)\bigcup\sigma_F(E_2)$ E_1 与 E_2 有相同的属性名	条件下推到相关的关系上，先做选择运算后做并运算，这样可以减小每个关系输出结果的大小

(续表)

名称	公式	对优化的意义
选择与差运算的分配律	$\sigma_F(E_1 - E_2) \equiv \sigma_F(E_1) - \sigma_F(E_2)$ E_1 与 E_2 有相同的属性名	条件下推到相关的关系上,先做选择运算后做差运算,这样可以减小每个关系输出结果的大小
投影与笛卡儿积的分配律	$$\prod_{A_1,A_2,\ldots,A_n,B_1,B_2,\ldots,B_m}(E_1 \times E_2)$$ $$\equiv \prod_{A_1,A_2,\ldots,A_n}(E_1) \times$$ $$\prod_{B_1,B_2,\ldots,B_m}(E_2)$$ A_1, A_2, $\cdots$, A_n 是 E_1 的属性, B_1, $\cdots B_2$, B_n, 是 E_2 的属性	先做投影运算后做笛卡儿积运算,可缩短做笛卡儿积前每个元组的长度,使得做笛卡儿积运算后得到新元组的长度变短
投影与并的分配律	$$\prod_{A_1,A_2,\ldots,A_n}(E_1 \cup E_2) \equiv$$ $$\prod_{A_1,A_2,\ldots,A_n}(E_1) \cup \prod_{A_1,A_2,\ldots,A_n}(E_2)$$ E_1 与 E_2 有相同的属性名	先做投影运算后做并运算,可缩短做并运算前每个元组的长度

以下是一个应用等价变换公式来优化关系表达式的具体例子,其中使用了表 7-1 中常见的等价变换公式的若干项。

假设我们有一个查询树,其中包含以下结点。

选择操作:选择年龄大于或等于 18 岁的员工。

投影操作:获取员工的姓名和年龄。

连接操作:将员工关系与部门关系连接,连接条件为员工编号和部门编号相同。

投影操作:获取部门名称和部门编号。

选择操作:选择部门编号为特定值的部门。

可以应用等价变换公式来优化这个查询树。

(1) 消除不必要的选择操作。在这个例子中,第一个选择操作只选择了年龄大于或等于 18 岁的员工,但是这个条件对后续操作没有影响,因此可以将这个选择操作消除。

(2) 合并相似的投影操作。在这个例子中,第一个投影操作和第二个投影操作都获取了员工的属性,因此可以将它们合并为一个投影操作。

(3) 合并连接操作。在这个例子中,将员工关系与部门关系连接,但是这个连接条件对后续操作没有影响,因此可以将这个连接操作消除。

(4) 消除不必要的选择操作。在这个例子中,最后一个选择操作只选择了部门编号为特定值的部门,但是这个条件对最终结果没有影响,因此可以将这个选择操作消除。

经过优化后,得到的查询树如下。

投影操作:获取员工的姓名、年龄和部门名称、部门编号。

选择操作:选择部门编号为特定值的部门。

在这个查询树中,第一层投影操作获取了所需的属性,第二层选择操作应用了过滤条件以限制结果集，第三层选择操作进一步应用了过滤条件以获取特定部门的员工。

2. 启发式优化

应用启发式规则可对关系代数表达式的语法树进行优化。典型的启发式规则如下。

(1) 选择运算应尽可能先做。选择运算通常会使计算的中间结果显著减小，降低读取外存储块的次数。因此将选择运算放在查询树的最下层，可以极大地降低执行成本。在优化策略中，这是非常重要、基本的一条，通常可以使查询效率提高几个数量级。

(2) 同时进行投影运算和选择运算。在一次扫描中，若有若干个投影和选择运算都对同一个关系进行操作，可在此次关系扫描中同时进行投影运算和选择运算，没有必要多次扫描。

(3) 将投影同其前或后的双目运算进行结合。这避免了为了删除某些字段而重复扫描关系。

(4) 将某些选择同在它前面要执行的笛卡儿积结合起来成为一个连接运算。连接运算(特别是等值连接)通常比在相同关系上进行笛卡儿积运算要快得多。

(5) 找出公共子表达式。如果重复出现的子表达式的结果不是很大的关系，并且从外存中读入这个关系比计算该子表达式的时间少得多，则先计算一次公共子表达式并把结果写入中间文件是划算的。当查询的是视图时，定义视图的表达式就是公共子表达式的情况。

(6) 在执行连接前对关系进行适当的预处理。可以在连接属性上建立索引和对关系进行排序，然后执行连接，这样可以提高连接运算的效率。

7.3 物理优化

查询优化器在代数优化阶段主要解决的问题是对 SQL 语句进行等价变换，选择最合适的执行计划，使得 SQL 执行更高效。查询优化器在物理优化阶段主要解决的问题则是：从可选的单表扫描方式中挑选什么样的单表扫描方式是最优的？两个表做连接时，如何连接是最优的？多个表连接时，连接顺序有多种组合，哪种连接顺序是最优的，多表连接时，连接顺序有多种组合，是否要对每种组合都进行探索？如果不需要全部探索，怎样找到最优的一种组合？总之，物理优化就是要选择高效合理的操作算法或存取路径，求得更好的查询计划。

在查询优化器实现的早期，数据库管理系统往往使用的是代数优化技术，即在使用关系代数规则和启发式规则对查询语句进行优化后，便能够认为生成的执行计划就是最优的。但仅仅凭借代数优化对查询优化的性能提升十分有限，这是因为代数优化更加偏向于 RBO，这类优化器虽能快速确定连接方式，但只能排除一部分不好的可能，所以得到的结果未必是最好的。

在考虑到代数优化所带来的弊端后，当代数据库管理系统引入了 CBO 的优化器，这类优化器会根据优化规则对关系表达式进行等价保留(保留原有表达式方案)转换，经过一系列转换后会生成多个执行计划，然后 CBO 会根据统计信息和代价估算模型(cost model)计算每个执行计划的代价，从中挑选代价最小的执行计划。在这个过程中，CBO 的效果深受统计信息和代价估算模型的影响——统计信息的准确与否、代价估算模型的合理与否都会影响 CBO 选择最优计划。如此通过对查询执行计划做足定量分析，对每一个可能的执行方式进行详尽评估，从而挑选出代价最小的作为最优计划。不难发现，相较于呆板不会灵活变通的 RBO 优化器，CBO 优化器能更加充分地提升数据库的性能。

市面上的常见数据库软件大都采用以 CBO 为主，以 CBO 为辅的形式。这是由于 RBO 操作简单，并且能快速确定连接方式，而 CBO 是对各种可能的情况进行量化比较，可以得到代价最小的情况。但如果组合情况比较多则代价的判断时间就会很多，介于二者之间的平衡，查询优化器的实现往往多是两种优化策略组合使用，如 Oracle，MySQL 和 PostgreSQL 就采取了 RBO 和 CBO 的组合查询优化策略。

7.3.1 基于启发式规则的优化

常用的启发式规则分别是代数查询优化阶段可用的优化规则和物理查询优化阶段可用的优化规则。本小节仅讨论物理查询优化阶段可用的启发式优化规则。

基于启发式规则的优化的基础理论为最优化算法，这类算法往往是基于直观或经验构造的算法，是基于经验规则优化的一种。这类算法在整个查询优化阶段都极为有用，但启发式方法不能保证找到最好的查询计划，往往需要和其他方式相结合来实现查询优化。

物理优化中常用的启发式规则可分为选择操作的启发式规则和连接操作的启发式规则两个部分。

1.选择操作的启发式规则

物理优化中常用的选择操作的启发式规则如表 7-4 所示。

表 7-4 常用的选择操作的启发式规则

数据表	选择操作的启发式规则
小规模数据表	直接使用全表顺序扫描，即使选择列上有索引
大规模数据表	(1) 当选择条件为"主码=值"时，返回结果为最多单一元组，可选择主码索引。市场主流的数据库管理系统都会对此类情况自动优化。 (2) 当选择条件为"非主属性=值"或者选择条件为属性上的非等值查询或者范围查询，并且选择列上有索引时，要估算查询结果的元组数目，如果为选择率(指占全表数据比例)较小(<10%)的局部扫描，则优先使用索引扫描算法，否则还是使用全表顺序扫描。 (3) 对于使用 AND 连接符的选择条件，要估算查询结果的元组数目。如果这些属性有组合索引(所有条件表达式的列上都有索引)，则优先使用组合索引扫描方法；如果只有部分条件表达式的列拥有索引，则可先将有索引的部分列进行索引扫描，然后在结果集上增加其余条件表达式的选择条件从而得到结果；其他情况则建议直接采用全表顺序扫描。 (4) 对于使用 OR 连接符的选择条件，一般皆采用全表顺序扫描

2. 连接操作的启发式规则

物理优化中常用的连接操作的启发式规则如下。

(1) 如果两个表都已经按照连接属性排序，则采用排序—合并算法，即将两个已排序的表合并成一个有序的结果集。这种算法的效率比较高，因为它可以避免对两个表进行重复扫描。

(2) 两表进行连接时，如果其中一个表上的连接列存在索引，则采用索引连接，且此关系作为内表(放在内存循环中)。索引是一种数据结构，可以提高数据检索的效率。如果存在索引，则可以利用索引进行快速查找，从而减少连接操作的开销。将具有索引的表作为内表可以减少对外表的扫描次数，从而提高连接操作的效率。

(3) 如果以上两个规则皆不适合，且存在明显较小的一个表，则可以采用 Hash Join 算法。Hash Join 是一种基于哈希表的连接算法，它将较小的表加载到内存中，并使用哈希函数将该表中的每个元素映射到哈希表中。然后，对于较大的表中的每个元素，通过在哈希表中查找其对应的映射，找到匹配的元素并进行连接操作。这种算法可以避免对较小的表进行多次扫描，从而提高连接操作的效率。

(4) 如果以上规则皆不适用，则可以采用嵌套循环算法，并选择其中规模较小的表，作为外表(放在外循环中)。嵌套循环算法是一种基本的连接算法，它将较小表中的元素逐个与较大表中的每个元素进行比较，找到匹配的元素并进行连接操作。将规模较小的表作为外表可以减少对内表的扫描次数，从而提高连接操作的效率。

以上列出了一些常见的启发式查询优化规则，但是在具体的实践当中存在着更多样化的优化规则，并和 CBO 糅合在一起提升查询效率。在具体实践中使用启发式规则时，需要特别注意启发式规则应对的并非多个关系连接的待探索问题，而是根据已知可优化通用规则，对 SQL 语句做出语义等价转换的优化，或者基于经验对某个物理操作进行改进，如使用索引和视图对查询进行优化。所以在实践中不能盲目相信以上所列的启发式规则。

7.3.2　基于代价的优化

启发式规则相对来说较好理解，并且实现起来简单，但在实际生产环境中显得太过粗糙和呆板，得出的查询结果往往并非当前软、硬件环境中的最佳结果。此外，在数据库管理系统中，查询优化和查询执行是分开执行的，所以可以采用相比启发式规则更为精细的代价优化方法，在提升查询效率的同时，不额外增加查询的总开销。

CBO 的重点是代价估算模型，这也是物理查询优化的依据。代价估算模型的总代价计算公式表示如下。

$$总代价=I/O 代价+CPU 代价+内存代价+通信代价$$

在常见的实际代价估算模型中，往往先忽略掉内存代价和通信代价，可以将代价估算模型用以下计算公式简要表示。

$$COST=I/O 代价+CPU 代价=P\times a\_page\_cpu\_time+W\times T$$

其中，P 为计划运行时访问的页面数，a_page_cpu_time 为每个页面读取的时间花费，它们的乘积表示 I/O 代价；T 为访问的元组数，代表了 CPU 代价，如果是索引扫描，则还包括索引读取的花费；W 为权重因子，又称选择率，表示 I/O 到 CPU 需要解析的元组所占总表的比例，其精确程度对代价估算模型求解有着重要的影响，往往通过直方图法、抽样法、参数法或曲线拟合法得到。以上参数都与数据库的状态密切相关。

基于代价估算的查询优化需要计算各种操作算法的执行代价，而不同的算法，甚至是相同算法的不同实现方式都需要不同的代价估算方式。常见的算法包括单表扫描算法、两表连接算法和多表连接算法。以较简单的单表扫描算法为例，根据扫描方式区分有顺序扫描和索引扫描，其代价估算公式如下。

顺序扫描：

$$COST=N\_page \times a\_page\_I/O\_time+N\_tuple \times a\_tuple\_CPU\_time$$

索引扫描：

$$COST=C\_index+N\_page\_index \times a\_tuple\_I/O\_time$$

其中，N_page 为查询数据的页面数；a_page_I/O_time 为一个数据页面占用的 I/O 花费；N_tuple 为查询数据的元组数；a_tuple_CPU_time 为一个元组从页面中解析的 CPU 花费；C_index 为索引的 I/O 花费，C_index=N_page_index×a_page_I/O_time；N_page_index 为索引数据的页面数；N_tuple_index 为索引作用下的可用元组数，N_tuple_index=N_tuple×索引选择率。

上述公式仅仅是较为简单的单表扫描算法的代价估算模型计算公式，在实际的数据库管理系统中，相关的参数都可由的数据库管理系统自带的工具计算得出。比如，MySQL 就提供了专有的类 Cost_estimate，其对代价估算操作进行了封装，类内分别有 I/O 操作代价 io_cost、CPU 操作代价 cpu_cost、远程操作代价 import_cost、内存操作代价 mem_cost 等对象，为代价计算提供支持。除单表扫描，还有更为复杂的双表连接和多表连接，受篇幅所限不再讨论，感兴趣的读者可查阅相关资料学习。

索引是建立在表上的，本质上是通过索引直接定位表的物理元组，加快数据获取的方式，所以索引优化的手段应该归属物理查询优化阶段。

7.4　数据库优化实例

以下通过一个数据库优化实例证明查询优化的必要性。

【例 7-2】使用移动教学平台系统数据库中的两张表：学生表(student)和完成作业表(student_task)，表结构如下。

学生表(学生 id，姓名，性别，专业 ID，……)

完成作业表(学生 id，作业 id，作业成绩，……)

求完成了作业 id 为 6 的学生姓名。

对于上述查询，可以用如下的 SQL 语句来表达：

```
SELECT 学生表. 姓名
FROM   学生表，完成作业表
WHERE 学生表.学生id=完成作业表.学生id AND 完成作业表.作业id='6';
```

假定移动教学平台系统数据库中有 1000 个学生记录，10000 个完成作业记录，其中选修 6 号课程的选课记录为 50 个。

系统可以用多种等价的关系代数表达式来完成这一查询，但分析下面三种情况就足以说明问题了：

$$Q1=\prod_{名称}(\sigma_{学生表.学生id=完成作业表.学生id \wedge 完成作业表.作业id='6'}(学生表 \times 完成作业表))$$

$$Q2=\prod_{名称}(\sigma_{完成作业表.作业id='6'}(学生表 \bowtie 完成作业表))$$

$Q3 = \prod_{名称}(学生表 \bowtie \sigma_{完成作业表.作业id='6'}(完成作业表))$

后面将看到由于查询执行的策略不同，查询效率相差很大。

1. 第一种情况

(1) 计算广义笛卡儿积。把学生表和完成作业表的每个元组连接起来。一般的连接做法如下：

① 在内存中尽可能多地装入某个表(如学生表)的若干块，留出一块存放另一个表(如完成作业表)的元组。

② 把完成作业表中的每个元组和学生表中的每个元组连接，连接后的元组装满一块后就写到中间文件上，再从完成作业表中读入一块和内存中的学生表元组连接，直到完成作业表处理完。

③ 这时再一次读入若干块学生表元组，读入一块完成作业表元组，重复上述处理过程，直到把学生表处理完。

假设一个块能装 10 个学生表元组或 100 个完成作业表元组，在内存中存放 5 块学生表元组和 1 块完成作业表元组，则读取总块数为

$$\frac{100}{10} + \frac{1000}{10 \times 5} \times \left(\frac{10000}{100}\right) = 100 + 20 \times 100 = 2100(块)$$

其中，读学生表 100 块，读完成作业表 20 遍，每遍 100 块，则总计要读取 2100 数据块。连接后的元组数为 $10^3 \times 10^4 = 10^7$。设每块能装 10 个元组，则写出 10^6 块。

(2) 做选择操作。依次读入连接后的元组，按照选择条件选取满足要求的记录。假定内存处理时间忽略不计，这一步读取中间文件代价的时间(同写中间文件一样)需读入 10^6 块。若假设满足条件的元组仅 50 个，均可放在内存中。

(3) 做投影操作。把第(2)步的结果在名称上做投影输出，得到最终结果。

因此第一种情况下执行查询的总读写数据块=2100+10^6+10^6。

这种表达式的执行效率相对较低。因为它首先将学生表和完成作业表进行笛卡儿积操作，这将产生一个非常大的临时表，然后根据条件选择符合要求的行。在大规模数据集上，这将产生非常大的时间和资源消耗。

2. 第二种情况

(1) 计算自然连接。为了执行自然连接，读取学生表和完成作业表的策略不变，总的读取块数仍为 2100。但自然连接的结果比第一种情况大大减少，连接后的元组数为 10^4 个元组，写出数据块=10^3 块。

(2) 读取中间文件块，执行选择操作，读取的数据块=10^3 块。

(3) 把第(2)步结果投影输出。

第二种情况下执行查询的总读写数据块=2100+10^3+10^3，其执行代价大约是第一种情况的 1/488。

这种表达式使用等值连接操作将学生表和完成作业表连接起来，并根据条件选择符合要求的行。相比笛卡儿积和选择操作，等值连接操作可以减少扫描的行数，特别是当学生表和完成作业表之间存在很多匹配的行时，效率更高。这种表达式的执行效率相对较高，因为它避免了笛卡儿积操作带来的时间和资源消耗。

3. 第三种情况

(1) 先对学生表做选择操作，只需读一遍完成作业表，存取块数为 100，因为满足条件的元组仅 50 个，不必使用中间文件。

(2) 读取学生表，把读入的学生表元组和内存中的完成作业表元组做连接，也只需读一遍学生表，共 100 块。

(3) 把连接结果投影输出。

第三种情况总的读写数据块=100+100，其执行代价大约是第一种情况的万分之一，是第二种情况的 1/20。

假如完成作业表的作业 id 字段上有索引，第一步就不必读取所有的完成作业表元组而只需读取作业 id= "6" 的那些元组(50 个)。存取的索引块和完成作业表中满足条件的数据块共 3~4 块。若学生表在学生 id 上也有索引，则第二步也不必读取所有的学生表元组，因为满足条件的完成作业表记录仅 50 个，涉及最多 50 个学生表记录，因此读取学生表的块数也可大大减少。

这种表达式使用子查询来获取符合条件的学生 id，然后在学生表中查找对应的名称。虽然这种方法在处理大规模数据集时效率较高，但子查询可能会导致较高的执行代价。此外，需要执行两次查询，可能会增加系统的负载和响应时间。

综上所述，在这三种关系代数表达式中，使用等值连接操作的表达式具有相对较高的执行效率。在处理大规模数据集时，它能够减少扫描的行数，从而提高查询性能。然而，在实际应用中，最好根据具体的情况进行测试和分析，以确定满足用户需求的最优查询方式。对于多表连接查询来说，为了实现快速查询，一个关键的措施就是提供最优的查询路径决策能力。因此，高效查询设计的目标是设计出 I/O 代价最小的方案，并掌握好 CPU 时间和 I/O 时间的平衡。也就是说，希望设计出这样的系统——充分利用索引、磁盘读写次数最少、最高效地利用了内存的 CPU 资源。

本章习题

一、选择题

1. 在关系代数中，对一个关系做投影操作后，新关系的元组个数(　　)原来关系的元组个数。

    A. 小于　　　　　　　　B. 小于或等于　　　　　　C. 等于　　　　　　　　D. 大于

2. 在关系代数的连接操作中，哪一种连接操作需要取消重复列？(　　)

    A. 自然连接　　　　　　B. 笛卡儿积　　　　　　　C. 等值连接　　　　　　　D. θ 连接

3. 假设关系 R 和 S 具有相同的目，且它们对应属性的值取自同一个域，则 $R-(R-S)$ 等于(　　)。

    A. $R \cup S$　　　　　　　B. $R \cap S$　　　　　　　C. $R \times S$　　　　　　　D. $R \div S$

4. 假设 A 和 B 两个表的行数分别为 3 和 4，对两个表执行交叉连接查询，查询结果中最多可获得(　　)行数据。

    A. 3　　　　　　　　　　B. 4　　　　　　　　　　C. 12　　　　　　　　　　D. 81

5. 假设关系 R 和 S 的元组数分别为 100 和 300，关系 T 是 R 与 S 的笛卡儿积，则 T 的元组数为(   )。

    A. 400   B. 10000   C. 30000   D. 90000

6. 关系代数的五个基本操作是(   )。

    A. 并、交、差、笛卡儿积、除法   B. 并、交、选择、笛卡儿积、除法

    C. 并、交、选择、投影、除法   D. 并、差、选择、笛卡儿积、投影

7. 关系代数中的投影运算符对应 SELECT 语句中的以下哪个子句？(   )

    A. SELECT   B. FROM   C. WHERE   D. GROUP BY

8. 有两个关系 $R(A,B,C)$ 和 $S(B,C,D)$，则 $R \bowtie S$ 结果的属性个数是(   )。

    A. 3   B. 4   C. 5   D. 6

9. 如下表所示，两个关系 R_1 和 R_2，它们进行(   )运算后可以得到 R_3。

关系 R_1

A	B	C
1	1	x
C	2	y
D	3	y

关系 R_2

B	E	M
1	m	i
2	n	j
1	m	k

关系 R_3

B	E	c	E	M
1	1	x	m	i
2	2	y	n	J
1	1	x	m	k

    A. $R_1 \bowtie R_2$ B. $R_1 \cap R_2$ C. $R_1 \cup R_2$ D. $R_1 \times R_2$

10. 专门的关系运算包括选择、投影、连接、除运算等。其中，只有列的角度进行的运算是(   )。

    A. 选择   B. 投影   C. 笛卡儿积   D. 并

11. 关系运算的选择运算，对应 SQL 语句中的(   )子句。

    A. SELECT   B. FROM   C. WHERE   D. ON

12. 根据系统所提供的存取路径，选择合理的存取策略，这种优化方式称为(   )。

    A. 物理优化   B. 代数优化   C. 规则优化   D. 代价估算优化

13. 在关系代数运算中，最费时间和空间的是(   )。

    A. 选择运算和投影运算   B. 除运算

    C. 笛卡儿积运算和连接运算   D. 差运算

14. 下列关于关系代数表达式的等价优化中，叙述不正确的是(   )。

    A. 尽可能早地执行连接

    B. 尽可能早地执行选择

    C. 尽可能早地执行投影

    D. 把笛卡儿积和随后的选择合并成连接运算

15. (   )技术是查询处理的关键技术。

    A. 选择优化   B. 代数优化   C. 物理优化   D. 查询优化

16. 关系数据库管理系统一般都用(   )来表示扩展的关系代数表达式。

    A. 词法分析树   B. 语法分析树

    C. 语义分析树   D. 语句分析树

17. 假设关系 R 和 S 的结构相同，分别有 m 和 n 个元组，那么 $R-S$ 操作的结果中元组个数为(　　)。

  A. $m-n$ B. m

  C. 小于或等于 m D. 小于或等于 $(m-n)$

18. 假设 $W=R\bowtie S$，且 W，R 和 S 的属性个数分别为 w，r 和 s，那么三者之间应满足(　　)。

  A. $w\leqslant r+s$ B. $w< r+s$

  C. $w> r+s$ D. $w\geqslant r+s$

二、填空题

1. 关系数据库管理系统查询处理可以分为四个阶段，分别为查询分析、查询检查、_____和查询执行。

2. 按照优化的层次，一般可将_____分为代数优化和物理优化。

3. 使用优化器估算不同执行策略的代价，并选出具有最小代价的执行计划，这种优化方式称为基于_____的优化。

4. _____是指关系代数表达式的优化，即按照一定规则，通过对关系代数表达式进行等价变换，改变代数表达式中操作的次序和组合，使查询执行效率更高。

5. 代数优化是指_____。

三、简答题

1. 简述查询优化在关系数据库系统中的重要性和可能性。

2. 对于下面的数据库模式：

Teacher (Tno, Tname, Tage,Tsex)，Department (Dno, Dname, Tno)，Work (Tno, Dno, Year, Salary)

假设 Teacher 的 Tno 属性、Department 的 Dno 属性以及 Work 的 Year 属性上有 B+树索引，说明下列查询语句的一种较优的处理方法。

(1) SELECT * FROM teacher where Tsex = '女'；

(2) SELECT * FROM department where Dno < 301；

(3) SELECT * FROM work where Year <> 2000；

(4) SELECT * FROM work where year > 2000 and salary < 5000；

(5) SELECT * FROM work where year < 2000 or salary < 5000；

3. 简述关系数据库管理系统查询优化的一般准则。

4. 简述关系数据库管理系统查询优化的一般步骤。

5. 简述等值连接与自然连接的区别与联系。

6. 关系代数的基本运算有哪些？如何用这些基本运算来表示其他运算？

7. 简述关系数据语言的特点和分类。

四、操作题

1. 假设关系 $R(A，B)$ 和 S($B，C，D$)情况如下：R 有 20000 个元组，S 有 1200 个元组，一个块能装 40 个 R 的元组，能装 30 个 S 的元组，估算下列操作需要多少次磁盘块读写。

(1) R 上没有索引：SELECT * FROM R。

(2) R 中 A 为主码，A 有 3 层 B+树索引：SELECT * FROM R where A=10。

(3) 嵌套循环连接 $R \bowtie S$。

(4) 排序合并连接 $R \bowtie S$，区分 R 与 S 在 B 属性上已经有序和无序两种情况。

2. 某数据库的关系模式如下。

学生 Student(sno,sanme,sage,ssex,sdept)

学习 SC(sno,cno,grade)

课程 Course(cno,cname,cpno,ccredit)

依据这三张表，用关系代数语句完成下列查询。

(1) 查询选修数据库课程且成绩不及格的学生学号和姓名。

(2) 查询选修全部课程的学生信息，显示学号和姓名。

3. 设有关系职工(职工号，姓名，工资，部门号)、关系部门(部门号，部门名称，部门经理职工号)。试用 SQL 语句完成以下功能。

(1) 列出各部门中工资高于 3000 元的职工的平均工资。

(2) 请用 SQL 语句将"销售部"工资低于 2500 元的职工的工资上调 10%。

(3) 使用关系代数表示此查询，"查询 001 号职工所在部门名称"的关系代数表达式。

(4) 有如下关系代数表达式：

$$\Pi_{职工号}(职工(\sigma_{部门经理职工号='001'}(部门)))$$

请将其转化成相应的 SQL 语句。

(5) 创建视图，通过视图只能查看职工的职工号及平均工资。

第8章
数据的安全性

党的二十大报告将推进国家安全体系和能力现代化作为重点任务，对强化网络、数据等安全保障体系建设作出了明确部署。现实世界的一切信息、活动、财富都可以用数据来记载和体现，存储在数据库中。因此，在进行数据库系统设计时需要考虑数据库的安全性。要保证数据库中数据的安全，就必须对每个访问数据库的用户标识其身份，明确其能访问的数据，并进一步明确其能执行什么样的操作。安全保障机制必须简单明了且完备，这样安全管理才不会出现漏洞，才会切实可靠。

数据的安全性知识相对易于理解，其保障机制与常见的公共安全机制完全一致。当然，这些保障机制在数据库安全维护管理中只是一部分，随着计算机技术和网络技术的飞速发展，数据库的运行环境也在经历着革命性的变化，新的环境和服务模式不断涌现。然而，这些变化在带来便捷的同时，也给数据库系统带来了更多安全威胁。因此，有效地保证数据库安全是比较困难和耗时的。

保护数据库安全的目标是保护数据免受意外或故意的丢失、破坏或滥用。这些威胁会给数据库的完整性和访问带来问题。无论是故意威胁还是意外威胁，都会对系统进而对组织造成负面影响。威胁可以由人员、活动、环境的情况或事件所导致。危害可能是有形的(如硬件、软件或数据的丢失)，也可能是无形的(如可靠度或客户信用度的缺失)。数据库安全包括允许或禁止用户操作数据库及其对象，从而防止数据库被滥用或误用。数据库管理员负责数据库系统的安全，必须能够识别威胁，并实施安全措施，采取合适的控制活动以最小化威胁。

本章将重点探讨数据库系统如何有效防范未经授权的数据泄露、修改以及有意或无意的数据破坏，阐述数据库系统所具备的保护数据免受攻击的能力。

【学习目标】

1. 了解数据安全性的概念。

2. 了解数据库的不安全因素及信息安全相关标准。

3. 掌握数据库管理系统提供的安全措施：用户身份鉴别、自主存取控制和强制存取控制技术、视图技术和审计技术、数据加密存储和加密传输等。

4. 熟练掌握数据库角色的概念及创建方法、角色权限的授权与回收。

5. 重点掌握用户权限的授予与回收方法：GRANT 和 REVOKE 语句的使用。

【知识图谱】

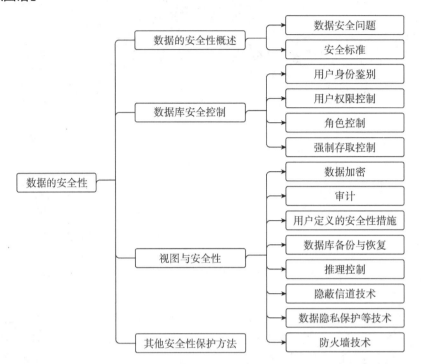

8.1 数据的安全性概述

数据库的安全性是指采取措施保护数据库，防止非法使用造成数据的泄露、更改或破坏。数据是一种极具价值的资源。与系统的其他资源一样，数据也应当受到严格的控制和管理。对一个组织机构来说，部分或者全部数据可能具有战略重要性，因此应该确保其安全性和机密性。随着数据的日益增长和数据库的广泛应用，确保数据库的安全变得尤为重要。

8.1.1 数据安全问题

数据库安全问题不仅是数据库系统本身的问题，而且是所有计算机系统都存在的安全风险。在数据库系统中，由于数据被集中存储并由众多用户直接共享，安全问题尤为关键。数据库系统安全保护措施的有效性是衡量数据库系统性能的重要标准之一。影响数据库安全的因素有很多，概括起来主要有以下几方面。

1. 非授权用户对数据库的恶意存取和破坏

用户面临的风险主要涉及用户账号、角色和针对特定数据库目标的操作权限。例如，用户账号是进入数据库系统的关键凭证，一些恶意攻击者和犯罪分子可能会在用户存取数据时尝试访问数据库，窃取用户名和密码。一旦账号被不当使用或破解，黑客便能冒充合法用户进行数据窃取或篡改，甚至对数据库进行恶意操作，导致未经授权的数据访问和破坏，威胁数据库的安全。因此，数据库管理系统会采取用户身份鉴别、存取控制和视图等技术，以保证数据的安全，阻止有损数据库安全的非法操作。

2. 数据库中敏感或机密数据被泄露

数据库可能包含敏感或机密数据，如个人隐私、商业机密等，黑客或敌对分子会想方设法窃取这些重要数据，如果数据泄露，可能会对个人或组织造成严重的损害。为防止数据泄露，数据库管理系统提供了强制存取控制(mandatory access control，MAC)、数据加密存储和加密传输等技术。

此外，在安全性要求较高的部门提供审计功能，定期监控和审计数据库的操作行为，包括用户登录、访问数据、修改数据等操作；记录所有异常操作和违规行为，以便及时发现并采取相应的措施，防止对数据库安全责任的否认。

3. 安全环境的脆弱性

数据库的安全性紧密关联着计算机系统的安全性，涵盖计算机硬件、操作系统、网络系统等方面的安全性。操作系统存在安全弱点、网络协议安全保障不足等，都会对数据库安全性造成威胁。例如，特洛伊木马程序可能会篡改入驻程序的密码，并在更新密码时，使入侵者能够获取新密码。此外，许多数据库系统的特征参数虽然为数据库管理员提供了便利，但也为数据库服务器主机操作系统留下了后门，黑客会利用这些后门访问数据库。随着互联网技术的进步，计算机安全性问题日益突出，对各类计算机及其相关产品、信息系统的安全性要求越来越高。因此，必须加强计算机系统的安全性管理，逐步建立起一套可信计算机系统的概念和标准势在必行，以规范和指导计算机系统安全部件的生产，准确地衡量产品的安全性能指标，并满足不同用户的需求。

8.1.2　安全标准

计算机以及信息安全技术领域有一系列安全标准，其中非常有影响的是可信计算机系统评估准则(trusted computer system evaluation criteria，TCSEC)和信息技术安全评价通用准则(the common criteria for information technology security evaluation，CC)两个标准。

TCSEC，通常也被称作"orange book"，最初由美国国防科学委员会在 1970 年提出。TCSEC 作为计算机系统安全评估的第一个正式标准，具有划时代的意义，旨在为美国国防部提供一套完整的计算机安全标准。

20 世纪 70 年代，随着计算机技术的飞速发展和政府机构、企业等对计算机系统的依赖日益加深，计算机系统的安全性问题日益突出。为了满足对计算机系统安全性的需求，美国国防部于 1970 年成立了国家安全委员会(NSC)，着手制定一套全面的计算机安全标准。

NSC 在 1973 年提出了"红皮书"草案，该草案成了 TCSEC 的雏形。随后，NSC 在 1974 年提出了"紫皮书"草案，进一步细化了安全要求和准则。最终，在 1985 年 12 月，美国国防部正式公布了 TCSEC。

TCSEC 包括功能安全要求和保证安全要求两个方面。其中，功能安全要求主要包括对数据的机密性、完整性和可用性的保护，保证安全要求则包括可审查性、可维护性、可审计性、可标识性等。这些要求为计算机系统的设计和实施提供了全面的安全指导。

虽然 TCSEC 已经成为计算机安全领域的经典标准之一，但随着计算机技术的发展和安全威胁的不断变化，TCSEC 也面临着一定的挑战和局限性。例如，TCSEC 主要关注的是静态安全技术，对于动态安全技术的考虑较少；同时，它没有考虑到云计算、大数据等新兴技术的应用对计算机系统安全性的影响。因此，在新的安全威胁和技术的背景下，需要不断更新和完善 TCSEC 标准，以适应不断变化的安全需求。

为满足全球 IT 市场互认标准化安全评估结果的需要，更多的信息安全标准和准则开始出现。回顾信息安全标准的发展，标志性的事件包括：1996 年，六国七方(英国、加拿大、法国、德国、荷兰、美国国家安全局和美国标准技术研究所)签署《信息技术安全性通用评估准则》，这标志着 CC 也就是 CC1.0 版的诞生。CC2.0 版在 1999 年成为国际标准 ISO/IEC 15408，而 2001 年我国将其转化为推荐性国家标准《信息技术 安全技术 信息技术安全评估准则》(GB/T 18336)。目前最新的版本是 CC3.1 版(CC v3.1. Release 5)。

目前 CC 已经基本取代了 TCSEC，成为评估信息产品安全性的主要标准。

TCSEC 分为 4 组 7 个等级，依次是 D 级、C1 级、C2 级、B1 级、B2 级、B3 级、A1 级，按系统可靠程度或可信程度逐渐增高。

D 级：最低安全级别，提供基础的自主安全保护。

C1 级：实现用户数据隔离，实行自主存取控制(discretionary access control，DAC)，限制用户权限扩散。

C2 级：提供可控的存取保护，深化自主存取控制，执行审计和资源隔离。

B1 级：标记安全保护，对系统数据进行标记，实施强制存取控制和审计等安全措施。

B2 级：结构化保护，将系统划分为多个模块，各模块具有独立的安全级别和访问控制机制。

B3 级：安全域，将系统划分为多个安全域，各域具有独立的安全级别和访问控制机制。

A1 级：验证设计，即提供 B3 级保护的同时给出系统的形式化设计说明和验证，以确保各安全保护真正实现。

CC 是在多个评估准则和实践的基础上，通过互相概括和互补发展而形成的。相较于早期的评估准则，CC 以其结构开放和通用表达的优势，更能适应信息安全威胁和技术的不断变化、挑战。

CC提出了国际通用的信息安全架构，即将信息产品的安全要求分为安全功能和安全保证两方面。安全功能规定了产品和系统的安全表现，而安全保证则探讨如何正确且有效地实现这些功能。两者都以"类—子类组件"的结构表述，组件是安全要求的最小构件块。这种结构化方法使得 CC 能更清晰地阐述信息产品的安全需求，并针对各种产品与服务进行灵活评估。

CC 文本主要包括三个部分：简介、安全功能要求和安全保证要求。简介部分解释了 CC 中的术语、基本理念、通用模型以及与评估相关的框架。安全功能要求部分则列举了各类、子类和组件，包括 11 个大类、66 个子类和 135 个组件。安全保证要求部分则提供了一个详细的保证类、子类和组件列表，涵盖 7 个大类、26 个子类和 74 个组件。这些保证类、子类和组件是评估信息产品安全性所需的安全保证要求的集合。依据系统对安全保证要求的支持程度，CC 提出了评估保证级别，分为 7 个等级：EAL1～EAL7。每个级别代表了不同的安全保证程度，EAL 越高，产品的安全保证程度越高。这三个部分相互依存，共同构建了 CC 的标准体系。

CC 评估保证级(EAL)的划分如表 8-1 所示。

表 8-1　CC 评估保证级(EAL)的划分

评估保证级	定义	TCSEC 安全级别(近似相当)
EAL1	功能测试	
EAL2	结构测试	C1
EAL3	系统地测试和检查	C2
EAL4	系统地设计、测试和复	B1
EAL5	半形式化设计和测试	B2
EAL6	半形式化验证的设计和测试	B3
EAL7	形式化验证的设计和测试	A1

评估保证级(EAL)是 CC 2.1 版用于衡量一个信息产品满足安全保证要求程度指标。EAL1~EAL7 每个级别都有具体的评估要求和标准，如 EAL1 要求产品满足基本的安全要求，而 EAL7 则要求产品满足最高的安全保证要求。评估人员可根据产品实际情况选择合适的 EAL 级别进行评估。大致来说，TCSEC 的 C1 和 C2 级分别相当于 EAL2 和 EAL3，B1，B2 和 B3 分别相当于 EAL4，EAL5 和 EAL6，A1 相当于 EAL7。

8.2　数据库安全控制

安全性控制旨在最大限度地消除所有潜在的数据库非法入侵。用户对数据库的非法操作可能有多种形式，如编写合规程序规避数据库管理系统授权，通过操作系统直接操作、更改或备份相关数据。对于用户无论是故意还是无意产生的非法数据访问，都应严格执行管控。

在一般计算机系统中，安全性依赖多层次防护。在图 8-1 展示的计算机系统安全模型中，系统首先进行用户身份验证，通过验证的用户才能进入系统。一旦用户进入系统，数据库管理系统就会执行存取控制，只允许用户执行合法操作。操作系统也提供防护措施，如数据加密存储。关于操作系统安全防护可参考相关资料。此外，对于强制披露密码、盗窃存储设备等行为的防护措施，如机房出入登记、加锁等，本书也不讨论。

用户标识和鉴别　　　　数据库安全保护　　　　操作系统安全保护　　　　数据密码存储

图 8-1　计算机系统安全模型

本章将重点讨论与数据库有关的安全性措施，包括用户身份鉴别、用户权限控制方法、角色控制、强制存取控制方法等。这些措施对于保护数据库中的数据和信息起着至关重要的作用。

图 8-2 所示为数据库安全访问控制流程。首先，数据库管理系统对用户进行身份验证，以防止不信任的用户使用系统。其次，在 SQL 处理层实施自主和强制存取控制，以增强数据安全性。再次，还有推理控制来监控恶意访问。根据安全需求，可以配置审计规则，审计用户访问行为和系统关键操作。通过设置简单的入侵检测规则来检测和处理异常用户行为。最后，在数

据存储层，数据库管理系统不仅存储用户数据，还存放与安全相关的标记和信息(称为安全数据)，提供存储加密等功能。这些措施共同构成了数据库安全保护的关键环节，有效保证了数据的机密性和完整性。

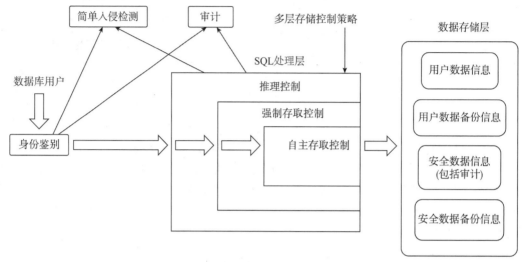

图 8-2　数据库安全访问控制流程

8.2.1　用户身份鉴别

数据库管理系统通过用户身份鉴别提供最外层的安全保护，只有在数据库管理系统成功注册的用户才拥有合法身份，才能访问数据库。每个用户在系统中都有唯一的用户标识，由用户名(USERNAME)和用户标识号(UID)组成。UID 在系统全生命周期中具有唯一性。系统内部保存所有合法用户的标识，首先检查用户是否存在。若不存在，则拒绝其进入数据库管理系统；若存在，则进一步核实该用户是否确实拥有对应的 UID，只有核实成功的用户才能进入数据库管理系统，这个过程即为用户身份鉴别。

一般来说，作为身份认证的信息可以分为三类，即用户知道的信息、用户持有的信息和用户的特征。例如，密码属于用户知道的信息，智能卡属于用户持有的信息，指纹则属于用户的特征。利用这三类身份认证信息中的任何一类均可建立用户身份的认证机制。当然，同时利用两种或三种信息的组合作为身份认证机制能进一步增强认证机制的有效性和强制性，且在日常实践中通常也会综合运用。以下是一些常见的验证方法。

1. 静态密码鉴别

静态密码鉴别是目前常见的验证方式。静态密码一般由用户自行设定，系统要求用户输入，只有密码正确才能登录。用户可自行定义并随时更改密码。这些密码是静态不变的，为确保安全，数据库管理系统从密码复杂度、管理、存储和传输等多方面进行保护。例如，要求密码长度至少是 8 个字符；密码要求是字母、数字和特殊字符混合，其中，特殊符号是除空白符、英文字母、单引号和数字外的所有可见字符。在此基础上，数据库管理员还能根据应用需求灵活地设置密码强度。例如，设定密码中数字、字母或特殊符号的个数；设置密码是否可以是简单的常见单词，是否允许密码与用户名相同；设置重复使用密码的最小时间间隔；等等。此外，用户在终端输入密码时，不把密码的内容显示在屏幕上，而是用字符"*"代替。用户身份鉴别可以重复多次。

2. 动态密码鉴别

动态密码鉴别是一种相比静态密码鉴别更先进、更安全的识别方式。动态密码随每次鉴别会发生变化，采用一次性密码策略。数据库管理系统会实时生成新密码，用户需通过短信或动态令牌等渠道获取。这种认证方式提高了安全性，降低了密码被盗或破解的风险。

3. 生物特征鉴别

生物特征鉴别是一种利用生物体独一无二的、可衡量、可识别和可验证的稳定特征进行鉴别的技术，如指纹、虹膜和掌纹等。它采用图像处理和模式识别等技术，实现了基于生物特征的认证。与传统的密码鉴别相比，这种方法安全性更高，更难被窃取或破解。

4. 智能卡鉴别

智能卡是不可复制硬件，内含加密芯片，用于身份验证。用户登录数据库系统时，需插入读卡器。卡内验证信息固定，每次读取数据相同，易被窃取破解。实际应用中，结合个人识别码和智能卡，即使其中之一被窃，用户身份仍安全。

8.2.2　用户权限控制

1. 用户权限的分类

权限是访问和操作数据的通行证。权限可以保护系统不同安全对象和资源。主体和安全对象之间通过权限相关联，主体是可以请求系统资源的个体、组或者过程。

数据库系统的权限用于控制用户对数据库对象的访问，并指定用户对数据库可执行的操作。用户可以设置服务器和数据库的权限。数据库系统主要具有以下三种用户权限：

(1) 服务器权限。服务器权限准许数据库管理员执行管理任务。这些权限定义在固定服务器角色中，所有角色可以分配给登录用户，但不可修改。通常，只将服务器权限授权给数据库管理员，而不需要修改或授权给其他用户。

(2) 数据库对象权限。数据库对象权限是授予用户访问数据库中指定对象的一种权限，使用 SQL 语句访问表或视图时必须具有其对象权限。

(3) 数据库权限。数据库权限用于控制对象访问和语句执行。数据库权限不仅使用户可访问数据库中的对象，还可给用户分配数据库权限。数据库权限除了授权用户创建数据库对象和备份外，还增加了一些更改数据库对象的权限。一个用户可直接分配其权限，也可作为一个角色中的成员间接获取权限。

2. 用户权限控制方法

上个小节介绍了用户身份鉴别可以判断用户进入数据库管理系统是否合法，却无法判断合法用户是否在自己合法权限内操作，合法用户的权限是不相同的。数据库安全最重要的就是通过用户访问权限控制做到每个合法用户只能执行他有权执行的操作，只能访问他有权访问的数据库中的数据，而没有访问资格的人员无权访问。用户权限控制方法主要包括用户权限授权和合法权限检查。

(1) 用户权限授权。为数据库中的某项数据设定用户操作权限，并将权限信息登记于数据字典中，此过程称为用户权限授权。用户具体应具备哪些权限属管理及政策范畴，而非技术性问题。数据库管理系统负责执行这些决策，为此需提供相应语言来定义用户权限，编译后的定义存储在数据字典中，称为安全或授权规则。

(2) 合法权限检查。当用户对数据库发出操作类型、操作对象和操作用户等信息的操作请求后，数据库管理系统查找数据字典，根据安全规则进行合法权限检查。若用户的操作请求没有在数据字典的登记中，即超出了对用户授权的权限，系统将拒绝执行此操作。

定义用户权限和合法权限检查机制一起组成了数据库管理系统的存取控制子系统。C2级的数据库管理系统支持自主存取控制，B1级的数据库管理系统支持强制存取控制。

大型数据库管理系统都支持自主存取控制。自主存取控制又称自主安全模式，基于访问权限的概念和用户权限授权机制。它赋予用户对不同对象的权限，包括对特定模式中数据文件、记录或字段的读取、插入、删除或以上所有操作等权限，表或视图等对象的创建者自动获得对这些对象的所有操作权。数据库管理系统记录授予用户的权限。在自主存取控制方法中，用户对于不同的数据库对象有不同的存取权限，不同的用户对同一对象也有不同的权限，而且用户可将其拥有的存取权限转授给其他用户。自主存取控制是非常灵活的，但它也有某些缺点，如未授权用户可以欺骗授权的用户去访问不公开的敏感数据。SQL对自主存取控制提供支持，主要通过SQL的GRANT语句和REVOKE语句来实现。

用户权限由两个要素组成：数据库对象和操作类型。定义一个用户的存取权限就是要定义这个用户可以在哪些数据库对象上进行哪些类型的操作。在数据库系统中，定义存取权限称为授权。例如，在非关系数据库系统中，用户只能对数据进行操作，存取控制的数据库对象也仅限于数据本身。在关系数据库系统中，存取控制的对象不仅有数据本身(包括基本表中的数据、属性列上的数据等)，还有数据库模式(包括数据库、基本表、视图和索引的创建等)。表8-2列出了关系数据库系统中主要的存取权限。

表 8-2　关系数据库系统中主要的存取权限

对象类型	对象	操作类型
数据库模式	模式	CREATE SCHEMA
	基本表	CREATE TABLE，ALTER TABLE
	视图	CREATE VIEW
	索引	CREATE INDEX
数据	基本表和视图	SELECT,INSERT, UPDATE, DELETE, REFERENCES, ALL PRIVILEGES
	属性列	SELECT，INSERT，UPDATE，REFERENCES，ALL PRIVILEGES

表8-2中，列权限包括SELECT，REFERENCES，INSERT，UPDATE，其含义与表权限类似。需要说明的是，对列的UPDATE权限指对于表中存在的某一列的值可以进行修改。当然，有了这个权限之后，在修改的过程中还要遵守表在创建时定义的主码及其他约束。列上的INSERT权限指用户可以插入一个元组。对于插入的元组，授权用户可以插入指定的值，其他列或者为空，或者为默认值。在给用户授予列INSERT权限时，一定要包含主码的INSERT权限，否则用户的插入操作会因为主码为空而被拒绝。

在强制存取控制方法中，每一个数据库对象被标以一定的密级，每一个用户也被授予某一个级别的许可证。对于任意一个对象，只有具有合法许可证的用户才可以存取。因此强制存取控制相对严格。8.4 节会对强制存取控制进行详细介绍。

8.2.3　角色控制

角色就是一个或一群用户在组织内可执行操作的集合。数据库管理员可以根据组织中的不同工作创建角色，然后根据用户的职责分配角色，使用户可以轻松地进行角色转换。角色控制根据用户在组织内所处的角色进行访问授权与控制。只有数据库管理员有权定义和分配角色。用户只有通过角色才享有该角色所对应的权限，从而访问相应的客体。角色控制的最大优势在于授权管理的便利性，主要的管理工作是授权或取消用户的角色。

角色控制的核心思想是安全授权和角色相联系。用户首先要成为相应角色的成员，才能获得该角色对应的权限。而随着新应用和新系统的增加，角色可分配更多的权限，也可根据需要撤销相应的权限。应用表明，把数据库管理员权限局限在改变用户角色上，比赋予数据库管理员更改角色权限更安全。

在一个实际系统中，策略的实施实际上是精确配置和被系统拥有者控制的不同角色交互作用的结果。此外，访问控制策略可在系统全生命周期中不断进化，这种可以根据变化的需要来修改策略的能力是角色控制的主要优点。使用角色来管理数据库权限可以简化授权的过程。

在 SQL 中首先用 CREATE ROLE 语句创建角色，然后用 GRANT 语句给角色授权，用 REVOKE 语句收回授予角色的权限。

1. 角色创建
创建角色的 SQL 语句格式如下：

```
CREATE ROLE <角色名>;
```

2. 角色授权
刚刚创建的角色是空的，没有任何内容。可以用 GRANT 语句为角色授权。

```
GRANT <权限> [,<权限>]…
ON <对象类型>对象名
TO <角色>[,<角色>]…;
```

3. 将一个角色授予其他角色或用户
数据库管理员和用户可以利用 GRANT 语句将权限授予某一个或几个角色。

```
GRANT <角色 1>[, <角色 2>]…
TO <角色 3>[, <用户 1>]…
[WITH ADMIN OPTION];
```

该语句把角色授予某用户，或授予另一个角色。这样，一个角色(如角色 3)所拥有的权限就是授予它的全部角色(如角色 1 和角色 2)所包含的权限的总和。

授予者或者是角色的创建者，或者拥有在这个角色上的 ADMIN OPTION，如果指定了 WITH ADMIN OPTION 子句，则获得某种权限的角色或用户还可以把这种权限再授予其他角色。

一个角色包含的权限包括直接授予这个角色的全部权限加上其他角色授予这个角色的全部权限。

4. 角色权限收回

角色权限收回的 SQL 语句格式如下：

```
REVOKE <权限> [, <权限>]…
ON <对象类型><对象名>
FROM <角色>[, <角色>]…;
```

用户可以收回角色的权限，从而修改角色拥有的权限。

REVOKE 动作的执行者或者是角色的创建者，或者拥有在这个(些)角色上的 ADMIN OPTION。

【例 8-1】授予角色"T1"对数据库中签到表的 SELECT，INSERT，UPDATE 和 DELETE 权限。

```
GRANT SELECT,INSERT,UPDATE,DELETE
ON 签到表
TO T1;
```

【例 8-2】撤销角色"T1"对数据库中签到表的 DELETE 权限。

```
REVOKE DELETE
ON 签到表
FROM T1;
```

同样地，也可以修改角色权限，使角色 T1 在例 8-2 的基础上增加学生表 student 的 DELETE 权限，使角色 T1 减少 SELECT 权限。

【例 8-3】通过角色来实现将一组权限授予某些用户以及修改、回收权限。

步骤如下：

(1) 创建一个角色 T2。

(2) 用 GRANT 语句，使角色 T2 拥有签到表的查询、插入数据权限。

(3) 将这个角色授予 teacher1，teacher 2，teacher 3，使他们具有角色 T2 所包含的全部权限。

(4) 增加角色的权限。使角色 T2 在原基础上增加修改及删除数据的权限。

(5) 一次性通过 REVOKE C1 来回收 teacher 3 拥有的该角色的所有权限。

(6) 减少角色的权限。去除角色 T2 插入数据的权限。

SQL 语句格式如下：

```
CREATE ROLE T2;
GRANT SELECT,INSERT
ON TABLE 考勤表
TO T2;

GRANT T2
TO teacher 1, teacher 2, teacher 3;
```

```
GRANT UPDATE, DELETE
ON TABLE 签到表
TO T2;

REVOKE T2
FROM teacher 3;

REVOKE INSERT
ON TABLE 签到表
FROM T2;
```

可以看出，数据库角色是一组权限的集合，使用角色来管理数据库权限可以简化授权的过程，使自主授权的执行更加灵活、方便。

8.2.4　强制存取控制

自主存取控制的授权机制虽然可以有效地控制用户对敏感数据的存取，但用户对数据的存取权限是自主决定的，这就可能导致数据的无意泄露。例如，甲将自己的数据存取权限授权给乙，甲的意图是仅允许乙本人操纵这些数据，但乙可能会将这些数据备份并传播，这显然是存在安全风险的。这种问题的根本原因在于，现有的机制只是对数据的存取权限进行控制，而没有对数据本身进行安全标记。

要解决这个问题，可以考虑实施强制存取控制策略。这种策略可以对系统控制下的所有主客体进行更加细致的安全控制。具体来说，强制存取控制策略可以根据数据的敏感程度和用户的安全级别来决定用户能否访问特定的数据，可以防止用户将敏感数据泄露给无权限的用户，可以防止用户将数据备份并传播。在强制存取控制策略下，系统的安全策略决定了哪些用户可以访问哪些数据，而不是由用户自己来决定。

强制存取控制策略的优点：提供了一种更有效的方式保护数据，因为系统可以强制执行安全策略，而不需要依赖用户的自我约束。然而，这种策略也有其局限性，因为用户可能无法直接控制或感知这种安全控制的存在。强制存取控制特别适用于那些需要对数据进行严格分类和保护的部门，如军事部门或政府部门。这些部门的数据的安全性和保密性至关重要，因为强制存取控制策略可以提供更高级别的安全性保障。

在强制存取控制中，数据库管理系统将所有实体分为两大类：主体和客体。主体是系统中的活动实体，包括数据库管理系统所管理的实际用户以及代表用户的各进程。这些主体是能够进行数据存取和操作的实体。客体则是系统中的被动实体，受主体操纵，包括文件、基本表、索引、视图等。这些客体是主体操作的对象，通常是被存储和管理的数据。

在强制存取控制中，数据库管理系统对主体和客体进行敏感度标记，即给每个实体分配一个敏感度级别，如绝密 TS、机密 S、可信 C、公开 P 等。密级的次序是 TS>=S>=C>=P。主体的敏感度标记称为许可证级别，客体的敏感度标记称为密级。这些敏感度级别代表了实体的重要性和保密程度。

强制存取控制规定了主体对客体的访问权限。具体来说，只有当主体的许可证级别大于或等于客体的密级时，该主体才能读取相应的客体；当主体的许可证级别小于或等于客体的密级时，该主体才能写相应的客体。这种机制可以有效地保护高敏感度的数据不被低权限的用户访问，从而增强数据的安全性和保密性。

强制存取控制对数据本身进行密级标记，无论数据如何复制，标记与数据是一个不可分的整体，只有符合密级标记要求的用户才可以操纵数据，从而提供更高级别的安全性保护。

在实现强制存取控制策略之前，需要先实现自主存取控制。自主存取控制是一种基于用户角色的访问控制机制，允许用户根据其角色权限来访问数据库对象。在强制存取控制中，系统首先进行自主存取控制检查，对通过自主存取控制检查的允许存取的数据库对象再由系统自动进行强制存取控制检查，只有通过强制存取控制检查的数据库对象用户才可存取数据。自主存取控制和强制存取控制安全检查示意图如图 8-3 所示。

这种结合自主存取控制和强制存取控制的机制可以提供更高级别的安全性保护。自主存取控制可以限制用户的访问权限，而强制存取控制可以防止高敏感度的数据被低权限用户访问。只有当用户的角色权限和密级标记都符合要求时，用户才能访问相应的数据库对象，这样可以提供更高级别的安全性保护。

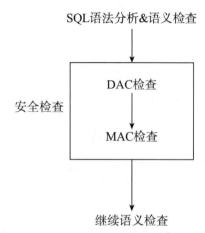

图 8-3 自主存取控制和强制存取控制
安全检查示意图

8.3 视图与安全性

视图是关系数据库系统提供给用户，让用户从多个角度观察数据库中数据的重要机制。视图是从一个或几个基本表或视图(视图可以建立在视图之上)中导出的表。与基本表不同，视图是一个虚表。数据库中只存放视图的定义，而不存放视图对应的数据，这些数据依然存放在原来的基本表中。所以，基本表中的数据发生变化，从视图中查询出的数据也随之改变。从这个意义上讲，视图就像一个窗口，透过它用户可以看到数据库中自己感兴趣的数据及其变化。

定义视图可以使用户只看到指定表中的某些行、某些列，也可以将多个表中的列组合起来，使得这些列看起来就像一个简单的数据表。定义视图只提供给用户所需的数据，而不是所有的信息。总之，有了视图机制，设计人员就可以在设计数据库应用系统时针对不同的用户定义不同的视图，使机密数据不出现在不应看到这些数据的用户视图上。也就是说，设计人员通过视图机制把要保密的数据对无权存取的用户隐藏起来，从而自动对数据提供一定程度的安全保护。

视图机制间接地实现了支持存取谓词的用户权限定义。例如，在某大学中假定 T3 教师只能检索计算机学生的信息，系主任 Department1 具有检索和增删改计算机学生信息的所有权限。这就要求系统支持存取谓词的用户权限定义。不直接支持存取谓词的系统可以先建立计算机学生的视图——计算机_学生，然后在视图上进一步定义存取权限。

【例 8-4】建立计算机_学生的视图，把对该视图的 SELECT 权限授予 T3，把该视图上的所有操作权限授予 Department1。

SQL 语句如下:

```
CREATE VIEW 计算机_学生          /*先建立视图计算机_学生*/
AS
SELECT *
FROM 学生表
WHERE 院系名称='计算机';


GRANT SELECT                    /*T3 教师只能检索计算机学生的信息*/
ON 计算机_学生
TO T3;


GRANT ALL PRIVILEGES            /*系主任具有检索和增删改计算机学生信息的所有权限*/
ON 计算机_学生
TO Department1;
```

【例 8-5】仅允许用户 teacher1 拥有学生表中所有男学生记录的查询和插入权限。允许用户 teacher3 拥有对该表中所有男学生记录的全部操作权限。

先建立学生表中所有男学生记录的视图,再将该视图的 SELECT,INSERT 权限授予 U1。

SQL 语句如下:

```
CREATE VIEW 男学生
AS SELECT *
FROM 学生表
WHERE sex='男';


GRANT SELECT,INSERT
ON 男学生
TO teacher1;


GRANT ALL PRIVILEGES
ON 男学生
TO teacher3;
```

【例 8-6】允许所有用户查询每名学生的平均成绩(不允许了解具体的各课堂成绩)。

SQL 语句如下:

```
CREATE VIEW 平均成绩(学生id,平均得分)
AS SELECT 学生id, AVG(学生得分)
FROM student_test_detail
GROUP BY 学生id;


GRANT SELECT
ON 平均成绩
TO PUBLIC;
```

8.4 其他安全性保护方法

为更好地满足数据库管理系统的安全性保护要求，在存取控制和视图机制之外，还有一些安全性保护方法。

8.4.1 数据加密

数据加密，是指将称为明文的敏感信息，通过加密算法和密钥，转换为一种难以直接辨认的密文。解密是加密的逆向过程，即将密文转换成可识别的明文。数据库密码系统要求把明文数据加密成密文，数据库存储密文，查询时将密文取出，解密后得到明文。

对于一些重要的机密数据，如一些金融数据、商业秘密、游戏网站玩家的虚拟财产，都必须存储在数据库中，需要防止对它们未授权的访问，哪怕是整个系统都被破坏了，加密还可以保护数据的安全。对数据库安全性的威胁有时候是来自网络内部，一些内部用户可能非法获取用户名和密码，或者利用其他方法越权使用数据库，甚至可以直接打开数据库文件来窃取或篡改信息。因此，有必要对数据库中存储的重要数据进行加密处理，以实现数据存储的安全保护。

数据加密的基本方法有三种：信息编码、信息置换和信息替换。常用的数据加密方法有美国国家数据加密标准(data encryption standard，DES)、公开密钥系统等。

所有提供加密机制的系统必然也提供相应的解密程序。这些解密程序本身也必须具有一定的安全性保护措施，否则数据加密的优点也就遗失殆尽了。

数据加密目前仍是计算机系统对信息进行保护的一种非常可靠的方法。它利用密码技术对信息进行加密，实现信息隐蔽，从而起到保护信息安全的作用。数据库加密系统能够有效地保证数据的安全，黑客即使窃取了关键数据，也难以得到所需的信息。另外，数据库加密以后，不需要了解数据内容的系统管理员不能见到明文，这也大大提高了关键数据的安全性。

数据加密是比较费时的操作，而且数据加密、解密程序会占用大量系统资源，增加了系统的开销，降低了数据库的效率。因此，数据库管理系统通常将它们作为可选特征，允许数据库管理员根据应用对安全性的要求，允许用户对高度机密的数据加密。数据加密技术一般用于安全性要求较高的数据库系统。

8.4.2 审计

上面介绍的保密措施都不是绝对可靠的，因为蓄意窃密者总是想方设法打破控制。对于高度敏感的保密数据，必须以审计作为预防手段。审计是一种监视措施，跟踪并记录有关数据的访问活动。

审计跟踪把用户对数据库的所有操作(如更新、删除、插入等)自动记录下来，存放在审计日志中，这样，一旦发生数据被非法存取，数据库管理员就可以利用审计跟踪的信息，重现导致数据库现有状况的一系列事件，从中找出非法存取数据的人、时间和内容等。在一些系统中，审计跟踪与事务日志是物理集成的；而在另外一些系统中事务日志和审计跟踪是分开的。

审计日志包括以下内容。

(1) 操作类型，如修改、查询等。

(2) 操作终端标识与操作者标识。

(3) 操作日期和时间。

(4) 操作所涉及的相关数据，如基本表、视图、记录、属性等。

(5) 操作前的数据和操作后的数据。

审计跟踪对数据库安全有辅助作用。例如，如果发现银行账户的余额错误，银行希望追溯所有对该账户的修改信息，从而发现错误修改以及执行该修改的人员，那么银行就可以使用审计跟踪来追溯这些人员进行的所有修改，从而找到其他的错误修改。许多数据库管理系统提供内嵌机制来创建审计跟踪。设计人员也可以使用系统定义的用户名和时间变量来定义适当的用于修改操作的触发器，从而创建审计跟踪。

使用审计功能会大大增加系统的开销，所以数据库管理系统通常将其作为可选特征，提供相应的操作语句灵活地打开或关闭审计功能。应用中，使用 SQL 的 AUDIT 语句设置审计功能，使用 NOAUDIT 语句取消审计功能。审计功能通常用于安全性要求较高的部门。

数据库安全审计系统提供了一种事后检查的安全机制。安全审计机制将特定用户或者特定对象相关的操作记录到系统审计日志中，作为后续对操作的查询分析和追踪的依据。审计机制可以约束用户可能的恶意操作。

8.4.3 用户定义的安全性措施

除了利用数据库管理系统提供的安全性功能，还可以使用触发器来定义一些用户级的安全性措施。最典型的用户定义的安全性措施是：可以规定用户只能在指定的时间内对表进行更新操作。例如，可以创建一个触发器，在用户登录数据库时检查其 IP 地址，并与允许登录的 IP 地址列表进行比较，如果用户的 IP 地址不在列表中，触发器将取消登录请求，从而限制用户的访问。触发器除了能实现数据库安全性保护之外，还具有完整性保护功能，而且其功能一般会比完整性约束条件强很多，且更加灵活。一般而言，在完整性约束功能中，当数据库管理系统检查数据中有违反完整性约束条件时，仅仅给用户必要的提示信息；而触发器不仅给出提示信息，还会引起系统内部自动进行某些操作，以消除违反完整性约束条件所引起的负面影响。第 9 章数据的完整性将会更加详细地讲解触发器的用法及作用。

8.4.4 数据库备份与恢复

数据库备份与恢复是实现数据库管理系统安全运行的重要技术。

备份也称转储或转存，用于系统意外故障或数据恶意修改、程序错误时的数据恢复。数据库管理系统总免不了发生系统故障，一旦系统发生故障，重要数据就可能遭到损坏。为了防止重要数据的丢失或损坏，数据库管理员应及早做好数据库备份。这样当系统发生故障时，数据库管理员就能利用已有的数据备份，把数据库恢复到原来的状态，以便保持数据的完整性和一致性。一般来说，常用的数据库备份方法有三种：①静态备份，关闭数据库时进行备份；②动态备份，数据库运行时将其备份；③逻辑备份，利用软件技术实现原始数据库内容的镜像等。

数据恢复也称数据还原，是指将备份的数据再恢复或还原到数据库系统中的过程，是数据备份的一个逆过程。数据恢复用于数据库系统出现意外故障时，使系统从故障状态快速恢复到正常运行状态。数据库恢复可以通过磁盘镜像、数据库备份文件和数据库在线日志三种方式来完成。

数据库恢复通常采用一个可预测的方案。首先确定它所需恢复的数据类型和程度，如果整个数据库都需要恢复到一致性状态，则将使用最近的一次处于一致性状态的数据库的备份进行恢复。通过使用事务日志信息，向前回滚备份以恢复所有的后续事务。如果数据库需要恢复，但数据库已提交的部分仍然不稳定，则恢复过程将通过事务日志撤销所有未提交的事务。

数据库的备份与恢复是整个数据信息安全的基础，是系统安全的重要保障。确定备份策略的思想：以最小的代价恢复数据，备份与恢复相互联系，备份与恢复应兼顾，两者结合，从而增强数据库管理系统的可靠性，最大限度地减少软、硬件故障导致的数据信息丢失。随着安全技术的快速发展，安全系统要求对已经遭受破坏的系统进行尽可能完整有效的系统恢复，以把损失降到最小。数据库备份与恢复是一项系统安全事后补救措施，但要真正恢复到用户所要求的系统安全状态非常困难，有待进一步研究和发展。

8.4.5　推理控制

在数据库管理中，推理控制处理的是强制存取控制未解决的问题，需要采取措施来防止用户通过查询和推断获取他们无权访问的数据。

基于函数依赖的推理控制和基于敏感关联的推理控制等方法都是有效控制数据访问和防止信息泄露的常用方法。这些方法通过限制用户对数据的访问，或者在数据查询结果中添加噪声等方式，使用户无法通过多次查询结果推断出更高密级的数据。比如，用户 A 通过授权可以查询自己的工资、姓名、职务，以及其他用户的姓名和职务。由于工资是高安全等级信息，用户 A 无权访问。但是，由于存在函数依赖关系，用户 A 可以利用自己的职务信息来推断其他用户的工资信息。这种情况就可能导致高安全等级的敏感信息泄露。

为了解决这个问题，数据库管理系统需要实施更严格的推理控制机制。例如，可以限制用户 A 只能查询与其自身有关的信息，或者在查询结果中添加噪声，使得用户 A 无法准确地推断其他用户的工资信息。

8.4.6　隐蔽信道技术

隐蔽信道也是一种未被强制存取控制解决的问题，它允许高安全等级用户通过与低安全等级用户之间的交互来传递信息。这种信息传递方式在数据库管理系统中是不被允许的，因为它可能导致高安全等级的敏感信息泄露。

高安全等级用户和低安全等级用户之间通过插入数据进行信息传递。高安全等级用户先向唯一约束列插入数据，然后低安全等级用户尝试插入相同的数据。如果插入失败，说明高安全等级用户已经插入过数据，这时二者约定信息位为 0；如果插入成功，说明高安全等级用户没有插入数据，这时二者约定信息位为 1。通过这种方式，高安全等级用户可以主动向低安全等级用户传输信息，从而造成高安全等级的敏感信息泄露。

为了解决这个问题，数据库管理系统需要加强对隐蔽信道的控制。一种可能的方法是限制用户之间的交互和信息传递，如禁止高安全等级用户和低安全等级用户之间的数据共享和交换。另外，数据库管理系统可以通过监控和分析数据库操作日志来发现和防止隐蔽信道的使用。

8.4.7　数据隐私保护技术

随着人们对隐私越来越重视，数据隐私成为数据库应用中新的数据保护模式。

数据隐私是指控制不愿被他人知道或他人不便知道的个人数据。数据隐私范围很广，涉及数据管理中的数据收集、数据存储、数据处理和数据发布等各个阶段。例如，在数据存储阶段应避免非授权的用户访问个人的隐私数据。通常可以使用数据库隐私保护技术实现这一阶段的隐私保护，如使用自主访问控制、强制访问控制和角色访问控制以及数据加密等。在数据处理阶段，需要考虑数据推理带来的隐私数据泄露，如非授权用户可能通过分析多次查询的结果，或者基于完整性约束信息，推导出其他用户的隐私数据。在数据发布阶段，应使包含隐私的数据发布结果满足特定的安全性标准，如发布的关系数据表首先不能包含原有表的候选码等。

8.4.8　防火墙技术

防火墙是为防止来自专用网的非法访问或对专用网的非法访问而设计的一个系统。防火墙可以用硬件实现，也可以用软件实现，甚至可以用软、硬件结合实现。防火墙通常用于阻止未授权的用户访问连接到 Internet 上的专用网，特别是企业内部网。防火墙会检查每一个通过它进出企业网的信息并阻塞不符合安全标准的信息。以下是数据库安全中常用的防火墙技术：

(1) 数据包过滤。数据包过滤查看每一个进入或离开网络的数据包，并根据用户定义的规则接受或拒绝它们。数据包过滤是相当有效的机制，且对用户是透明的。数据包过滤对 IP 假脱机很敏感，IP 假脱机技术可以使计算机入侵者获得未授权访问。

(2) 应用级网关。应用级网关将安全机制应用到指定的应用，如文件传输协议(file transfer protocol，FTP)、远程登录服务器。它是一种非常有效的安全机制。

(3) 电路级网关。电路级网关在建立传输控制协议(transmission control protocol，TCP)或用户数据报协议(user datagram protocol，UDP)连接时使用安全协议。一旦连接建立，数据包就可以在主机间传送而不需要进一步的检查。

(4) 代理服务器。代理服务器截获所有进入或离开网络的消息。代理服务器有效地隐匿了真正的网址。

要想万无一失地保证数据库安全，使之免于遭到任何蓄意的破坏几乎是不可能的。但高度的安全措施将使蓄意的攻击者付出高昂的代价，从而迫使攻击者不得不放弃他们的破坏企图。

8.5　购物网站安全性分析

随着大数据、云计算和人工智能时代的到来，数据成为推动社会发展的关键要素之一，基于数据的开放与开发推动了跨组织、跨行业、跨地域的协作与创新，催生出各类新的产业形态和商业模式。购物网站越来越多，其规模也不断扩大，而网站的数据安全隐患成为企业必须面对的问题。在购物网站建设中，数据库是核心、重要的一部分，也是易受攻击的部分。

典型的事件就是某购物网站被曝出 12GB 数据流出，涉及 50 亿条公民信息被泄露，包含姓名、电话、邮箱、密码、身份证等个人信息。该网站前期回应称，此次事件是 Struts2 的安全漏洞问题所致。之后，该网站披露数据泄露是内部员工所致，该员工利用工作之便，长期与盗卖个人信息的犯罪团伙合作，通过各种方式在互联网上将盗取的个人信息进行交换，获取非法收益。

接下来将从数据库安全隐患和策略两个方面进行分析和探讨。

8.5.1　数据库安全隐患

(1) 数据库注入攻击。数据库注入攻击是非常常见的数据库安全隐患之一，攻击者会在搜索框、表单等输入数据的地方注入一些代码，通过这些代码对数据库进行非法操作，如修改、删除、插入等。如果攻击成功，将会导致购物网站数据泄露、修改、删除甚至完全崩溃等。

(2) 未授权访问。未授权访问是指未经过授权或者鉴别，非法用户或程序访问了数据库，这在很多情况下会引发一场灾难。由于缺乏完备的身份认证机制，攻击者可以通过弱密码或冒用身份登录访问数据库。因此，在建设购物网站时，必须保证数据库只允许有权限的用户访问，并限制不合法的访问。

(3) 密码安全。数据库中存储的密码非常重要，一旦泄露，黑客就可以利用这些信息发动各种攻击，如推理、破解等。因此，购物网站数据库建设必须做好密码的存储安全，如采取加密、哈希等方式对密码进行加密存储。

(4) 数据库备份不及时。数据库备份是保证数据安全的一项非常重要的措施。如果因各种原因没有及时备份，将会导致企业数据丢失，影响企业运营。因此，在购物网站建设中，必须合理地制定和实施数据库备份策略。

8.5.2　数据库安全策略

(1) 身份认证。身份认证是数据库安全的第一道防线，目的是建立严格的用户认证机制，防止非法用户访问系统。

(2) 防护软件。在购物网站建设中，安装防护软件能够有效地保护企业数据库的安全，特别是对于数据库注入等攻击能够起到重要的作用。在选择防护软件时要综合考虑软件的功能、性能、价格等多个因素，以便选择适合自己企业的软件。

(3) 审计。安全审计是为了发现、记录和分析系统或应用程序操作的事件或者记录，以检测非法或者不适当的操作而采取的措施。安全审计可以跟踪和记录用户的登录情况、操作时间、操作内容等关键信息，以便及时进行风险控制和保证数据安全。

(4) 数据加密。通过特定算法对数据进行编码，可以防止没有解密密钥的程序进行数据访问，同时可以预防外部威胁或未授权的访问企图。数据加密对保护购物网站数据库而言是非常重要的，加密算法是数据加密的核心，对数据库的关键数据加密，可以有效地保护用户隐私，保证购物数据的传输安全和存储安全。

(5) 数据库访问权限控制。控制不同用户对数据库的访问权限。例如，数据库管理员和普通用户对数据库的访问权限是不一样的，数据库管理员对数据库的操作权限更高，需要进行严格控制。

(6) 数据库备份。数据库备份是保证数据安全的重要手段之一，备份频率越高，安全性越高，保障性越强。备份时间和文件路径等信息也要妥善保存，以免造成不必要的损失。

数据库安全是一个综合性和系统性问题，随着大数据和云计算业务的开展，数据库逐渐从后台走向前台,从实体走向虚拟,这必将会产生新的安全问题,各类网站的数据库安全任务任重道远。

本章习题

一、选择题

1. SQL 的授权使用(　　)语句实现。
   A. GRANT　　　　　B. REVOKE　　　　　C. DENY　　　　　D. GIVE

2. 不与权限管理直接有关的 SQL 语句是(　　)。
   A. GRANT　　　　　B. DENY　　　　　C. REVOKE　　　　　D. CREATE TABLE

3. SQL 的 GRANT 语句与 REVOKE 语句可以用(　　)来实现。
   A. 自主存取控制　　　　　　　　　B. 强制存取控制
   C. 数据库角色创建　　　　　　　　D. 数据库审计

4. 在强制存取控制机制中,当主体的许可证级别等于客体的密级时,主体可以对客体进行(　　)操作。
   A. 读取、写入　　　B. 写入　　　　　C. 不可操作　　　　D. 读取

5. SQL 中 GRANT 语句可以用来(　　)。
   A. 授予用户权限　　　　　　　　　B. 收回用户权限
   C. 设置审计功能　　　　　　　　　D. 取消审计功能

6. SQL 中的视图机制提高了数据库系统的(　　)。
   A. 完整性　　　　　B. 并发控制　　　　C. 隔离性　　　　D. 安全性

7. 数据库安全技术不包含(　　)。
   A. 存取控制　　　　B. 审计　　　　　C. 数据加密　　　　D. 触发器

8. 系统在运行过程中由于某种硬件故障,使存储在外存上的数据部分损失或全部损失,这种情况称为(　　)。
   A. 事务故障　　　　B. 系统故障　　　　C. 介质故障　　　D. 运行故障

9. 以下选项中,(　　)不是备份数据库的理由。
   A. 数据库崩溃时恢复
   B. 将数据从一个服务器转移到另外一个服务器
   C. 记录数据的历史档案
   D. 转换数据

10. 下列关于数据库备份的叙述错误的是(　　)。
    A. 如果数据库很稳定就不需要经常做备份,反之则要经常做备份以防数据库损坏
    B. 数据库备份是一项很复杂的工作,应该由专业的管理人员来完成
    C. 数据库备份会受到数据库恢复模式的制约
    D. 数据库备份策略的选择应该综合考虑各方面因素,并不是备份做得越多、越全面就越好

11. 数据库恢复的基础是利用转储的冗余数据，这些转储的冗余数据包括(   )。

    A. 数据字典、应用程序、数据库后备副本

    B. 数据字典、应用程序、审计档案

    C. 日志文件、数据库后备副本

    D. 数据字典、应用程序、日志文件

12. 下列关于日志文件说法不正确的是(   )。

    A. 日志文件是用来记录事务对数据库的更新操作的文件

    B. 日志文件对数据库恢复起着非常重要的作用

    C. 登记的次序严格按并发事务执行的时间次序

    D. 登记日志文件时，写数据库与写日志文件顺序无关

13. 数据库管理系统通常提供授权功能来控制不同用户访问数据的权限，这主要是为了实现数据库的(   )。

    A. 可靠性   B. 一致性   C. 完整性   D. 安全性

二、填空题

1. 数据库为每一个主体和客体实例指派一个敏感度标记，对客体来说叫作密级，对主体来说叫作_____。

2. 不同的用户对不同的数据库对象有不同的权限，这种方法或机制叫作_____。

3. 撤销授权语句使用的谓词是_____。

4. 用户权限两个组成要素分别为_____和操作类型。

5. _____是管理权限的集合，便于进行权限管理。

6. 数据库管理系统利用存储在系统别处的_____来重建数据库中已被破坏或不正确的那部分数据。

三、简答题

1. 什么是数据库的安全性？

2. 举例说明对数据库安全性产生威胁的因素。

3. 简述信息安全标准的发展历史和 CC 评估保证级划分的基本内容。

4. 简述实现数据库安全性控制的常用方法和技术。

5. 什么是数据库中的自主存取控制和强制存取控制？

6. 解释强制存取控制机制中主体、客体、敏感度标记的含义。

7. 举例说明强制存取控制机制是如何确定主体能否存取客体的。

8. 什么是数据库的审计功能？数据库为什么要提供审计功能？

四、操作题

1. 有下列两个关系模式：

    学生(学号，姓名，年龄，性别，家庭住址，班级号)

    班级(班级号，班级名，班主任，班长)

使用 SQL 的 GRANT 语句完成下列授权功能：

(1) 授予用户 U1 对两个表的所有权限，并可给其他用户授权。

(2) 授予用户 U2 对学生表具有查看权限，对家庭住址具有更新权限。

(3) 将对班级表的查看权限授予所有用户。

(4) 将对学生表的查询、更新权限授予角色 R1。

(5) 将角色 R1 授予用户 U1，并且使 U1 可继续授权给其他角色。

2. 现有以下两个关系模式：

　　职工(职工号，姓名，年龄，职务，工资，部门号)

　　部门(部门号，名称，经理名，地址，电话号)

请用 SQL 的 GRANT 语句和 REVOKE 语句(加上视图机制)完成以下授权定义或存取控制功能：

(1) 授予用户王明对两个表有 SELECT 权限。

(2) 授予用户李勇对两个表有 INSERT 和 DELETE 权限。

(3) 授予每个职工只对自己的记录有 SELECT 权限。

(4) 授予用户刘星对职工表有 SELECT 权限，对工资字段有更新权限。

(5) 授予用户张新有修改这两个表的结构的权限。

(6) 授予用户周平有对两个表的所有权限(读、插、改、删数据)，并有给其他用户授权的权限。

(7) 授予用户杨兰有从每个部门职工中查看最高工资、最低工资、平均工资的权限，但不能查看每个人的工资。

3. 针对题 2 中(1)～(7)的每一种情况，撤销授予各用户的权限。

第 9 章
数据的完整性

数据的安全性与数据的完整性是数据库保护的两个不同方面。数据库的安全性是对数据库进行安全控制，保护数据库以防止不合法使用所造成的数据泄露、更改和破坏。数据库的完整性约束机制能够保证数据库中数据的正确性和相容性。其中，数据的正确性是指数据是符合现实世界语义、反映当前实际状况的；数据的相容性是指数据库同一对象在不同关系表中的数据是符合逻辑的。

数据库的完整性对于数据库应用系统非常关键，它能约束数据库中的数据更为客观地反映现实世界。为了保证数据库的完整性，关系数据库管理系统必须提供一种机制来检查数据库中的数据，看其是否满足语义规定的条件，这些加在数据库数据之上的语义约束条件称为数据库完整性约束，作为模式的一部分存入数据库。在关系数据库管理系统中，检查数据是否满足完整性条件的机制称为完整性检查。数据库设计人员或数据库管理员必须了解数据库完整性的内容和关系数据库管理系统的数据库完整性控制机制，掌握定义数据完整性的方法。

本章首先介绍保证数据库完整性的实体完整性、参照完整性、用户定义完整性等内容，其次介绍实现复杂参照完整性和数据一致性的触发器定义与应用。

【学习目标】
1. 掌握数据库的三类完整性约束规则和定义方法。
2. 掌握触发器的用法，并能够根据应用需求，定义相应的触发器。

【知识图谱】

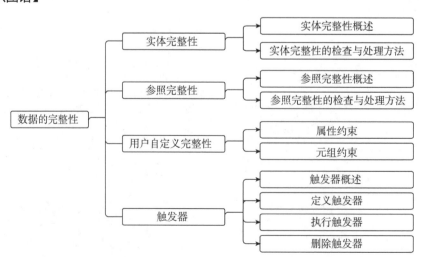

9.1 实体完整性

实体完整性是关系数据库中任何一个关系都必须满足的完整性约束，由关系数据库自动支持。在创建关系时，需要按照实体完整性规则创建相应约束，才能保证关系中的每个数据行都是一个唯一的实体。当对关系数据库中的数据做编辑操作时，一旦变更后的数据违反了实体完整性约束条件，系统就会拒绝该操作的执行。

9.1.1 实体完整性概述

在关系数据库中，实体完整性是一种重要的约束，它确保表中的每个数据行都被视为一个唯一的实体。这意味着每一条记录(称为数据行)都必须是独一无二的，不能与其他任何行混淆。为了实现这一原则，通常会使用唯一性索引、唯一值约束或主码约束等来强制执行表的标识符列或主码的完整性，这些机制共同确保了数据库中数据的准确性、可靠性和可信度。

1. 实体完整性规则

若属性 A 是基本关系 R 主码中的属性，称其为主属性，则 A 不能取空值。空值就是"不知道""不存在""无意义"的值。例如，学生表(学号，姓名，性别)关系中学生 ID 为主码，不能取空值。

按照实体完整性规则的规定，如果主码由若干属性组成，则所有主属性都不能取空值。例如学生课堂分数表(学生 ID，课堂 ID，分数)中，"(学生 ID)、(课堂 ID)"为主码，则"学生 ID"和"课程 ID"两个属性都不能取空值。

实体完整性规则是为了确保关系模型中的基本表与现实世界的实体集保持一致，主要包括以下几点。

(1) 实体完整性规则适用于基本关系。基本关系对应现实世界的一个实体集，如学生关系对应学生集合。

(2) 现实世界中的实体具有唯一性标识，如每名学生都是独立的个体。

(3) 关系模型中使用主码作为唯一性标识。

(4) 主码中的属性(主属性)不能取空值。如果主属性取空值，说明存在不可标识的实体，这与现实世界中的实体唯一性矛盾。

2. 实体完整性的定义

关系模型的实体完整性在 CREATE TABLE 中用 PRIMARY KEY 定义。单属性构成的码有两种说明方法：一种是定义为列级约束条件，另一种是定义为表级约束条件。对多个属性构成的码只有一种说明方法，即定义为表级约束条件。实体完整性的定义具体格式如下。

(1) 主码只有一个属性时，可以采用以下两种格式定义实体完整性：

```
CREATE TABLE 表名 (
主码属性   数据类型,
…,
PRIMARY KEY (主码属性)                /*在表级定义主码*/
);
```

或者

```
CREATE TABLE 表名 (
主码属性  数据类型 PRIMARY KEY,            /*在列级定义主码*/
…
);
```

(2) 主码由多个属性组成时，定义实体完整性。

```
CREATE TABLE 表名 (
属性1   数据类型,
属性2   数据类型,
…,
/*将表中的属性1、属性2定义为码*/
PRIMARY KEY (属性1,属性2)              / *只能在表级定义主码*/
);
```

3. 实体完整性约束命名子句

除了创建表的同时定义完整性，还有其他一些操作。

(1) 使用 ALTER TABLE 语句添加主码约束，SQL 语法如下：

```
ALTER TABLE 表名
ADD CONSTRAINT 约束名 PRIMARY KEY (列名);
```

其中，表名是要添加约束的表名，约束名是约束的名称，列名是要作为主码的列名。

(2) 使用 ALTER TABLE 语句删除主码约束，SQL 语法如下：

```
ALTER TABLE 表名
DROP CONSTRAINT 约束名;
```

其中，表名为要删除约束的表名，约束名为要删除的约束名称。

(3) 联合主码。联合主码指的是把两个列看成一个整体，这个整体不为空，唯一，不重复。两个列共同作为表的主码。

① 创建表的同时创建联合主码。

格式一：

```
CREATE TABLE 表名(
列名1数据类型,
列名2数据类型,
CONSTRAINT 约束名 PRIMARY KEY(列名1，列名2));
```

格式二：

```
CREATE TABLE 表名(
列名1 数据类型,
列名2 数据类型,
PRIMARY KEY(列名1，列名2));
```

② 针对已经存在表，添加联合主码。

格式一：

```
ALTER TABLE 表名 ADD PRIMARY KEY(列名1，列名2);
```

格式二:

```
ALTER TABLE 表名 ADD CONSTRAINT 约束名 PRIMARY KEY(列名1，列各2);
```

9.1.2　实体完整性的检查与处理方法

用 PRIMARY KEY 短语定义关系的主码，当插入或更新记录时，关系数据库管理系统会自动执行以下操作。

(1) 唯一性检查：确保主码值唯一。如果主码值不唯一，则拒绝插入或修改。

(2) 非空性检查：确保主码的各个属性不为空。如果有一个为空，则拒绝插入或修改。

检查记录中主码值是否唯一的方法之一是进行全表扫描，依次判断表中每一条记录的主码值与要插入或修改的记录主码值是否相同。用全表扫描方法检查主码唯一性如图 9-1 所示。

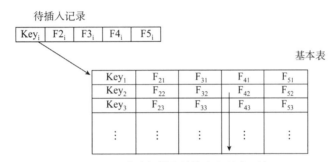

图 9-1　用全表扫描方法检查主码唯一性

全表扫描的缺点是十分耗时。为避免对基本表进行全表扫描，关系数据库管理系统一般都在主码上自动建立一个索引，其中一种方法就是 B+树索引。如图 9-2 所示，查找新记录的主码值(25)，只需要通过主码索引，从 B+树的根结点开始查找，根结点(51)、中间结点(12，30)和叶结点(15，20，25)，只要读取这三个结点就可以知道该主码值已经存在，所以不能插入这条记录。通过索引查找基本表中是否已经存在新的主码值将大大提高效率。如果新插入记录的主码值是 86，也只要查找三个结点就可以知道该主码不存在，所以可以插入该记录。

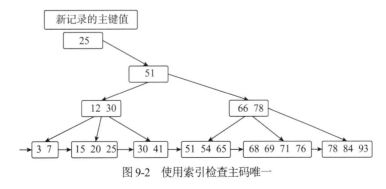

图 9-2　使用索引检查主码唯一

9.1.3 实体完整性实例

【例9-1】将学生表中的学号属性定义为主码。

```
CREATE TABLE 学生表
 (学号 VARCHAR (9)  PRIMARY KEY,        /*在列级定义主码*/
姓名 VARCHAR(20),
性别 VARCHAR(2),
出生日期 DATE
);
或者
CREATE TABLE 学生表
 (学号 VARCHAR(9),
姓名 VARCHAR(20),
性别 VARCHAR(2),
出生日期 DATE,
PRIMARY KEY(学号)                       /*在表级定义主码*/
);
```

【例9-2】将课堂表中的课堂码属性定义为主码(采用列级定义方式)。

```
CREATE TABLE 课堂表
 (课堂ID  INT(11)     PRIMARY KEY,/*在列级定义主码*/
课堂码 VARCHAR(6),
课堂名称 VARCHAR(30),
课程状态 INT(1)    /*0:正常，1：归档，2：删除*/
);
```

【例9-3】将考勤表中的考勤ID属性定义为主码(采用列级定义方式)。

```
CREATE TABLE 考勤表
 (考勤ID  INT(11)  PRIMARY KEY,  /*在列级定义主码*/
考勤名称 VARCHAR(30),
考勤码    INT(4),
经度      DOUBLE,
维度      DOUBLE,
考勤方式 INT(1)    /*1:名单点名，2：数字，3：gps */
);
```

【例9-4】将学生—课堂—考勤表中的课堂ID、考勤ID、学号属性组定义为主码。

```
CREATE TABLE 考勤表
 (课堂ID  INT(11),
考勤ID  INT(11),
学号      VARCHAR(9),
考勤情况 INT(1),  /*1：出勤，2：迟到，3：旷课，4：请假*/
PRIMARY KEY(课堂ID,考勤ID,学号)     /*只能在表级定义主码*/
);
```

9.2　参照完整性

现实世界中的实体之间往往存在某种联系，即对应于概念模型中实体与实体间的联系；概念模型转换成关系模型时，实体间的联系也要转换成关系，该关系必然与关联的实体之间存在引用关系，这种引用关系即参照完整性。参照完整性是关系数据库中任何一个关系都必须满足的完整性约束条件，由关系数据库自动支持。在创建关系时，需要按照参照完整性规则创建相应约束，才能杜绝数据冗余、插入异常、删除异常等现象。

9.2.1　参照完整性概述

数据库中的基本表在设计过程中进行规范化，杜绝数据冗余、插入异常、删除异常等现象。规范的过程是分解表的过程，经过分解，同一事物的属性会出现在不同的表中，它们也应该保持一致。也就是说，在实际操作中，将一个表的值放入另一个表来表示联系，即外码，其中主码所在的表为被参照表，外码所在的表为参照表，外码需要满足的规则是参照完整性规则。

1. 参照完整性规则

若属性或属性组 F 是基本关系 R 的外码，它与基本关系 S 的主码 K_s 对应，基本关系 R 和 S 可以是同一个关系，则 R 中的每个元组在 F 上的值必须满足以下条件之一。

(1) F 的每个属性值均为空值；

(2) 等于 S 中某个元组的主码值。

下面以学生关系、课堂关系、学生课堂关系为例来说明参照完整性规则的含义。学生课堂关系依赖于学生关系、课堂关系。在这种情况下，"学号""课堂 ID"是学生课堂关系的外码，它们必须与学生关系、课堂关系的主码匹配。

如果尝试在学生课堂关系中插入一个新记录，其"学号""课堂号"在学生关系或课堂关系中不存在，那么就会违反参照完整性规则，数据库管理系统将拒绝这个操作。

另外，如果某个学生没有加入课堂(在学生课堂关系中没有对应的记录)，那么在学生课堂关系中对应的"课堂 ID"就可以取空值(NULL)。同样，如果创建了一个课堂，但还没有添加任何学生，那么在学生课堂关系中对应的"学号"也可以取空值(NULL)。这就是空值(NULL)在参照完整性规则中的重要应用。

2. 参照完整性的定义

关系模型的参照完整性在 CREATE TABLE 中用 FOREIGN KEY 定义，一般定义为表级约束条件。

```
CREATE TABLE 表名1 (
属性1　数据类型,
属性2　数据类型,
…,
/*将表中的属性1定义为外码*/
FOREIGN KEY (属性1) REFERENCE 表名2 (主码),
    );
```

3. 实体完整性约束命名子句

除了创建表的同时定义完整性，还能通过修改表操作命令对完整性进行定义或者删除。

(1) 使用 SQL 的 ALTER TABLE 语句添加主码约束，语法如下：

```
ALTER TABLE 表名
ADD CONSTRAINT 约束名 FOREIGN KEY (列名) REFERENCE 表名 2 (列名);
```

其中，表名为要添加约束的表名，约束名为约束的名称，列名为要作为主码的列名。

(2) 使用 SQL 的 ALTER TABLE 语句删除额外码约束，语法如下：

```
ALTER TABLE 表名
DROP CONSTRAINT 约束名;
```

其中，表名为要删除约束的表名，约束名为要删除的约束名称。

9.2.2　参照完整性的检查与处理方法

由于参照完整性是将两个表中的相应元组联系起来，对被参照表进行增、删、改操作时有可能破坏参照完整性，必须进行检查以保证这两个表的相容性。

例如，对学生—课堂表和学生表有四种可能破坏参照完整性的情况，如表 9-1 所示。

表 9-1　可能破坏参照完整性的情况及违约处理

被参照表(学生表)	参照表(学生—课堂表)	违约处理
可能破坏参照完整性　←	插入元组	拒绝
可能破坏参照完整性　←	修改外码值	拒绝
删除元组　→	可能破坏参照完整性	拒绝/级联删除/设置空值
修改主码值　→	可能破坏参照完整性	拒绝/级联删除/设置空值

1. 破坏参照完整性的操作

(1) 学生—课堂表中增加一个元组，该元组的"学号"属性值在学生表中找不到一个元组——其学号属性值与之相等。

(2) 修改学生—课堂表中的一个元组，修改后该元组的"学号"属性值在学生表中找不到一个元组——其"学号"属性值与之相等。

(3) 从学生表中删除一个元组，造成学生—课堂表中某些元组的"学号"属性值在学生表中找不到一个元组——其"学号"属性值与之相等。

(4) 修改学生表中一个元组的"学号"属性，造成学生—课堂表中某些元组的"学号"属性值在学生表中找不到一个元组，其"学号"属性值与之相等。

2. 破坏参照完整性的违约处理方法

当上述的不一致发生时，系统可以采用以下策略加以处理。

(1) 拒绝执行，即不允许该操作执行。该策略一般设置为默认策略。

(2) 级联操作。一旦删除或修改被参照表(学生表)的一个元组导致与参照表(学生-课堂表)的不一致，删除或修改参照表中的所有导致不一致的元组。

例如，删除学生表中"学号"值为"2315121"的元组，则要从学生—课堂表中级联删除"学号"值为"2315121"的所有元组。

(3) 设置为空值。当删除或修改被参照表的一个元组而造成不一致时，则将参照表中的所有造成不一致的元组的对应属性设置为空值。例如，有下面两个关系：

学生(学号，姓名，性别，专业号，年龄)

专业(专业号，专业名)

其中，学生关系的"专业号"为外码，因为"专业号"是"专业"关系的主码。

假设专业表中某个元组被删除，"专业号"为 12，按照设置为空值的策略就要把学生表中"专业号='12'"的所有元组的"专业号"设置为空值。该策略对应了这样的语义：某个专业删除了，该专业的所有学生专业未定，等待重新分配专业。

3. 外码值能否为空值的处理

外码是定义在另一个表的列上的，用于建立两个表之间的连接。当参照表中的外码同时是主属性时，该外码的值不能为空，否则，该外码的取值或者为空值(外码对应列上的属性值均为空值)，或者等于被参照表中某个元组的主码值。

比如，学生表中的"专业号"列，如果某些学生的专业尚未确定，那么将"专业号"列设为外码，并允许其接受空值是合理的。然而，在其他情况下，外码不能接受空值。再如，移动教学平台数据库中的学生—课堂表，其中的"学号"列作为外码不能接受空值。这是因为"学号"列也是学生—课堂表的主属性，如果它为空，就意味着某个学生加入了某个课堂，但这个学生的学号未知或者不存在。这与学校的应用环境不相符。

因此，对于参照完整性，不仅应该定义外码，还应定义外码列是否允许空值。

一般地，当对参照表和被参照表的操作违反了参照完整性时，系统选用默认策略，即拒绝执行；如果想让系统采用其他策略，则必须在创建参照表时显式地加以说明。

9.2.3　参照完整性实例

【例9-5】学生表(学号，姓名，性别，年龄，所在系，班长)中一个元组为班长的个人信息，该元组中班长的值用班长的学号来表示，其中学号是主码。请定义学生关系中的参照完整性。

通过已知条件不难分析，属性"班长"的取值参照"学号"，即班长的学号必须是学生表"学号"列中已有的值。因此，其参照关系发生在自身表中。

```
CREATE TABLE 学生表
(学号 VARCHAR(9)  PRIMARY KEY,              /*在列级定义主码*/
姓名 VARCHAR(20),
性别 VARCHAR(2),
年龄 INT,
所在系 VARCHAR(20),
班长 VARCHAR(9)  FOREIGN KEY(班长)  REFRENCES 学生表(学号)
/*在列级定义参照完整性*/
);
```

或者

```
CREATE TABLE 学生表
(学号 VARCHAR(9)  PRIMARY KEY,        /*在列级定义主码*/
姓名 VARCHAR(20),
性别 VARCHAR(2),
年龄 INT,
所在系 VARCHAR(20),
班长 VARCHAR(9),
FOREIGN KEY(班长)  REFRENCES  学生表(学号)
/*在表级定义参照完整性*/
);
```

【例 9-6】关系学生—课堂—考勤表中一个元组表示一个学生在某个课堂上的一次考勤记录,(学号, 课堂 ID, 考勤 ID)是主码。学号、课堂 ID、考勤 ID 分别参照引用学生表的主码"学号"、课堂表的主码"课堂 ID"和考勤表的主码"考勤 ID"。定义学生—课堂—考勤表中的参照完整性。

```
CREATE TABLE 学生—课堂—考勤表
(学号 VARCHAR(9),
课堂 ID INT(11),
考勤 ID INT(11),
PRMARYKEY(学号,课堂 ID,考勤 ID),  /*在表级定义实体完整性*/
FOREIGNKEY(学号)  REFRENCES 学生表(学号),  /*在表级定义参照完整性*/
FOREIGNKEY(课堂 ID)  REFRENCES 课表(课堂 ID),  /*在表级定义参照完整性*/
FOREIGNKEY(考勤 ID)  REFRENCES 考勤表(考勤 ID)  /*在表级定义参照完整性*/
);
```

【例 9-7】以移动教学平台系统数据库中的学院表和课程表为例,学院表描述学院信息,课程表描述课程信息。定义这两个表时没有定义参照完整性,导致同一门课程出现多个承担单位。为了把课程和学院关联起来,确保每门课程都有唯一的承担单位,可以添加参照完整性约束。

(1) 确保两个表已经创建,并且包含一个关联字段。假设学院表包含一个名为学院编码的字段,而课程表包含一个名为承担单位编码的字段。

(2) 使用以下 SQL 语句为课程表添加参照完整性约束:

```
ALTER TABLE 课程表
ADD CONSTRAINT FK_承担单位编码
FOREIGN KEY (承担单位编码)
REFERENCES 学院表(学院编码);
```

上述 SQL 语句使用 ALTER TABLE 语句命令修改课程表,并添加了一个名为"FK_承担单位编码"的外码约束。该外码约束将课程表中的"承担单位编码"字段与学院表中的"学院编码"字段关联起来。

通过这样的设置,如果在学院表中删除了某个学院信息,那么与该学院相关的课程也会被自动删除,以保持数据的一致性。这就是参照完整性约束的作用。

【例 9-8】显式说明参照完整性的违约处理示例。

在移动教学平台系统中,教师表存储教师的信息,包括工号和学院编码;学院表存储学院信息，包括学院编码和学院名称。

在定义教师表时需要在"学院编码"列上定义外码，参照学院表中的学院编码列。为了实现参照完整性，需要定义以下规则。

(1) 当删除学院表中的某个学院(删除学院表中某个元组)时，如果这个学院有教师(在教师表中存在对应的元组)，那么就违反了参照完整性，因此应该禁止删除这个学院。

(2) 当更新学院表中的学院编码时，如果这个学院编码在教师表中被使用(存在对应的元组)，那么就违反了参照完整性，因此应该拒绝更新这个学院编码。

这些规则可以通过在数据库管理系统中定义触发器或者约束来实现。例如，在 SQL 中，可以使用以下语句来定义这些规则。

定义外码并禁止删除被参照表的元组，SQL 代码如下：

```
ALTER TABLE 教师表
ADD FOREIGN KEY (学院编码) REFERENCES 学院表(学院编码)
ON DELETE NO ACTION;
/*定义外码并禁止更新被参照表的元组*/
ALTER TABLE 教师表
ADD FOREIGN KEY (学院编码) REFERENCES 学院表(学院编码)
ON UPDATE NO ACTION;
```

这样，如果试图删除或更新学院表中的某个学院编码，而这个学院编码在教师表中被使用，那么数据库管理系统就会拒绝这个操作，从而保证了参照完整性。

从上面的讨论可以看出，关系数据库管理系统在实现参照完整性时，除了要提供定义主码、外码的机制之外，还需要提供不同的策略供用户选择。具体选择哪种策略，应根据应用环境的要求确定。

9.3 用户自定义完整性

任何关系数据库管理系统都应该支持实体完整性和参照完整性，这是关系模型所要求的。除此之外，不同的关系数据库系统根据其应用环境的不同，往往还需要一些特殊的约束条件。用户定义的完整性就是针对某一具体关系数据库的约束条件，反映某一具体应用所涉及的数据必须满足的语义要求，如某个属性必须取唯一值，某个非主属性不能取空值，等等。在例 9-1 的学生关系中，若按照应用的要求学生不能没有姓名，则可以定义学生姓名不能取空值；某个属性(如学生的年龄)的取值范围可以定义在 15~60 范围内；等等。

用户自定义完整性是一种约束，它允许用户在关系数据库系统中定义特定的规则和条件，以确保数据的准确性和一致性。这种完整性是针对特定的关系数据库系统中的数据模型和应用需求而定义的。

关系模型应提供定义和检验这类完整性的机制，以便用统一的系统的方法处理它们，而无须由应用程序承担这一功能。

9.3.1 属性约束

1. 属性上约束条件的定义

使用 SQL 的 CREATE TABLE 语句定义属性的同时，可以根据应用要求定义属性上的约束条件，即属性值限制，包括：

(1) 列值非空。

(2) 列值唯一。

(3) 检查列值是否满足一个条件表达式(CHECK 短语)。

除此之外，SQL 还提供了完整性约束命名子句 CONSTRAINT 用来对完整性约束命名，从而灵活地增加、删除一个完整性约束。完整性约束命名子句格式如下：

```
CONSTRAINT <完整性约束名><完整性约束>;
```

完整性约束包括 NOT NULL，UNIQUE，PRIMARY KEY，FOREIGN KEY，CHECK 等短语。如果需要修改表中的完整性限制，在 ALTER TABLE 中先删除原来的约束，再增加新约束。

2. 属性上约束条件的检查和违约处理

当向表中插入元组或修改属性的值时，关系数据库管理系统将检查属性上的约束条件是否满足；如果不满足则拒绝执行此操作。

关系表中的每一列对应一个域。域可以相同，因此为了加以区分，必须给每列命名，这个命名就称为属性，如图 9-3 所示。属性具有型和值两层含义：属性的型是指属性名和属性值域；属性的值是指属性具体的取值。

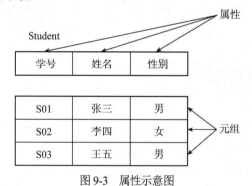

图 9-3　属性示意图

关系表中的属性名具有标识列的作用，所以，在同一个关系中的属性名(列名)不能相同。

9.3.2 元组约束

1. 元组上约束条件的定义

与属性上约束条件的定义类似，在 SQL 的 CREATE TABLE 语句中可以用 CHECK 短语定义元组上的约束条件，即元组级的限制。同属性值限制相比，元组级的限制可以设置不同属性之间的取值的相互约束条件。同样，元组约束也可以采用属性约束中 CONSTRAINT 的方法创建和修改。

2. 元组上约束条件的检查和违约处理

当向表中插入元组或修改属性的值时，关系数据库管理系统将检查元组上的约束条件是否满足；如果不满足则拒绝执行该操作。

9.3.3 用户自定义完整性实例

【例 9-9】在定义学生—课堂—考勤表时，说明学号、课堂 ID、考勤 ID、考勤情况属性不允许取空值。

```
CREATE TABLE 学生—课堂—考勤表
(课堂 ID INT(11)  NOT NULL,              /*课堂 ID 属性不允许取空值*/
考勤 ID INT(11)  NOT NULL,              /*考勤 ID 属性不允许取空值*/
学号 VARCHAR(9) NOT NULL,              /*学号属性不允许取空值*/
考勤情况 INT(1) CHECK (考勤情况 IN(1,2,3,4)),   /*1：出勤，2：迟到，3：旷课，4：请假*/
PRIMARY KEY (课堂 ID,考勤 ID,学号)
/*在表级定义实体完整性，隐含了课堂 ID、考勤 ID、学号不允许取空值，在列级不允许取空值的定义可不写*/

);
```

【例 9-10】建立学院表，要求学院名称列取值唯一，学院编码列为主码。

```
CREATE TABLE 学院表
(学院编码 VARCHAR(10),
学院名称 VARCHAR(20) UNIQUE NOT NULL,   /*要求学院名称列值唯一，且不能取空值*/
PRIMARY KEY (学院编码));
```

【例 9-11】学生表中年龄的值应该在 15~60 范围内。

```
CREATE TABLE 学生表
(学号 CHAR(9),
姓名 CHAR(8) NOT NULL,
性别 CHAR(2),
年龄 SMALLINT CHECK(年龄>=15 AND 年龄<=60),   /*要求年龄取值在 15~60 范围内*/
PRIMARY KEY (学号)
);
```

【例 9-12】当教师表中的性别属性是"男"时，其名字不能以 Ms.打头。

```
CREATE TABLE 教师表
(工号 CHAR(9),
姓名 CHAR(8) NOT NULL,
性别 CHAR(2),
PRIMARY KEY (工号),
CHECK(性别='女' OR 姓名 NOT LIKE 'Ms.%')
/*定义了元组中姓名和性别两个属性值之间的约束条件*/
);
```

当性别是"女"的元组都能通过该项 CHECK 检查，因为"性别='女'"成立；当性别是男性时，要通过检查则名字一定不能以"Ms."打头，因为性别='男'时，条件要想为真值，姓名 NOT LIKE 'Ms.%'必须为真值。

【例 9-13】创建学生表，要求学号在 1000000000～2999999999 范围内，姓名不能取空值，出生日期在 2006 年之后，性别只能是"男"或"女"。

```
CREATE TABLE 学生表
(学号 VARCHAR(10)
CONSTRAINT C1 CHECK (学号 BETWEEN '10000000' AND '29999999'),
姓名 VARCHAR (6)  CONSTRAINT C2 NOT NULL,
性别 CHAR(2)  CONSTRAINT C3 Check(性别='男' OR 性别='女'),
出生日期 DATE  CONSTRAINT C4 CHECK (出生日期 >'2006-1-1'),
班号 VARCHAR (6),
CONSTRAINT 主码约束 PRIMARY KEY(学号),
CONSTRAINT 外码约束 FOREIGN KEY(班号)  REFERENCES 班级表(班号)
);
```

在学生表上建立了六个约束条件，包括主码约束、外码约束和 C1、C2、C3、C4 这四个列级约束。

【例 9-14】去掉例 9-13Student 表中对出生日期的限制。

```
ALTER TABLE 学生表
DROP CONSTRAINT C4;
```

【例 9-15】修改表学生中的约束条件，要求学号改为在 9000000000～9999999999 范围内。可以先删除原来的约束条件，再增加新的约束条件。

```
ALTER TABLE 学生表
DROP CONSTRAINT C1;
ALTER TABLE Student
ADD CONSTRAINT C1 CHECK (学号 BETWEEN '9000000000' AND '9999999999');
```

9.4 触发器

触发器是一种特殊的存储过程，它与存储过程中的 EXECUTE 执行命令不同，只能在用户对某一表内的数据做插入、更新和删除操作时被触发执行，这时，关系数据库管理系统会自动执行触发器所定义的 SQL 语句。

9.4.1 触发器概述

1. 触发器的主要作用

触发器的主要作用是实现由主码和外码都不能保证的复杂的参照完整性和数据的一致性。它能够对数据库中的相关表进行级联修改，定义比 CHECK 约束更复杂的数据完整性限制，并自定义错误消息，维护非规范化数据，比较数据修改前后的状态。在下列情况下，使用触发器将强制实现复杂的引用完整性。

(1) 强制数据库间的引用完整性。

(2) 创建多行触发器，当插入、更新或者删除多行数据时，必须编写一个处理多行数据的触发器。

(3) 执行级联更新或级联删除等操作。

(4) 级联修改数据库中所有相关表。

(5) 撤销或者回滚违反引用完整性的操作，防止非法修改数据。

2. 触发器的优点

触发器作为一种非程序调用的存储过程，在应用过程中有下列优点：

(1) 预编译、已优化、效率较高，避免了 SQL 语句在网络传输后再解释的低效率。

(2) 可以重复使用，减少设计人员的工作量。若用 SQL 语句，使用一次就得编写一次。

(3) 业务逻辑封装性好，数据库中很多问题都可在程序代码中解决，但是将其分离出来在数据库中处理，使逻辑上更清晰，对于后期维护和二次开发的作用比较明显。

(4) 更加安全，不会有 SQL 语句注入问题。

3. 触发器的组成

触发器通常由事件、条件和动作三个部分组成。

(1) 事件。事件是指对数据库的插入、删除和修改等操作，在这些事件发生时，触发器将开始工作。

(2) 条件。触发器将测试条件是否成立。如果条件成立，就执行相应的动作，否则什么也不做。

(3) 动作。如果触发器测试满足预设的条件，那么就由关系数据库管理系统执行对数据库的操作。这些操作既可以是一系列对数据库的操作，也可以是与触发事件本身无关的其他操作。

4. 触发器与普通存储过程的区别

触发器是对表进行插入、更新或者删除操作的时候会自动执行的特殊存储过程。触发器一般用在比 CHECK 约束更加复杂的约束上，如执行多个表之间的强制业务规则。在触发器里面可以执行复杂的 SQL 语句，如 IF，WHILE 等语句，并且可以引用其他表的列，对其他表进行操作。

触发器存储过程类似于高级语言程序，同时是一类数据库的对象，需要有创建、删除等语句。

触发器与存储过程的区别如下。

(1) 保存内容不同。触发器一经定义就被保存到数据库服务器中，存储过程需先编译并将编译后的文件保存到数据库中。

(2) 执行方式不同。当对某一个表进行诸如 UPDATE，INSERT，DELETE 等操作的时候，关系数据库管理系统自动调用该表所对应的触发器；存储过程需要有其他过程化 SQL 调用才能执行。

9.4.2 定义触发器

触发器又叫作事件—条件—动作规则。当特定的系统事件(如对一个表的增、删、改操作，事务的结束等)发生时，对规则的条件进行检查，如果条件成立则执行规则中的动作，否则不执行该动作。规则中的动作体可以很复杂，可以涉及其他表和其他数据库对象，通常是一段 SQL 存储过程。

SQL 使用 CREATE TRIGGER 命令建立触发器，其一般格式如下：

```
CREATE TRIGGER<触发器名>           /*每当触发事件发生时，该触发器被激活*/
{BEFORE |AFTER}<触发事件>ON<表名>
                                /*指明触发器激活的时间是在执行触发事件前或后*/
REFERENCING NEW|OLD AS<变量>     /*REFERENCING 指出引用的变量*/
FOR EACH{ROW | STATEMENT}
                                /*定义触发器的类型，指明动作体执行的频率*/
[WHEN<触发条件>]<触发动作体>      /*仅当触发条件为真时才执行触发动作体*/
```

下面对定义触发器的各部分语法进行详细说明。

(1) 创建触发器。只有表的拥有者，即创建表的用户才可以在表上创建触发器，并且一个表只能创建一定数量的触发器。触发器的具体数量由具体的关系数据库管理系统在设计时确定。

(2) 触发器名。触发器名可以包含模式名，也可以不包含模式名。同一模式下，触发器名必须是唯一的，并且触发器名和表名必须在同一模式下。

(3) 表名。触发器只能定义在基本表上，不能定义在视图上。当基本表的数据发生变化时，将激活定义在该表上相应触发事件的触发器，因此该表也称为触发器的目标表。

(4) 触发事件。触发事件可以是 INSERT，DELETE 或 UPDATE，也可以是这几个事件的组合，如 INSERT OR DELETE 等，还可以是 UPDATE OF<触发列, …>，即进一步指明修改哪些列时激活触发器。AFTER/BEFORE 是触发的时机。AFTER 表示在触发事件的操作执行之后激活触发器，BEFORE 表示在触发事件的操作执行之前激活触发器。

(5) 触发器类型。触发器按照所触发动作的间隔可以分为行级触发器(FOR EACH ROW)和语句级触发器(FOR EACH STATEMENT)。如果是行级触发器，那么UPDATE语句影响多少行，就触发多少次。如果定义的触发器是语句级触发器，那么执行了此 UPDATE 语句后触发动作体将执行一次。

(6) 触发条件。触发器被激活时，只有当触发条件为真时触发动作体才执行，否则触发动作体不执行。如果省略 WHEN 语句触发条件，则触发动作体在触发器激活后立即执行。

(7) 触发动作体。触发动作体既可以是一个匿名 PL/SQL 过程块，也可以是对已创建存储过程的调用。如果是行级触发器，用户可以在过程体中使用 NEW 和 OLD 引用 UPDATE/INSERT 事件之后的新值和 UPDATE/DELETE 事件之前的旧值；如果是语句级触发器，则不能在触发动作体中使用 NEW 或 OLD 进行引用。

如果触发动作体执行失败，激活触发器的事件(对数据库的增加、删除、修改操作)就会终止执行，触发器的目标表或触发器可能影响的其他对象不发生任何变化。

【例 9-16】当对学生—课堂—作业表的分数属性进行修改时，若分数增加了 10%，则将此次操作记录到另一个成绩变动表 (课堂 ID、作业 ID、学号、原始成绩、更新后成绩)中。

```
CREATE TRIGGER 作业成绩变更备份     /*作业成绩变更备份是触发器的名字*/
AFTER UPDATE ON 学生—课堂—作业表    /*UPDATE ON 学生—课堂—作业是触发事件，AFTER 是触发的时机，
表示对生—课堂—作业表中的分数属性修改完后触发下面的规则*/
REFERENCING
    OLD AS OldTuple
    NEW AS NewTuple
FOR EACH ROW                     /*行级触发器，即每执行一次分数的更新，下面的规则就执行一次*/
```

```
WHEN ( NewTuple.分数>= 1.1 * OldTuple.分数)
                              /*触发条件, 只有该条件为真时才执行*/
BEGIN
  /*执行 INSERT 操作*/
  INSERT INTO 成绩变动表 ( 课堂 ID,作业 ID,学号,原始成绩,更新后成绩 )
  VALUES ( OldTuple.Sno,OldTuple.Cno,OldTuple.Grade,NewTuple.Grade );
  END;
```

在本例中，REFERENCING 指出引用的变量，如果触发事件是 UPDATE 操作并且有 FOR EACH ROW 子句，则可以引用的变量有 OLD 和 NEW，分别表示修改之前的元组和修改之后的元组。若没有 FOR EACH ROW 子句，则可以引用的变量有 OLD TABLE 和 NEW TABLE。OLD TABLE 表示表中原来的内容，NEW TABLE 表示表中变化后的部分。

【例 9-17】将每次对考勤表的插入操作(教师发布一次考勤)所增加的考勤次数记录到考勤日志中。

```
CREATE TRIGGER 考勤统计
AFTER INSERT ON 考勤表    /*指明触发器激活的时间是在执行 INSERT 后*/
REFERENCING
    NEW TABLE AS DELTA
FOR EACH STATEMENT
                        /*语句级触发器, 即执行完 INSERT 语句后下面的触发动作体才执行一次*/
BEGIN
    INSERT INTO 考勤日志(Numbers)
    SELECT COUNT(*)  FROM DELTA;
END
```

在本例中出现的 FOR EACH STATEMENT 表示触发事件 INSERT 语句执行完成后才执行一次触发器中的动作，这种触发器叫作语句级触发器。DELTA 是一个关系名，其模式与考勤表相同，包含的元组是 INSERT 语句增加的元组。

【例 9-18】定义一个 BEFORE 行级触发器，为学生—课堂—作业表定义完整性规则"作业成绩不能大于 100 分，如果大于 100，自动改为 100 分"。

```
CREATE TRIGGER 作业打分
 /*教师批改作业给定分数时触发*/
BEFORE INSERT OR UPDATE ON 学生—课堂—作业表     /*BEFORE 触发事件*/
REFERENCING NEW AS newTuple
FOR EACH ROW              /*这是行级触发器*/
BEGIN                    /*定义触发动作体, 这是一个 PL/SQL 过程块*/
  IF(newTuple.分数>100)
  /*因为是行级触发器, 可在过程体中使用插入或更新操作后的新值*/
  THEN newTuple.分数 : =100;
  END IF;
END;                     /*触发动作体结束*/
```

因为定义的是 BEFORE 触发器，在插入和更新作业成绩记录前就可以按照触发器的规则调整学生作业成绩，不必等插入后再检查、调整。

9.4.3 执行触发器

执行触发器是一种数据库对象，由事件触发并自动执行定义的操作。这个事件可以是插入一个新的记录、更新或删除现有的记录，或者创建、修改数据库对象等。

在一个数据表上，可以定义多个触发器，包括多个 BEFORE 触发器和多个 AFTER 触发器。这些触发器按照创建它们的顺序执行，通常是在一个事务中执行的。

以下是触发器执行的典型顺序。

(1) 执行该表上的 BEFORE 触发器。这是在触发器事件发生之前执行的代码。例如，在一个更新操作之前，BEFORE 触发器可以用于检查将要更新的数据是否满足某些条件。

(2) 激活触发器的 SQL 语句。这是触发器被触发的原始事件，如执行 INSERT 语句、UPDATE 语句或 DELETE 语句。

(3) 执行该表上的 AFTER 触发器。这是在触发器事件发生之后执行的代码。例如，在一个插入操作之后，AFTER 触发器可以用于自动为新插入的记录分配额外的值。

另外，对于同一个表上的多个 BEFORE/AFTER 触发器，通常遵循"谁先创建谁先执行"的原则，即按照触发器创建的先后时间顺序执行。但是，不同的关系数据库管理系统可能会有不同的行为，如有些系统可能会按照触发器名称的字母排序顺序执行触发器。

9.4.4 删除触发器

删除触发器的 SQL 语句格式如下：

```
DROP TRIGGER <触发器名> ON <表名>;
```

触发器必须已经创建，并且只能由具有相应权限的用户删除。

注意：触发器是一种功能强大的工具，但在使用时要慎重，因为在每次访问一个表时都可能触发一个触发器，这样会影响系统的性能。

9.5 购物网站数据完整性分析

购物网站业务涉及大量对信息资源的处理，由于数据库技术的发展比较成熟，数据库管理系统是目前存储和管理信息资源的一种非常有效的手段，所以购物网站业务几乎都建立在已有的数据库基础之上。数据完整性缺失会给企业和用户带来严重的影响，保护数据的完整性就是防止数据库中存在不符合语义的数据，保证数据库中数据是正确的，避免非法的不合语义的错误数据的输入和输出，即所谓的"垃圾进垃圾出"所造成的无效操作和错误结果。

在数据库设计过程中最重要的内容就是确定合适的手段强制数据的完整性，根据数据完整性机制所作用的数据库对象和范围不同，实现实体完整性、参照完整性、用户自定义完整性。

在购物网站搭建过程中，为保证数据库的完整性，采用主码约束、默认约束、检查约束、唯一约束、外码约束等，限制字段中的数据、记录中的数据和表之间的数据，保证数据的正确性及一致性，有效避免用户的非法输入。

购物网站数据库的完整性操作包括以下几个方面。

9.5.1　主码约束

在会员注册信息表中，会员编号被设置为主码，并且被定义为不可为空和唯一的属性。这样可以确保每个会员编号在表中是唯一的，并且不能为空。

SQL 代码如下：

```
CREATE TABLE 会员注册信息表(
  会员编号 CHAR(10) PRIMARY KEY NOT NULL,
  姓名 TEXT NOT NULL,
  密码 CHAR(20) NOT NULL,
  电话 TEXT NOT NULL,
  地址 TEXT NOT NULL
);
```

9.5.2　默认约束

默认约束可用于设置字段的默认值。在购物网站数据库中，可以使用默认约束来设置订单状态字段的默认值，以确保订单状态的一致性。

SQL 代码如下：

```
CREATE TABLE 订单信息表(
  订单编号 CHAR(10) PRIMARY KEY,
  订单状态 CHAR(10) DEFAULT '待处理',
  -- 其他字段
);
```

9.5.3　检查约束

检查约束用于限制字段中数据的取值范围。在购物网站数据库中，可以使用检查约束来确保价格字段大于零。

SQL 代码如下：

```
CREATE TABLE 商品信息表(
  商品编号 CHAR(10) PRIMARY KEY,
  商品名称 TEXT,
  价格 DECIMAL(8,2) CHECK (价格 > 0),
  -- 其他字段
);
```

9.5.4　唯一约束

唯一约束用于确保字段中的数据是唯一的。在购物网站数据库中，可以使用唯一约束来确保商品编号字段的唯一性。

SQL 代码如下：

```
CREATE TABLE 商品信息表(
  商品编号 CHAR(10) PRIMARY KEY,
  商品名称 TEXT,
```

```
    -- 其他字段
);
CREATE UNIQUE INDEX 唯一商品编号索引 ON 商品信息表 (商品编号);
```

9.5.5　外码约束

外码约束用于建立表之间的参照关系并确保数据的完整性。在购物网站数据库中，可以使用外码约束来确保订单表和会员表之间的关系是正确的。

SQL 代码如下：

```
CREATE TABLE 订单表(
  订单编号 CHAR(10) PRIMARY KEY,
  会员编号 CHAR(10),
  -- 其他字段
  FOREIGN KEY (会员编号) REFERENCES 会员注册信息表 (会员编号)
);
```

通过以上完整性操作的设置，使用主码约束、默认约束、检查约束、唯一约束和外码约束等限制字段中的数据、记录中的数据和表之间的数据，有效避免非法输入，保证数据的可靠性和准确性。

数据库中的数据完整性为数据库用户更好地使用数据库提供了强有力的后备保障，使得数据库中被存储的数据一直处于正确统一的状态。数据完整性也是检验数据库数据是否合格的一项重要指标。若数据库中存在错误的数据，则可以说明当前所用数据库已经缺失了数据完整性。

对于购物网站来说，数据是业务的基石，数据的完整性直接影响企业的业务运营。因此，保护数据完整性是企业需要关注的重要问题。购物网站需要建立有效的数据保护机制，采取必要的安全措施和技术手段，确保数据的可靠性和准确性。

本章习题

一、选择题

1. 关系模型的三类完整性约束不包含(　　)。
   A. 实体完整性　　　　　　　　　　B. 主体完备性
   C. 参照完整性　　　　　　　　　　D. 用户定义的完整性
2. 定义关系的主码意味着主码属性(　　)。
   A. 必须唯一　　　　　　　　　　　B. 不能为空
   C. 唯一且部分主码属性不为空　　　D. 唯一且所有主码属性不为空
3. 关于语句 CREATE TABLE R(no int,sum int CHECK(sum >0))和 CREATE TABLES(no int,sum int,CHECK(sum>0))，以下说法不正确的是(　　)。
   A. 两条语句都是合法的
   B. 前者定义了属性上的约束条件，后者定义了元组上的约束条件

C. 两条语句的约束效果不一样

D. 当 sum 属性改变时检查，上述两种 CHECK 约束都要被检查

4. 下列说法正确的是(　　)。

A. 使用 ALTER TABLE ADD CONSTRAINT 可以增加基于元组的约束

B. 如果属性 A 上定义了 UNIQUE 约束，则 A 不可以为空

C. 如果属性 A 上定义了外码约束，则 A 不可以为空

D. 不能使用 ALTER TABLE ADD CONSTRAINT 增加主码约束

5. 在创建表时，用户定义的完整性不可以通过(　　)实现。

A. NOT NULL   B. UNIQUE

C. CHECK   D. PAIMARY

6. 关系 R 的属性 A 参照引用关系 T 的属性 A，T 的某条元组对应的 A 属性值在 R 中出现，当要删除 T 这条元组时，系统可以采用的策略不包括(　　)。

A. 拒绝执行 B. 接受执行 C. 级联删除 D. 设为空值

7. 假设存在一张职工表，包含"性别"属性，要求这个属性的值只能取"男"或"女"，这属于(　　)。

A. 实体完整性   B. 参照完整性

C. 用户定义的完整性   D. 关系不变性

8. 设属性 A 是关系 R 的主属性，则属性 A 不能取空值，这是(　　)。

A. 实体完整性规则   B. 参照完整性规则

C. 用户定义完整性规则   D. 域完整性规则

9. 在数据库的表定义中，限制基本工资属性列的取值在 3000～150000 的范围内，属于数据的(　　)约束。

A. 实体完整性   B. 参照完整性

C. 自定义完整性   D. 都不是

10. 一个触发器能定义在(　　)个表中。

A. 一个   B. 一个或者多个   C. 1～3 个   D. 任意多个

11. 在 SQL 标准中，参照完整性是使用(　　)关键字实现的。

A. PRIMARY KEY   B. FOREIGN KEY

C. CHECK   D. DEFAULT

12 创建触发器的语句是(　　)。

A. CREATE VIEW   B. CREATE TABLE

C. CREATE TRIGGER   D. CREATE DATABASE

13. 能激活触发器的语句不包含(　　)。

A. INSERT 语句   B. DELETE 语句

C. SELECT 语句   D. UPDATE 语句

14. 关于触发器，下列说法中正确的是(　　)。

A. 触发器可以实现完整性约束

B. 触发器不是数据库对象

    C. 用户执行 SELECT 语句时可以激活触发器

    D. 触发器不会导致无限触发链

15. 假设某数据库在非工作时间(每天 8:00 以前、18:00 以后、周六和周日)不允许授权用户在职工表中插入数据。下列方法中能够实现此要求且最为合理的是(　　)。

    A. 建立存储过程   B. 建立后触发型触发器

    C. 定义内嵌表值函数   D. 建立前触发型触发器

二、填空题

1. 能激发触发器的语句有 INSERT 语句、_____和 DELETE 语句。

2. 规定某个非主属性必须不为空，属于数据库完整性中的_____。

3. 建立和使用_____的目的是保证数据的完整性。

4. 数据库的完整性指数据的_____和_____。

三、简答题

1. 什么是数据库的完整性？

2. 数据库的完整性概念与数据库的安全性概念有什么区别和联系？

3. 什么是数据库的完整性约束条件？

4. 关系数据库管理系统的完整性控制机制应具有哪三方面的功能？

5. 关系数据库管理系统在实现参照完整性时需要考虑哪些方面？

四、应用题

1. 假设有下面两个关系模式：

职工(职工号，姓名，年龄，职务，工资，部门号)，其中职工号为主码

部门(部门号，名称，经理名，电话)，其中部门号为主码

用 SQL 语言定义这两个关系模式，要求在模式中完成以下完整性约束条件的定义。

(1) 定义每个模式的主码。

(2) 定义参照完整性。

(3) 定义职工年龄不得超过 60 岁。

2. 在关系数据库管理系统中，当操作违反实体完整性、参照完整性和用户自定义完整性约束条件时，一般如何分别处理？

3. 考虑下面的关系模式：

```
Teacher(Tno,Tname,Tage,Tsex)
Department( Dno, Dname,Tno)    /*其中 Tno 为系主任的职工号*/
Work(Tno,Dno, Year,Salary)     /* 某系某职工在某一年的工资*/
```

将下列要求写成触发器。

(1) 在插入新教师时，也将此教师信息插入 Work 关系，不确定的属性赋以 NULL 值。

(2) 在更新教师年龄时，如果新年龄比旧年龄低则用旧年龄代替。

4.　学生选课管理系统是用来实现高校学生选修课程的一个软件，该系统包含四个基本表：

学生(学号，姓名，性别，出生日期，班级)，其中出生日期为 date 类型，姓名、班级为 varchar 类型，学号、性别属性为 char 类型，主码为学号。

教师(工号，姓名，性别，学历，职称)，其中姓名、学历、职称为 varchar 类型，工号、性别为 char 类型，主码为工号。

课程(课程号，课程名，学时，学分，授课教师)，其中学时为 smallint 类型，学分为 decimal 类型，课程名为 varchar 类型，课程号、授课教师为 char 类型，主码为课程号，授课教师是外码，参照教师表中的工号。

选课(课程号，学号，成绩)，其中课程号、学号为 char 类型，成绩为 decimal 类型，主码为(课程号，学号)。其中，课程号参照课程表中的课程号属性，学号参照学生表中的学号属性。

根据以上信息，采用 SQL 语句完成以下任务。

(1)　查询选课表中至少 4 名学号前四位为"1010"的学生选修的课程号、课程的平均分。

(2)　查询学生选课数据库，输出选修"音乐欣赏"这门课的所有学生的学号和成绩。

(3)　使用 SQL 的 CREATE VIEW 语句，在学生选课数据库中创建一个基于学生表和选课表的视图"成绩_view"，该视图要求查询输出所有不及格学生的学号、姓名、课程名、成绩。

(4)　在学生选课数据库中的学生表上创建一个名为"CG"的 AFTER 类型触发器，当用户向学生表中添加一条记录时，提示"已成功向学生表中添加一条记录！"。

(5)　查询学生表，若其中存在学号为"11101004"的学生，就显示"已经存在学号为11101004 的学生"，并输出该学生的所有信息。否则插入此学生信息，学号为"11101004"，姓名为"张三"，性别为"0"，出生日期为"1993-08-23"，班级为"电子商务"。

5.　现有关系数据库如下。

数据库名：教师数据库

教师表(编号 char(6)，姓名，性别，年龄，民族，职称，身份证号)

课程表(课号 char(6)，名称，学分)

任课表(ID，教师编号，课号，课时数)

根据以上三个表，完成以下题目：

(1)　将所有教师的年龄增加 1。

(2)　查询有一门或一门以上课程课时数大于 90 的所有教师的信息，包括编号、姓名。

(3)　写出创建"任课表视图"(教师编号，姓名，课号，课程名称，课时数)的代码。

(4)　在教师表上创建一个名为"TCH"的 AFTER 类型触发器，当用户向教师表中添加一条记录时，提示"已成功向教师表中添加一条记录！"。

参考文献

[1] 王珊，杜小勇，陈红. 数据库系统概论[M]. 6 版. 北京：高等教育出版社，2022.

[2] 西尔伯沙茨，科思，苏达尔善. 数据库系统概念[M]. 5 版. 北京：高等教育出版社，2006.

[3] 唐国良，蔡中民. 数据库原理及应用(SQL Server 2008 版)[M]. 北京：清华大学出版社，2014.

[4] 胡艳菊，申野. 数据库原理及应用——SQL Server 2012[M]. 北京：清华大学出版社，2014.

[5] 卫琳. SQL Server 2012 数据库应用与开发教程[M]. 3 版. 北京：清华大学出版社，2014.

[6] 贾祥素. SQL Server 2012 案例教程[M]. 北京：清华大学出版社，2014.

[7] 明日科技. SQL Server 从入门到精通[M]. 4 版. 北京：清华大学出版社，2021.

[8] 陆慧娟. 数据库原理与应用[M]. 北京：科学出版社，2006.

[9] 石伟伟，谭秀娟. 房产信息系统数据库设计中的三库分离技术[J]. 计算机工程，2006(5)：58-59，130.

[10] 郭思培，彭智勇. 数据库规范化理论研究[J]. 武汉大学学报(理学版)，2011，57(6)：535-544.

[11] 陶勇，丁维明. 数据库中规范化与反规范化设计的比较与分析[J]. 计算机技术与发展，2006(4)：107-109，121.

[12] 李国良，周煊赫，孙佶，等. 基于机器学习的数据库技术综述[J]. 计算机学报，2019，43(11)：2019-2049.

[13] 施维敏. 数据库设计的数据规范化问题[J]. 现代情报，2003(8)：80-82.

[14] 李天庆，张毅，宋靖雁，等. 与或图数据库的关系模式规范化算法[J]. 清华大学学报(自然科学版)，2001(3)：89-92，100.

[15] 阿特金森，埃维拉. SQL Server 2012 编程入门经典[M]. 4 版. 王军，朱志玲，译. 北京：清华大学出版社，2013.

[16] 毋建宏，李鹏飞. SQL Server 数据库原理及实验教程[M]. 北京：电子工业出版社，2020.

[17] 贾铁军，甘泉. 数据库原理应用与实践 SQL Server 2012[M]. 北京：科学出版社，2013.

[18] 俞榕刚，朱桦，王佳毅，等. SQL Server 2012 实施与管理实战指南[M]. 北京：电子工业出版社，2013.

[19] 齐学忠. 信息系统中的数据库设计与性能优化[J]. 计算机工程与应用，2000(11)：175-176.

[20] 耿爱丽，孙建红. 商务信息系统数据结构和数据库设计[J]. 情报科学，2006(9)：1388-1390.